KB073917

중국수학사

이 책은 李儼·杜石然의 『中國古代數學簡史』(香港: 商務印書館, 1976)를 번역한 것입니다.
저자와의 협의에 의해 한국어판 저작권은 예문서원에 있습니다.
저작권법에 의해 한국 내에서 보호를 받는 저작물이므로 무단전재와 무단복제를 금합니다.

템플턴 동아시아 과학사상 총서 3

중국수학사

지은이   李儼·杜石然
옮긴이   안대옥
펴낸이   오정혜
펴낸곳   예문서원

편집   유미희
인쇄 및 제본   주) 상지사 P&B

초판 1쇄   2019년 6월 3일

출판등록   1993년 1월 7일(제307-2010-51호)
주소   서울시 성북구 안암로 9길 13, 4층
전화   925-5914 | 팩스   929-2285
홈페이지   http://www.yemoon.com
전자우편   yemoonsw@empas.com

ISBN 978-89-7646-393-7   93410
YEMOONSEOWON #4 Gun-yang B.D, 13, Anam-ro 9-gil, Seongbuk-Gu, Seoul, KOREA 02857
Tel) 02-925-5914 Fax) 02-929-2285

값 38,000원

This publication was made possible through the support of a grant from Templeton Religion Trust.
The opinions expressed in this publication are those of the author and do not necessarily reflect
the views of Templeton Religion Trust.

템플턴 동아시아 과학사상 총서 3

중국수학사

李儼 · 杜石然 지음
안대옥 옮김

예문서원

한국어판 서문

　•

　•

　무엇보다 『중국고대수학간사中國古代數學簡史』가 역자 안대옥 씨에 의해 한국어로 번역되어 한국의 저명한 한국학·중국학 전문출판사인 예문서원에서 조만간 출간된다는 소식을 들으니 내심 대단히 기쁘다. 본서의 또 다른 저자이자 저명한 중국수학사 연구자였던 이엄李儼(1892~1963) 선생은 내 은사이다. 비록 돌아가신 지 오래되었지만 하늘에서 한국어 번역본이 곧 출간된다는 사실을 아신다면 틀림없이 좋아하실 것이다.

　수학은 매우 오래되었을 뿐만 아니라 여전히 널리 응용되는 과학의 한 분야이다. 현재 세계 각국의 초중고교 및 대학에서 사람들이 배우고 또 가르치는 수학은 그 내용과 형식을 막론하고 사실상 대체로 동일하다. 그러나 고대에는 전혀 그렇지 않았다. 마치 "천하가 돌아가는 곳은 같아도 그 길은 다르다"(『周易』, 「繫辭下」, "天下同歸而殊途.")라는 중국 고대의 격언처럼 고대 각국의 수학은 각자 서로 다른 발전의 길을 걸었다.

　중국은 고대부터 수를 헤아릴 때 십진기수법十進記數法을 채택하였고, 계산에서는 산가지(算籌)를 그 도구로 사용하였다. 이는 고대 바빌론, 고대 이집트, 고대 인도는 물론 중세의 이슬람 세계와도 전혀 달랐다. 고대의 중국인들은 정수와 분수의 가감승제加減乘除, 제곱(乘方), 제곱근(開方), 세제곱근(開立方), 일차연립방정식의 해 등을 구함에 있어 산가지를 사용하였고, 후대에 와서도 역시 3차 이상의 거듭제곱근(開高次方), 고차방정식, 다원연립고차방정식 등의 풀이에 산가지를 사용하였다. 이 외에도 '주산珠算'

및 산가지 계산(籌算)과 주산珠算의 구결口訣 또한 자신만의 독자적인 특징을 갖고 있다. 중국 고대의 수학은 더불어 유구한 발전 과정 속에서 뛰어난 수학 저작과 수학자를 다수 배출하였다.

역자는 일본 동경대학의 가와하라 히데키(川原秀城) 교수 문하에서 중국수학사와 중국문화사를 다년간 공부하였고, 그 후에도 가와하라 교수와 오랫동안 학문적 교류를 유지하고 있다. 가와하라 교수는 나하고도 장기간 교류가 있는 지교至交의 호우好友이다. 따라서 이 책의 한국어 번역본은 사실상 한중일 삼국 학자 간의 문화교류의 하나의 성과라고도 할 수 있다. 마지막으로 이러한 문화교류가 현실적으로 가능할 수 있도록 무대를 꾸며 준 서울대학교 과학사 및 과학철학 협동과정과 예문서원 출판사에도 재차 감사의 뜻을 전한다. 나 또한 원컨대 수많은 독자들과 더불어 이 훌륭한 한국어 번역본이 하루빨리 세상에 나오기를 기대한다.

杜石然

캐나다 오타와에서 쓰다

2018년 12월 吉日

차례

1. 최초의 수와 형의 개념

1) 수의 기원과 결승·규구에 대해서

중국 고대 수학의 맹아는 상당히 먼 과거로 거슬러 올라간다. 만일 누군가가 "원고遠古시대의 중국인은 언제 최초로 수數와 형形의 개념을 갖게 되었는가"라고 묻는다면 이 문제는 "누가 불과 도끼, 쟁기를 처음 사용하였는가"라는 질문만큼이나 쉽게 대답할 수 없을 것이다. 우리들은 "누가 처음으로 숫자를 헤아릴 줄 알았을까"라는 질문에 정확하고 명백하게 답할 수 없다.

바로 이런 이유에서 사람들은 이러한 문제에 대해서 정확한 답변 대신에 각종각양의 전설과 신화를 짜깁기해 냈을 것이리라. 중국 상고시대의 고서인 『세본世本』에 기재되어 있는 전설에 의하면, "황제黃帝가 신하들에게 명하기를 희화羲和에게 태양을 관측하게 하고, 상의常儀에게 달을 관측하게 하고, 유구臾區에게 별을 관측하게 하고, 영윤伶倫에게 음악을 편제하게 하고, 대요大撓에게 갑자甲子기일법을 편제하게 하고, 예수隸首에게 산술算術을 만들게 하였다"라고 한다. 고대에는 '예수가 산술을 만들었다'고 하는 전설이 매우 광범하게 유포되어 있었으며 허다한 서적이 모두 이 기록을 전하고 있으니 비단 『세본』에 국한되지는 않는다.[1]

물론 수 개념의 창조를 완전히 한 사람에게 귀속시켜 황제시대의 예수에게 공을 돌리는 것은 분명히 실제의 역사적 정황에 부합하지 않을 것이다. 사실상 수의 개념이 한 개인의 천재적인 활동에 의해 창조될 법하지도 않다. 인간의 유구한 역사 속에서 노동생산의 실제 수요에 의해 서서히 형성되었다고 해야 할 것이다.

'예수가 산술을 만들었다'는 전설 이외에도 고대 수학의 맹아와 관련된 다른 두 가지 전설을 들어 보자면 그것은 '결승結繩'과 '규구規矩'이다. 『역易』 「계사전繫辭傳」에는 "상고시대의 사람들은 줄을 엮어서 기록하였으나 후세의 성인이 문자를 만들어 이를 대체하였다"라고 하였으며, 『장자』에도 "상고의 용성씨容成氏, …… 헌원씨軒轅氏, …… 복희씨伏羲氏, 신농씨神農氏의 시대에 '백성들이 줄을 엮어서 사용하였다'"라는 기록이 있다. 이는 모두 사람들이 아직 문자를 사용하기 전에 줄을 엮어서 기록하였음을 의미한다. 이를 통해 보면 사람들이 줄을 엮어서 숫자를 표기하였으리라 상상하는 것은 어렵지 않다. 어떤 고서에는 한걸음 나아가 "큰일은 매듭을 크게 엮고 작은 일은 매듭을 작게 엮는다. 매듭의 많고 적음은 바로 사물의 많고 적음을 표시한다"라고 해석하기도 한다.[2]

다방면의 조사에 따르면 이러한 결승에 의한 기수법記數法은 얼마 전까지도 세계 각지의 일부 소수민족들 사이에서 여전히 사용되었다고 한다.

'규規'는 원규圓規 즉 원을 그리는 도구이다. '구矩'의 형상은 대략 현재의 목공용 곡척曲尺 혹은 구척矩尺과 흡사한 사각형을 그리는 도구이다. '규구規矩'라는 말은 중국어에서 현재도 여전히 사용되지만 그 기원은 매

---

1) 『세본』은 이미 실전되었으나 다른 고서에 그 일부 내용이 전해진다. 여기서 인용한 이야기는 唐의 司馬貞의 『史記索隱』에 보인다.
2) 삼국시대 吳 虞翻의 『易九家義』에서 정현의 주를 인용.

[그림1-1] 規矩圖(漢武梁祠石室造像拓片)

우 오래되었고 전설시대의 산물이기도 하다.

전설에서는 수倕라는 인물이 '규구'의 창시인이라고 한다. 수倕는 '수垂'라고도 하고 어떤 이는 '공수工倕'라고 부른다. 어떤 고서에 의하면 옛날 수倕가 규구와 준승準繩을 창조하여 세상 사람들이 모두 그에게 규구와 준승의 사용법을 배웠다는 기록도 존재한다.3)

또 다른 전설에 따르면 복희씨를 규구의 창조자로 여기기도 한다. 서기 2세기경에 제작된 한漢의 부조상 중에 복희가 구矩를 들고 여와女媧가 규規를 들고 있는 상이 현재까지 몇 종류 남아 있다.4)

이런 전설에 근거해 보면 '규구'의 탄생은 매우 이른 시기에 이루어졌을 가능성도 있다. 사마천司馬遷의 『사기史記』에는 우임금의 치수治水를 언급하면서 '왼손에는 준승', '오른손에는 규구'를 들고 치수에 필수적인 측량 작업을 진행했다고 기록하였다.5)

---

3) 尸佼(周), 『尸子』, 卷下.
4) 漢의 武梁祠 造像. [그림1-1]은 북경도서관 소장의 탁본. 다른 곳은 중국 문화부 문물관리국이 1956년에 간행한 『沂南古畵像石墓發掘報告』 제25도 등을 참조 바람.
5) 『史記』, 卷2, 「夏本紀」에 보인다. 원문은 다음과 같다. "[禹]陸行乘車, 水行乘舟, 泥行乘

이러한 전설은 비록 대부분이 후대 사람들의 상상의 산물이지만 그럼에도 불구하고 이러한 전설에서 우리들은 다음 몇 가지 사실을 확인할 수 있다.

① 아주 오래전부터, 심지어는 시대를 확정하기 어려운 원고시대부터 사람들이 확실하게 수와 형形의 개념을 파악하고 있었다.

② 문자기록을 갖기 이전부터 사람들은 '결승'을 이용하여 숫자를 비롯한 간단한 사항을 기록할 수 있었다.

③ 일찍부터 사람들은 간단한 도형을 그릴 수 있는 규구라는 공구를 이용해 왔다.

2) 십진법 문자 기수

고대 수학의 맹아시기의 정황을 파악하려고 할 때, 신화와 전설을 근거로 일정 정도의 추론을 행하는 것도 가능한 방법이지만 보다 중요한 근거는 발굴된 고대문물에서 얻어진다. 고고학의 연구성과에 의거해서 보다 정확한 추측을 얻을 수 있는 것이다.

출토문물을 통해 증명된 것으로는 다음과 같은 사실이 있다. 대략 10만 년 이전에 하투인河套人은 골기骨器 위에 마름모꼴의 문양을 새겼으며 당시의 석기 또한 일정의 형상을 갖고 있었다. 보다 진보한 앙소仰韶문화에서는 채도彩陶 위에 일부 동물의 문양이 그려져 있는 것 이외에도 약간의 정형적인 무늬가 보이는데, 일부는 삼각형과 직선으로 이루어져 있고 일부는 원점圓點과 곡선으로 이루어져 있다. 그 외에도 그물 모양이라든

橇, 山行乘欙, …… 左準繩, 右規矩, 載四時, 以開九州, 通九道."

지 바둑판 모양의 문양도 존재한다. 도기에는 인간이 의도적으로 새긴 각종 기호가 보이는데 대부분은 종획縱劃이나 Z자형의 기호도 존재한다.

약 천만 년의 원시사회를 거쳐 기원전 2천 년 전후 시기에 이르면 중국 역사상 첫 번째의 계급사회인 노예사회를 형성하게 된다. 상조商朝가 건립된 것이다. 출토문물이 증명하는 것처럼 상商의 문화는 이미 상당히 발달해 있었다. 농업의 진일보한 발전은 사회의 분업화를 촉진하였다. 현재의 정주鄭州, 휘현輝縣 등지에서는 당시 부농(노예주)이 양식을 저장하는 데 쓰던 장방형 혹은 원형의 창고가 발견되었다. 청동기도 한층 발전하여 길고 짧은 방원方圓형의 각종각양의 청동제 병기, 식기, 그리고 제기祭器 등이 주조되었다. 사회적 분업의 발전에 따른 교환기회의 확대로 현재 정주 부근에서는 당시 사용되었던 구멍이 뚫린 화폐가 발견되었다.

기원전 14세기경에 상조는 현재의 하남성 안양소둔安陽小屯 부근으로 천도遷都하였고 경제문화는 더욱더 전진하였다.

상대商代 후기에 이르면 농업활동의 필요에 의거해서 모종의 역법曆法이 편제되었다.

19세기 말부터 하남성 안양 부근의 소둔에서는 문자를 새겨 둔 귀갑龜甲과 수골獸骨이 대량으로 발굴되었다. 관련 연구에 따르면 은상殷商의 귀족들은 조상을 대단히 숭배하였으며 그들은 조상을 향한 점복의 전후사정, 그리고 점복의 결과와 그 후의 응험 등을 귀갑과 수골에 문자를 새겨서 기록하였음을 알 수 있다. 이렇게 갑골의 위에 새겨진 상대의 문자를 보통 '갑골문'이라고 한다. 갑골문으로 이루어진 어구들은 모두 점복에 관련된 '복사卜辭'이다.

갑골문은 현재까지 알려진 바에 의하면 중국 최초의 문자이다. 따라서 중국은 이 시기를 경계로 해서 문자기록을 갖는 신사信史시대에 진입하였다고 할 수 있다. 갑골문은 상대 후기의 정황을 알 수 있게 해 주는 귀중한 자료이다.

이미 발견된 갑골문자를 통해 보면 당시의 상대 사람들이 사용하던 단자單字가 벌써 5,000자 전후에 이른다. 그중에는 당연히 숫자도 포함되는데 이것은 중국에서 문자로 수를 세는 기수법상 최초의 역사자료이다. 갑골문을 보면 전쟁 중에 포획한 적의 숫자 혹은 살해한 적병의 숫자 등이 자주 기록되어 있고, 또한 수렵 시에 획득한 동물들의 숫자나 제사를 위해 희생된 가축의 숫자 따위도 보인다. 또한 갑골문 중에는 날짜를 세는 일수日數의 기록도 보인다. 예를 들면 "八日辛亥允戈伐二千六百五十六人"(팔일 신해날에 전쟁으로 2,656명을 살해하였다), "俘人十又六人"(적을 16명 사로잡았다), "十犬又五犬"(개 15마리), "十牛又五"(소 15마리), "鹿五十又六"(사슴 56마리), "五百四旬又七日"(547일) 등등을 들 수 있다.

갑골문 중에 가장 큰 숫자는 3만이고 가장 작은 숫자는 1이다. 그중 일, 십, 백, 천, 만이 각각 단위를 나타낸다. 갑골문 중의 1부터 10까지의 상형문자를 표기하면 다음과 같다.

갑골문자	一	二	三	亖	✕	∩,八	十	〉〈	九	ㅣ
	一	二	三	四	五	六	七	八	九	十

백, 천, 만의 형상은 다음과 같다.

百	千	萬

이십, 삼십, ……, 이백, 삼백, ……, 이천, 삼만 등등은 모두 두 자를

합쳐서 하나로 표기하는 '합문合文' 형식으로 기술되며, 다음과 같다.

U	W	W	乂	市	千	八	
二十	三十	四十	五十	六十	七十	八十	
百	百	百	百	百		百	百
二百	三百	四百	五百	六百		八百	九百
千	千	千	千			千	
二千	三千	四千	五千			八千	
萬							
三萬							

예를 들어 '이천육백오십육'을 갑골문으로 표기한다면 '千 ⊙ 乂 ∩' 라고 쓴다.

현대에 이르기까지 보존되어 온 고대문자로는 갑골문 이외에도 청동기 겉면에 주조된 문자가 있다. 사람들은 이 문자를 '종정문鐘鼎文' 또는 '금문金文'이라고 부르는데 고증에 의하면 금문은 대략 주대의 문자로 추정된다. 금문 중 숫자에 관한 기수법은 상당수가 갑골문의 기수법과 유사하며 단지 '십'을 ' ♦ '처럼 다르게 표기할 따름이고 숫자 '사'는 '三' 외에도 ' ⊠ ' 나 ' ⊠ '라고 표기하기도 한다. 금문 중에 복합수의 기수법은 갑골문과 달라서 예를 들면 '육백오십구'의 경우는 금문에서는 ' 百 又 五 九 '으로 표기하며 중간에 ' 又 '('又'의 글자)를 넣어 '육백 또 오십 또 구'와 같은 형태를 취한다. 한편 오십의 경우는 합문合文으로 표기하여 오를 위에 적고 십을 밑에 적는데 갑골문에서는 반대로 오를 아래에 적고 십을 위에 적었다.[6]

한대 이후에 이르면 자리수가 복수인 숫자도 더 이상 '우又'자를 삽입

---

6) 郭末若의 『甲骨文硏究』「釋五十」에 보인다.

하지 않고 또한 합문도 사라졌다. 글자의 형상도 현대 상용한자의 모양과 완전히 일치한다.

갑골문과 금문 그리고 한대의 1부터 10까지의 숫자를 배열하여 표로 만들면 다음과 같은데, 그간의 시대적 변화과정을 일목요연하게 볼 수 있다.

갑골문	一	二	三	亖	乂	∩, ∧	+	八	九	┃
금문	一	二	三	三, 亖	亖, 乂	介	十	八	九	✦
한대	一	二	三	⑩	乂	六·	七	八	九	十
현대	一	二	三	四	五	六	七	八	九	十

2. 주산籌算 — 중국 고대의 주요한 계산법

1) 주산籌算의 창제

위에서 우리는 문자기수법에 대해서 다루었다. 그러나 고대의 실제적인 계산법은 직접적으로 이러한 문자기수법을 이용해서 이루어지지는 않았다. 옛사람들이 계산에 이용한 도구는 '산주算籌'(산가지)이다.

인류문화 진보의 역사상 많은 민족이 서로 다른 계산도구를 창조하였다. 현재 알려진 것만 보더라도 지금부터 약 4~5천 년 전에 바빌로니아 (현재의 이라크 지역)인들은 화살촉 모양의 능형棱形 목편을 진흙판에 눌러 각종각양의 설형楔形부호(cuneiform signs)를 새겨 숫자를 표기하였고 또한 이를 이용해 계산을 행하였다. 고대의 이집트인들은 일종의 상형문자를 나일 강에 서식하는 수초의 잎으로 만들어진 파피루스에 각종 수학 문제를 적고 계산하였다. 또한 중세의 인도인과 아랍인들은 모래판에 또는 직접적으로 땅에 뾰쪽한 나뭇가지를 이용하여 '사산寫算'의 방식으로 계산하였다. '산주'란 중국 고대에 만들어진 특유의 계산도구이다.

'주籌'란 바로 산가지를 말하는데, 작은 대나무로 만든 막대이다. 중국 고대의 수학자들은 이러한 산가지를 여러 가지 다른 형식으로 늘어놓아 서로 다른 숫자를 표시하였고 나아가 계산을 진행하였다. 이렇게 산가지를 이용해서 계산을 행하는 방식을 '주산籌算'이라고 부른다.

동한의 허신許愼이 편찬한『설문해자說文解字』중에는 '산算'이라는 글자와 '산筭'이라는 글자가 보인다.[7]

허신의 산筭자에 대한 해석을 보면 "산筭은 길이가 6촌으로 이로써 역曆과 숫자를 셈한다. 죽竹과 농弄자로 이루어지며 늘상 가지고 놀아야 틀림이 없음을 뜻한다"[8]라고 하는데 이를 통해 이 산筭이 일종의 계산도구임을 알 수 있다. 또한 산算자에 대한 해석을 보면 "산算은 숫자를 헤아림이다. 죽竹자와 구具자로 이루어지며 산筭과 같이 읽는다"[9]라고 하였다. 청대의 고증학자 단옥재段玉裁는 이를 해석하여, 산筭은 일종의 계산도구로서 명사이고, 산算은 산筭을 이용해서 계산을 행함을 의미하는 동사로 보았다.[10]

『전한서前漢書』「율력지律曆志」(1세기경)의 기록을 보면 "그 산법은 직경이 1분이고 길이가 6촌(약 160㎜)인 대나무를 이용한다"[11]라고 하였고,『수

---

7)『說文解字』, 第五上.
8) 筭, 長六寸, 所以計曆數者. 從竹弄, 言常弄乃不誤也.
9) 算, 數也. 從竹具, 讀若筭.
10) 단옥재는『說文解字注』의 '算'자 주에 "筭爲算之器, 算爲筭之用, 二字音同而義別"이라고 적고 있다.
11) 其算法用竹, 徑一分, 長六寸.

서隋書』「율력지」(7세기)에는 "그 계산에 폭이 2분이고 길이가 3촌(약 70㎜)의 대나무를 쓴다"[12]라고 하였다. 이를 통해 본다면 한대에서 수대에 이르기까지 산주의 길이가 점차로 짧아지게 된 것을 알 수 있는데, 아마도 짧은 편이 계산하기에 더 편리한 탓이었으리라 생각된다.

이렇듯 '산주'를 이용해서 계산을 행하는 방법이 언제 시작되었는지에 관해서는 현재로서는 이를 명확하게 증명할 사료가 발견되지 않았다. 그러나 늦어도 춘추전국시대에 이르면 이미 사람들이 능숙하게 산주를 이용해서 계산을 했을 것으로 추측된다. 현재에 전해지는 춘추전국시대의 서적 중에 벌써 주籌자나 산算자가 쓰이고 있기 때문인데 예를 들면『노자老子』에는 "계산에 능한 사람은 산책算策을 쓰지 않는다"[13]라고 하여 계산에 능한 사람이 산주를 쓰지 않고 심산心算으로 계산함을 말하였고,『의례儀禮』에도 여러 군데에 산算자가 보이는데 예를 들면「특생궤식례特牲饋食禮」편 주에는 "작배爵杯는 모두 헤아리지 않는다"[14]라는 자구가 있다. 또한「향사례鄕射禮」와「대사大射」두 편에 모두 활을 쏠 때 산算을 써서 수를 계산한 예가 기술되어 있다. 특히「대사」편에는 십 자릿수와 일 자릿수의 기수법을 달리하는 방법이 기재되어 있다.

최근 수십 년 이래로 중국 각지에서 지속적으로 산주의 실물이 출토되었다. 1971년 섬서성陝西省 천양현千陽縣의 서한 고분에서 30여 개의 골제 산주가 출토된 이후 섬서성 보계시寶鷄市 온양채溫家寨의 동한 초기의 무덤(1979년), 서안西安 동교東郊 삼점촌三店村의 서한시대의 무덤(1982년), 섬남陝南 순양旬陽의 동한 초기 무덤(1983년)에서 산주가 발견되었다. 1975년 호북성

---

12) 其算用竹, 廣二分, 長三寸.
13) 『老子』, 27장, "善計, 不用籌策."
14) 『儀禮』,「特牲饋食禮」, "爵皆無算."

湖北省 강릉시교江陵市郊 봉황산鳳凰山 168호 서한 무덤(매장 시기: 文帝 13, 167)에서는 붓과 삭削, 독독牘 등 문구 용품과 함께 산주 수십 개가 출토되었다. 길이는 13.5cm, 직경은 약 0.3cm로 『한서』 「율력지」의 기록과 부합한다. 그러나 이상의 한대의 무덤이 발굴된 것보다 이른 시기인 1954년 장사시長沙市 좌가공산左家公山 제15호 초묘楚墓에서 이미 전국시대 초·중기의 산주 40개가 다른 문구와 함께 출토되어 있었

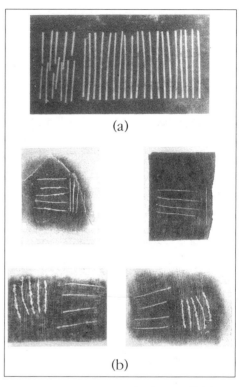

[그림1-2] (a) 섬서의 算籌
(b) 하남성 등봉에서 출토된 산주 부호의 陶文

다. 길이는 12cm. 다만 당시는 이를 알아보지 못해 '죽첨竹籤'이라고 간주했었다. 이 산주는 사실상 중국에서 출토된 가장 오래된 산주의 실물이다. 이 외에도 1978년 하남성河南省 등봉현登封縣 고양성古陽城의 수저수설시輸貯水設施 터에서 전국 초기에 속하는 산주 부호 도문陶文의 도편陶片이 출토되었는데([그림1-2]), 전국시기에 산주가 사용되었다는 방증이라고 할 수 있다.

2) 십진지위제의 산주기수법

여기서 우리는 산주를 이용해서 숫자를 헤아리는 방법에 대해 해설하고자 한다. 산주를 이용해서 숫자를 표시하는 방식에는 두 가지 형식이 존재한다. 하나는 세로로 표기(縱式)하는 것이고 또 하나는 가로로 표기(橫式)하는 방식이다. 구체적으로 보자면 다음과 같다.

	1	2	3	4	5	6	7	8	9
縱式	丨	丨丨	丨丨丨	丨丨丨丨	丨丨丨丨丨	丅	丅丨	丅丨丨	丅丨丨丨
橫式	一	二	三	三	三	丄	丄	丄	丄

어떻게 이런 방식으로 십진법을 표현하는가를 살펴보자면, 먼저 홑자리에 종식, 십 자리에 횡식, 백 자리에 종식, 천 자리에 다시 횡식, 만 자리에 다시 종식과 같은 방식이다. 0을 만나면 그 자리를 비워 둔다. 이렇게 일, 십, 백, 천, 만 등의 순서로 좌우로 숫자가 종횡식을 반복하며, 0의 자리를 비워 둔다면 어떠한 임의의 숫자라도 표현할 수 있다. 예를 들면 378은 ⫿⊥Ⲏ, 6708은 ⊥Ⲏ Ⲏ로 표기된다. 이러한 기수법은 『손자산경孫子算經』(약 5세기)이나 『하후양산경夏侯陽算經』(약 8세기)에 설명되어 있다. 『손자산경』의 원문은 다음과 같다. "무릇 산법算法은 먼저 그 자리를 외워 두어야 한다. 일은 세로이고 십은 가로이다. 백은 서고(세로) 천은 눕는다(가로). 천과 십은 서로 마주 보고, 만과 백은 서로 맞선다."[15] 『하후양산경』에서는 "일은 세로이고 십은 가로이다. 백은 서고 천은 눕는다. 천과 십은 서로 마주 보고 만과 백은 서로 맞선다. 6 이상의 경우는 5가 위로 간다.

---

15) 『孫子算經』, "凡算之法, 先識其位. 一縱十橫. 百立千僵. 千十相望, 萬百相當."

6은 1을 겹쳐 쌓지 않고 5는 홑으로 퍼지 않는다"[16]라고 하였다. 여기서 마지막 두 문장은 6 이상의 숫자를 말하며 ⊥ ⊥ ⊥ ≡ 혹은 T ⊤ ⊤ ⊤로 표시하는데, 위에 놓인 한 개의 산주가 5를 의미하며 현재 주산에서 보이는 양상梁上의 알이 하나로 5를 표시하는 것과 같다. 6은 겹쳐 쌓지 않는다는 말은 6을 산주 6개를 겹쳐 놓아 ≣로 표시하지 않으며 ⊥ 또는 T으로 표시한다는 뜻이다. 5는 홑으로 퍼지 않는다는 말은 십 자리와 천 자리의 1과 혼동의 염려가 있기 때문에 5를 하나의 산주로 표시하지 않는다는 뜻이다.

이상에서 본 것과 같이 이러한 주산의 기수법은 현대의 십진법의 기수법과 기본적으로 같은 방식이다.

그런데 십진지위제十進地位制란 무엇인가? 십진법이란 모든 숫자가 십이 되면 앞으로 한 자리 나아가는 방식—예를 들면 열 개의 일은 십이 되고 열 개의 십은 백을, 열 개의 백은 천을, 열 개의 천은 만이 되는 방식—을 의미하고, 지위제(place-value system)란 숫자가 위치한 자리에 따라 단위가 달라지는 방식—예를 들면 17, 74, 6708 중의 7이 각각 칠, 칠십, 칠백을 의미하는 방식—을 의미한다. 현재 통용되는 기수법은 바로 한편에서는 십진법을 따르고 한편에서는 지위법을 따른다. 따라서 십진지위제라고 한다. 십진지위제가 아닌 예를 들자면, 각도의 기수법은 1도=60분, 1분=60초로 60진법이며, 로마자 기수법 XXII는 22를 의미하는데 X가 10을 I가 1을 의미하므로 십진법이기는 하지만 지위地位가 전혀 의미를 갖지 않는다.

중국의 갑골문 중에는 일, 십, 백, 천, 만의 숫자가 각각 독자적인 글자

---

16) 『夏侯陽算經』, "一縱十横. 百立千僵. 千十相望, 萬百相當. 滿六以上, 五在上方. 六不積算, 五不單張."

를 갖고 있어 십진법에 따르고 있다. 따라서 중국에서 매우 오래전부터 십진법이 사용되고 있었다는 것을 알 수 있다. 중국 고대의 산주기수법算籌記數法은 십진법에 따를 뿐만 아니라 또한 자리에 따라 단위가 달라지는 순수한 십진지위법이라고 할 수 있다.

중국 고대의 문자는 모두 위에서 아래(세로)로, 오른쪽에서 왼쪽으로 쓴다. 그러나 주산의 기수법만은 왼쪽에서 오른쪽으로 가로로 쓰며 이는 현대 필산의 기수법과 같다.

세계수학사에서 보자면 비록 많은 나라들이 처음부터 십진법을 채용하고 있지만 십진지위제를 채용한 것은 상당히 후대의 일이다. 예를 들어 서양의 경우는 숫자의 읽기나 쓰기가 모두 매우 복잡하다. 고대 그리스의 경우는 24개 그리스자모와 그 외의 3개의 부호를 이용하여 겨우 1000 이내의 숫자를 표시한다. 따라서 계산법 또한 매우 복잡하지 않을 수 없었다. 우리가 현재 사용하는 십진지위제의 숫자(흔히 말하는 아라비아 숫자)는 인도에서 최초로 사용되었다. 그런데 현재의 자료를 통해 보자면 고대 문물 중에 보이는 인도 십진지위제 숫자는 아무리 빨라도 6세기 이상 올라가지 않는다.

중국 고대의 산주기수법은 확실히 간단하고 편리한 특성을 갖고 있다. 7+8을 예로 들어 보자. 즉 ㅠ과 ㅠ을 더하면, 위의 두 개의 막대가 각각 5를 대표하여 10이 되고, 밑의 막대도 더하면 5가 됨을 금방 알 수 있다. 이렇게 하여 간단히 7+8=15임을 알 수 있다. 이런 산주의 덧셈은 현재 통용하는 아라비아 숫자의 덧셈보다 더 쉽게 계산이 가능하다. 한 번 보면 바로 이해되기 때문이다.

중국 고대에는 늦어도 춘추전국시대에 이르면 십진위제의 산주기수법이 생겨나는데 따라서 중국은 춘추전국시대부터는 각종 계산이 매우 간단히 행해질 수 있게 되었다.

십진위제 산주의 기수법은 중국 고대 수학의 매우 독특한 창조이며 15세기 중엽 주산珠算이 통용되기 이전까지 중국 고대 수학의 주요한 계산 도구였다. 중국 고대 수학은 바로 이러한 주산籌算의 기초 하에서 발전한 것이다. 주산은 이런 면에서 중국수학을 이해하는 열쇠라고 할 수 있고 동시에 중국 고대 수학의 큰 특색이기도 하다.

3) 주산의 가감승제 사칙연산

중국 고대에 있어 사칙연산은 매우 오랜 역사를 갖고 있다. 전국시대 이리李悝가 편찬한 법률관계 서적인 『법경法經』에는 다음과 같은 구절이 있다. "한 농부 일가족 5명이 백무百畝의 밭을 경작하였다. 매년 1무畝당 1석石반씩 전부 합하여 150석의 조쌀(栗)을 수확하였다. 그중 10분의 1인 15석을 세금으로 내고 135석이 남는다. 한 사람이 매달 1.5석을 식량으로 소비하여 5명이 1년간 90석을 소비하니 45석이 남고 이는 1석당 값이 30 전이니 합쳐서 1350전에 해당한다. 종사宗祠 제사용으로 300전을 쓰고 남 는 것은 1050전이고 옷값으로 1사람당 300전이 드니 5명 합쳐서 1500석이 필요한데 450석이 부족하다." 여기서 우리는 덧셈, 뺄셈, 그리고 곱셈뿐만 아니라 나눗셈과 같은 연산이 이미 행해지고 있었음을 알 수 있다.

덧셈과 뺄셈의 계산이 상식적으로 곱셈, 나눗셈보다 일찍이 발명되었 으리라 생각되는데, 그러나 우리는 이 문제에 대한 정확한 답을 알지는 못한다. 오늘날에 이르기까지 전해져 오는 고대의 수학서 중에는 어디에도 덧셈과 뺄셈에 대한 전문적인 설명이 나와 있지 않다. 물론 이것은 덧셈과 뺄셈이 매우 간단한 점도 있거나와 다른 한편 곱셈과 나눗셈의 계산을 설명하다 보면 어쩔 수 없이 덧셈, 뺄셈을 응용하지 않을 수 없기 때문이다.

옛 수학서 중의 곱셈과 나눗셈 계산법에 보이는 덧셈과 뺄셈의 기술記述과 주산珠算(위에서 이미 설명하였지만 珠算은 籌算이 변한 것이다)의 덧셈과 뺄셈을 고찰해 보면, 우리는 다음과 같은 결론에 도달할 수 있다.

① 주산籌算의 덧셈과 뺄셈은 곱셈, 나눗셈과 함께 모두 '높은 자리부터' 왼쪽에서 오른쪽으로 계산한다. 이것은 현재 우리들이 계산하는 필산과 정반대이다. 현대의 필산은 낮은 자리부터 계산하며 오른쪽에서 왼쪽으로 진행된다.[17]

② 이러한 계산은 현재 주산珠算에서 사용되는 덧셈뺄셈과 기본적으로 같다고 볼 수 있는데, 단지 주산珠算과 같이 주판이 아니라 산가지를 이용하는 점에서만 차이가 있다. 또한 주산珠算에서는 덧셈과 뺄셈의 구결이 존재하나 주산籌算에서는 아직까지 유사한 구결이 발견되지 않았다.

예를 들어 456＋789라는 연산을 주산籌算으로 행해 보자. 먼저 산가지를 늘어놓아 456을 만든다. 그리고 백 자릿수 7에 같은 백 자릿수 4를 더하고 차례차례 십 자릿수와 일 자릿수를 더해 간다. '높은 자릿수부터 계산'하며 왼쪽에서 오른쪽으로 진행한다. 따라서 다음 도식과 같다.

---

17) 고대에는 서양에서도 왼쪽에서 오른쪽으로 계산하였는데, 현재와 같이 변한 것은 대략 12~13세기경이라고 한다.

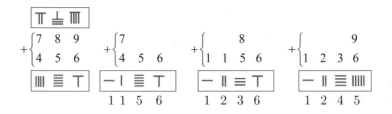

빼셈의 과정도 유사하다. 예를 들어 1245 – 789를 해 보면, 먼저 1245를 산가지로 늘어놓고 그다음에 백 자릿수 7을 빼고, 다음에 차례로 십 자리, 일 자릿수를 뺀다.

곱셈과 나눗셈의 경우는 우리들이 초등학생 때 외우는 "이일은 이, 이이는 사, 이삼은 육, ……"으로 시작되는 구굿셈을 언급하지 않을 수 없다. 그런데 이 구굿셈은 왜 '99'셈이라고 하며 언제부터 시작된 것일까?

고대에는, 이 구굿셈은 현재의 우리들이 외우는 구굿셈과 달리 '구구 팔십일'에서 시작되었는데 바로 이 때문에 이를 구굿셈이라고 하였고 현 재까지 그 이름 그대로 사용되고 있다.[18]

---

18) 현재 우리가 아는 바로는 최초의 구굿셈의 구결은 '구구팔십일'에서 시작하여 '이이 는 사'로 끝났으며 漢簡(죽간 혹은 목간)을 보는 한 1~2세기까지 변하지 않았다. 구굿셈의 구결이 '일일은 일'에까지 확장된 것은 대략 5~10세기 중의 일이며 『손자 산경』의 경우가 그러하다. 그런데 대략 13~14세기의 송원시대에 이르면 구굿셈의 구결이 뒤집혀서 현재와 같이 작은 숫자에서부터 시작하게 되는데 '일일은 일로 시 작하여 '구구팔십일'로 끝난다.

그렇다면 고대인들은 언제부터 구굿셈을 사용하기 시작하였을까? 여기에는 다음과 같은 이야기가 있다. 춘추시대 제환공齊桓公이 초현관招賢館을 설립하여 각 방면의 인재를 두루 모집하였다. 그런데 아무리 기다려도 인재가 모이지 않았다. 1년이 지나서 겨우 한 사람이 찾아와 재학才學의 헌례獻禮로서 구굿셈의 구결을 제환공에게 바쳤다. 제환공은 어이가 없어서 그 사람을 꾸짖었다. "구굿셈의 구결 따위를 가지고 무슨 재학이라고 할 수 있는가." 그랬더니 그 사람이 말하기를, '말씀대로 구굿셈의 구결을 가지고 무슨 재학이라고 하겠습니까. 그렇지만 만약 당신이 나와 같이 겨우 구굿셈의 구결이나 외는 사람에게조차 예를 갖추어 대우한다면 아마도 고명한 인재들이 줄줄이 이어서 올 것입니다"라고 하였다. 제환공이 생각건대 그럴듯하여 그를 초현관에 모시어 융중隆重한 대접을 하였다. 과연 한 달이 못 되어 많은 인재들이 사방에서 몰려와서 다투어 응징應徵하였다고 한다.

이 이야기가 말하는 바는 적어도 춘추전국시대에 이르면 구굿셈의 구결이 이미 널리 퍼져 있어서 당시에도 별로 신기한 것이 아니었음을 의미한다. 예를 들어 『순자荀子』, 『관자管子』 등의 책을 보면 구굿셈에 관한 기재가 존재하고 또한 여기저기에 구굿셈의 구결 중의 구절이 인용되어 있다.[19]

19세기 말 이래로 중국 서북지방에서 연이어 발굴된 죽목간은 대다수가 한대의 유물이기 때문에 보통 '한간漢簡'이라고 한다. 이 중에는 구굿셈의 구결을 기록한 것도 존재하는데 불행하게도 이런 죽목간은 매우 오랜 기간 매장되어 있던 탓에 보존상태가 완전하지 않다. 구굿셈의 구결의

---

19) 李儼, 『中國古代數學史料』 제2판(上海科學技術出版社, 1962), p.16.

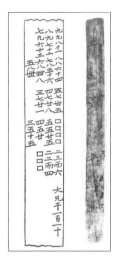

[그림1-3] 漢簡 九九圖
(『流沙墜簡』에서 채록)

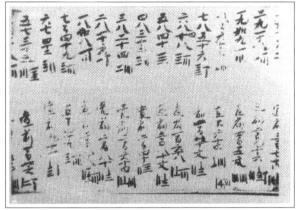

[그림1-4] 敦煌卷子: 唐 『立成算法』 중의 '九九'圖
원 문건은 현재 대영박물관에 소장(S.930호). 매 행 말미에 籌式으로 ䷀ㅣ(81), ㅗ‖(72) 등등의 숫자가 적혀 있다. 이는 算籌記數의 가장 이른 실물기재이다.

경우 보통 기껏해야 3~5구 정도밖에 없고 하나가 14구, 제일 긴 것이 17구에 불과하다. 그렇지만 이것은 우리가 오늘날 볼 수 있는 중국 최고의 구굿셈 구결이다. 돈황문서에도 당唐의 '구구九九' 구결이 보인다.([그림1-3, 1-4] 참조)

주산籌算의 곱셈은 『손자산경』, 『하후양산경』 중의 서술이 상세하다. 서로 곱하는 두 숫자를 하나는 위에 하나는 아래에 늘어놓은 다음 그중 한 숫자의 최고위 수와 다른 숫자의 최저위 숫자가 같은 자리에 오도록 이동한 다음 중간에 한 줄을 비워 둔다. 그리고 위의 숫자의 제일 높은 자릿수를 가지고 다른 숫자의 모든 자릿수의 숫자와 왼쪽에서 오른쪽으로 진행하며 곱해 가면서 그 결과를 곱할 때마다 중간에 비워 둔 줄에 더해 간다(隨乘隨加). 이를 최후까지 반복하면 중간층에 얻어진 결과가 곱셈의 적積이 된다. 예를 들어 234×456의 경우로 설명하자면, 먼저 양 숫자를 도식①처럼 늘어놓는다. 위층을 승수乘數, 밑층을 피승수被乘數로 하고, 중간층을 적積을 구하기 위해 비워 둔다. 다음 피승수 456을 왼쪽으로 이동하여 그 가장 낮은 자리와 승수 234의 가장 높은 자리와 맞춘다. 234에서 가장 높은 자릿수인 2를 456의 각 자릿수와 순서대로 곱해 나가면서 중간층에 기입하여 마지막에 도식②처럼 912를 얻는다. 그다음 234의 2를 걸어 내고(곱셈이 끝났음을 표시) 도식③처럼 456을 통째로 오른쪽으로 한 자리 이동시킨다. 제2단계로 234 중의 3을 456과 차례차례 곱해 나간다. 곱할 때마다 중간층에 더해 나가서 10488을 얻는다. 234 중의 3을 걸어 내고 456을 도식④와 같이 또 한 번 오른쪽으로 한 자리 이동시킨다. 234 중의 마지막 숫자 4를 456과 차례차례 곱해 나가 곱할 때마다 중간층에 더해 나간다. 결과 106704가 얻어진다. 234 중의 4도 걸어 낸다. 이것으로 곱셈의 모든 단계가 도식⑤처럼 되어 적積이 구해진다.

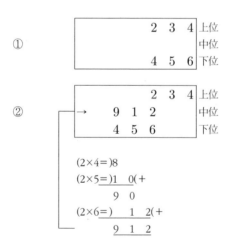

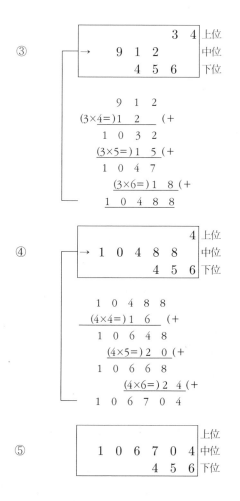

③
$$
\begin{array}{r}
3 \quad 4 \\
\rightarrow \quad 9 \quad 1 \quad 2 \\
4 \quad 5 \quad 6
\end{array}
$$

$$
\begin{array}{r}
9 \quad 1 \quad 2 \\
(3\times4=)1 \quad 2 \quad (+ \\
\hline
1 \quad 0 \quad 3 \quad 2 \\
(3\times5=)1 \quad 5 \ (+ \\
\hline
1 \quad 0 \quad 4 \quad 7 \\
(3\times6=)1 \quad 8 \ (+ \\
\hline
1 \quad 0 \quad 4 \quad 8 \quad 8
\end{array}
$$

④
$$
\begin{array}{r}
4 \\
\rightarrow \quad 1 \quad 0 \quad 4 \quad 8 \quad 8 \\
4 \quad 5 \quad 6
\end{array}
$$

$$
\begin{array}{r}
1 \quad 0 \quad 4 \quad 8 \quad 8 \\
(4\times4=)1 \quad 6 \quad (+ \\
\hline
1 \quad 0 \quad 6 \quad 4 \quad 8 \\
(4\times5=)2 \quad 0 \ (+ \\
\hline
1 \quad 0 \quad 6 \quad 6 \quad 8 \\
(4\times6=)2 \quad 4 \ (+ \\
\hline
1 \quad 0 \quad 6 \quad 7 \quad 0 \quad 4
\end{array}
$$

⑤
$$
\begin{array}{r}
1 \quad 0 \quad 6 \quad 7 \quad 0 \quad 4 \\
4 \quad 5 \quad 6
\end{array}
$$

위에서 열거한 주산籌算의 곱셈 운산運算의 단계별 도식은 현재 독자의 편의를 위해서 현행 아라비아 숫자를 이용하였지만, 도식②를 예로 하여 실제 주산籌算의 포산을 주식籌式기호로 표기하면 다음과 같이 될 것이다.

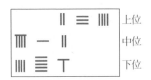

도식 하부에 적어 놓은 계산과정은 실제로는 마음속에서 계산하는 심산과 산주의 운산 과정을 나타낸다. 다음에 나오는 주산籌算의 나눗셈의 경우도 마찬가지이다.

나눗셈은 곱셈의 역이다. 나눗셈에서는 피제수를 '실實'이라고 하고, 제수를 '법法'이라고 하며, 나누어 얻어진 결과를 '상商'이라고 한다. 예를 들어 106704÷456의 경우를 보자. 먼저 실 106704와 법 456을 도식①처럼 늘어놓는다. 이것은 앞에서의 곱셈의 결과 도식⑤와 같다. 다음 456을 왼쪽으로 옮겨 1067을 456으로 나누어 상수商數 2를 얻어 이를 바로 위의 열에 기입한다. 상수 2로 법수法數 456을 자릿수별로 차례차례 곱하여 그때그때 빼 나가면(隨乘隨減) 도식②와 같이 첫 나머지 수 15504가 얻어진다. 제2단계로 법수 456을 오른쪽으로 한 자리 이동하여 다시 나누어 둘째 자리 상수 3을 얻는다. 얻어진 3으로 456을 각 자리별로 곱해 나가면서 결과를 그때그때 빼 나가면 도식③처럼 두 번째 나머지 수 1824가 얻어진다. 마지막으로 456을 오른쪽으로 한 자리 옮기고 나누면 셋째 자리 상수 4가 얻어진다. 이 4로 456을 각 자리별로 차례차례 곱해 나가면서 빼 나가면 도식④처럼 딱 떨어져 나머지가 없어지고, 상수 234를 얻는 것으로 나눗셈이 완결된다.

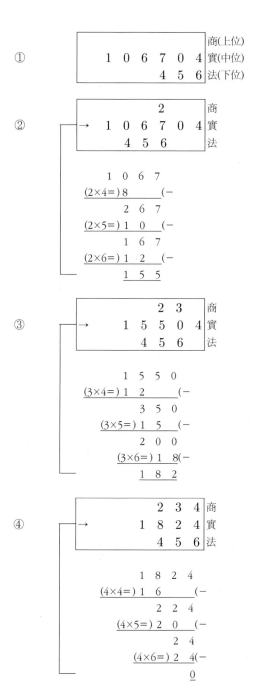

⑤

주산籌算의 나눗셈은 명 말에 서양에서 전해진 필산의 '범선법帆船法'(galley method, 16세기까지는 널리 유행하였다)과 매우 유사하다. 단지 주산籌算은 곱하면서 차례차례 빼 나가기 때문에 그 운산이 부단히 변화해 가는 특징이 있음에 반해, 이 범선법은 필산의 모든 단계를 기록해 남기는 점이 다르다. 여기서는 같은 문제 106704÷456을 예로 하여 범선법의 계산 방법을 표기해 본다.

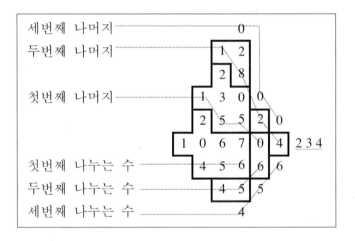

만약에 나누어떨어지지 않고 나머지가 있는 경우는 마지막 주식의 윗부분이 상商의 정수 부분이고 두 번째 층 실의 자리에 남은 숫자가 분자, 세 번째 층인 법이 분모가 된다. 예를 들어 $106838 \div 456 = 234\frac{134}{456}$ 를 주식으로 표현하면 다음과 같다.

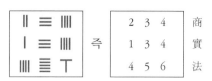

3. 선진고서 중의 수학지식과 고대의 수학교육

1)「고공기」,『묵경』 등에 보이는 수학지식

선진제자의 각종 저작 중에는 위에서 언급한『순자』,『관자』 등에서 보이는 '구구九九'와 이리의『법경』 중의 예를 제외하더라도 다른 저작에서도 여전히 일부 수학지식과 관련된 자료를 발견할 수 있다. 특히「고공기考工記」와『묵경墨經』 그리고 혜시惠施와 같은 이른바 '변자辯者'의 명제에는 이러한 수학 관련의 지식이 풍부하다.

『주례周禮』「고공기」는 고증에 따르면 전국시대 제나라 사람이 저술한 책이라고 한다. 책 속에는 주요한 당시의 일부 공업기술(예를 들면 造車, 造船 그리고 弓箭 제조 등)에 관한 통일규격이 기록되어 있고 따라서 분수나 각도에 관한 일련의 기재가 보인다.

'수인위개輪人爲蓋'라는 부분을 보면 "十分寸之一爲枚"라는 구절이 있어 즉 1/10촌寸의 길이를 '매枚'(지금의 分에 해당)로 규정하고 있는데 이러한 "십분촌지일十分寸之一"이라든지 "십분촌지이十分寸之二"와 같은 기수법은 이후의 많은 저작들이 그대로 채용하였으며 중국 고대의 분수기수법의 보편적인 방식으로 정착하였다.

「고공기」에는 이 외에도 각도의 크고 작음을 다루는 단위에 대해서도 기록하고 있는데, '구矩', '선宣', '촉欘', '가柯', '경절磬折' 등등이 있다. 각각 현대치로 환산하면 다음과 같다.

· 구＝90°

· 선＝45°(＝1/2矩)

· 촉＝67°30′(＝3/2宣)

· 가＝101°15′(＝3/2欘)

· 경절＝151°52′30″(＝3/2柯)

또 「고공기」에는 원호圓弧의 크기를 이용하여 각도를 재는 방법도 들어 있다. 예를 들면 '궁인위궁弓人爲弓'의 한 구절 중에는 다음과 같은 문구가 있다. "천자의 활을 만들 때는 아홉을 합하면 원을 이루고, 제후의 활을 만들 때는 일곱을 합하면 원을 이루고, 대부의 활을 만들 때는 다섯을 합하면 원을 이루고, 사士의 활을 만들 때는 셋을 합하면 원을 이룬다." 여기서 "아홉을 합하여 원을 이룬다"는 말은 천자의 활은 9개를 합해야 원주를 이룬다는 말로 또한 마지막의 "셋을 합하면 원을 이룬다"는 말은 사士의 활 3개를 합하면 딱 원주를 이룬다는 뜻이다. 이것은 원호圓弧의 길이를 이용해서 활의 완곡도의 각도를 표현함을 의미한다. 고대의 천문학자들은 1주천周天을 365와 1/4도로 나누었는데, 이 경우 태양의 시운동[20]은 매일 1도씩 움직이기 때문에 이 경우도 원주의 길이를 이용하여

---

20) 지면관측자가 보는 천체운동을 '시운동'이라고 한다. 일반적으로는 태양은 태양계의 중심으로 움직이지 않지만, 지면의 관측자의 관점에서 보면 태양은 각 항성 간의 상대 위치를 매일 조금씩 움직인다고 할 수 있는데, 이것이 시운동이다. 물론 태양

각도의 크기를 측정하는 또 하나의 예라고 할 수 있다.

각도의 개념은 일반적으로 보자면 중국의 선진 이후의 수학 발전의 역사 중에서 중시되지 않았다고 할 수 있다.

또한 「고공기」에는 용량의 단위가 되는 표준 양기量器의 척도에 관한 기록이 있다. 예를 들어 '부鬴'에 관한 규정을 보면, "깊이가 1척尺, 속은 가로세로 1척의 방형이고 겉은 원형을 이루는데 그 용량(實)을 1부라고 한다"라고 되어 있다. 또한 '두豆'와 '승升'과 같은 용적의 규정도 보인다. 물론 이러한 규정은 제나라의 규정에 한정된다. 진이 통일을 이룬 이후에는 처음으로 전국 규모의 도량형의 통일이 시도되었다. 물론 이러한 용기를 만들고 이들 기물의 용적을 계산하기 위해서는 수학 계산이 불가피하다고 할 수 있다.

선진제자先秦諸子의 책 중에 『묵경』에 보이는 수학지식은 특별히 언급할 필요가 있다. 이른바 『묵경』이란 일반적으로 『묵자』 중의 「경상經上」, 「경하經下」, 「경설상經說上」, 「경설하經說下」 4편을 지칭하는데, 모두 묵자의 제자들이 편집한 것이라고 말해진다. 기술상記述上의 형식을 보면 조목조목 각각 독립된 조문條文으로 하나하나의 개념이나 명제21)를 서술하고 있는데, 이들 조문 중에는 논리학, 수학, 물리학 등과 관련된 명제가 다수 포함되어 있다.

예를 들어 『묵경』 중에는 다음과 같이 기하학의 관념을 정의하는 문구가 포함되어 있다.

의 시운동은 실제로는 지구가 태양을 중심으로 공전함을 반영하고 있다.
21) 사리를 판정할 수 있는 어구를 '명제'라고 정의한다면, "중심 한 점으로부터의 거리가 일정한 점들의 집합을 원이라고 한다" 또는 "圓一中同長也"는 명제이다.

평平이란 높이가 같음을 말한다.[22]

직直이란 세 점이 한 직선을 이룸을 말한다.[23] (후대의 劉徽가 저술한『海島算經』
중에도 "參相直"이라고 하여 세 점이 한 직선상에 있음을 표시한다.)

같은 길이란 정확하게 서로 상쇄되는 길이이다.[24]

가운데(중심)란 같은 길이를 말한다.[25]

원이란 중심에서 동일한 거리를 말한다.[26]

여기서 우리는 원에 대한 정의 "원이란 중심에서 동일한 거리를 말한
다"가 현대 수학서에 보이는 원에 대한 정의인 '중심 한 점으로부터 거리
가 일정한 점들의 집합'과 같은 의미를 지니고 있다는 사실을 알 수 있다.
『묵경』 중에는 점, 선, 면, 체, 전체와 부분, 덧셈과 뺄셈에 관한 개념을
내포하는 조문이 보인다.

전국 말기가 되면 이 외에도 사물의 본질로부터 이탈하여 몇 가지 명
사에서 출발하여 각종 궤변을 늘어놓는, 이른바 명가名家 혹은 변자辯者로
불리는 학문집단이 형성된다. 혜시나 공손룡公孫龍 등이 그 대표적인 인물
이다. 당시의 궤변 중에는 예를 들어 "계란에 털이 있다", "불은 뜨겁지
않다", "닭은 발이 셋이다", "백마는 말이 아니다" 등등이 알려져 있다.

---

22) 『墨經』, "平, 同高也."
23) 『墨經』, "直, 相參也."
24) 『墨經』, "同長, 以正相盡也."
25) 『墨經』, "中, 同長也."
26) 『墨經』, "圓, 一中同長也."

이러한 궤변들은 실제로는 무의미한 언설이 대부분이지만 그중 몇 가지는 당시의 수학에 관한 사상을 일부 반영하고 있다. 예를 들어 공손룡이 제기한 명제 중에는 다음과 같은 것이 있다.

일척의 막대를 날마다 반으로 잘라도 영원히 다함이 없다.[27]

이것을 수식으로 표현하면 다음과 같다.

$$\frac{1}{2} + \frac{1}{2^2} + \frac{1}{2^3} + \cdots + \frac{1}{2^n} + \cdots \to 1$$

이 수식의 결과는 점차적으로 1에 가까이 근접해 가게 되지만 영원히 1에는 도달하지 못한다. 이 명제는 하나의 수학이론을 제공하고 있다. 즉, 한 유한한 길이를 갖는 선분(1척)을 무한이 많은 선분으로 표시(日取其半)할 수 있다는 것이다. 후대 유휘劉徽의 '할원술割圓術' 이론도 바로 이 이론으로부터 추론된 것일지도 모른다. 공손룡 등의 이 명제는 그리스의 철학자 제논(기원전 5세기)의 패러독스[28]와 매우 흡사하다.

현대 중국의 일반 수학교과서에는 이 일취기반日取其半을 극한 개념을 해석한 매우 중요한 실례로서 가르치고 있다.

---

27) 一尺之棰, 日取其半, 萬世不竭.
28) 제논의 패러독스 중에는 다음과 같은 것이 있다. 우리가 A지점에서 B지점까지 걸어 가려고 할 때 반드시 먼저 가운데 지점인 B_1에 도달해야 하며 그러기 위해서는 반드시 A에서 B_1까지의 중간 지점인 B_2에 먼저 도달해야 한다. 이러한 논리를 무한히 적용시키면 우리는 영원히 처음 출발점을 떠날 수 없게 된다. 앞의 예와 같이 유한한 선분(AB)을 반에서 또 반으로 무한히 많은 선분의 합으로 변형하는 방식이며 따라서 분명한 모순을 야기시킨다.

2) 수학교육과 사회, 법산, 주인의 출현

제자백가의 논저 중에 보이는 수학지식과는 별도로 당시의 기록 중에는 수학교육과 통계계산, 천문역법을 전문으로 담당하는 관원이 출현했음을 시사하는 표현이 존재하는데, 이는 춘추전국시대의 수학 발전의 수준을 반영한 것이라고 할 수 있다.

잘 알다시피 주대周代에는 이른바 '육예六藝' 즉 예禮, 악樂, 사射, 어御, 서書, 수數라고 불리는 과목이 존재하였는데, 이는 당시의 귀족 자제들에게 행해진 교육의 6가지 과목을 의미한다. 주대의 백관百官제도를 기술한 저술인 『주례』에는 다음과 같은 문장이 보인다. "보씨保氏는…… 국자國子를 도道로써 기르며 육예로 가르친다. 첫째가 오례五禮이고 둘째가 육악六樂이고 셋째가 오사五射이고 넷째가 오어五馭이고 다섯째가 육서六書이며 여섯째가 구수九數이다."[29]

이 말은 관직 중에 '보씨'라는 직위가 있어 학생(국자)의 교육을 책임지며 교육과정은 예와 음악, 마차를 타는 법, 활을 쏘는 법 등 여섯 가지 과목이며 수학이 그중 하나임을 알 수 있다.

주대의 제도를 다룬 책으로 『예기禮記』라는 책이 있는데 다음과 같은 문구가 보인다. "육 년(즉 여섯 살)에 수數와 방명方名을 가르치고, …… 구 년(아홉 살)에 수일數日을 가르치며, 십 년(열 살)에 외부外傅(교사)를 따라 밖에 기숙하며 글쓰기와 계산을 배운다."[30]

이는 아이들이 성정하면서 배워 가는 과정을 서술한 것으로, 여섯 살

---

29) 『周禮』, "保氏…… 養國子以道, 乃敎之六藝. 一曰五禮, 二曰六樂, 三曰五射, 四曰五馭, 五曰六書, 六曰九數."
30) 『禮記』, "六年敎之數與方名, …… 九年敎之數日, 十年出外就外傅, 居宿於外, 學書計."

에는 1에서 10까지의 숫자를 배우고, 동서남북 방향을 파악하는 법(方名)을 배운다. 아홉 살에는 간지기일법干支記日法을 배우고,[31] 열 살이 되면 '서계書計'를 배우는데 이 중 '계計'는 일반적인 계산 능력을 배양하는 것을 의미한다.

『주례』의 기록에 의하면 당시에 벌써 전문적으로 전국 범위의 통계계산을 담당하는 관원—이를 司會라고 한다—이 존재하였음을 알 수 있다. 『주례』권일卷— 에는 "사회司會는 중대부中大夫 두 명, 하대부下大夫 네 명, 상사上士 여덟 명, 중사中士 열여섯 명"으로 구성되며, 이 외에도 "부府가 네 명, 사史가 여덟 명, 서胥가 다섯 명, 도徒가 오십 명"이 등장하는데, 여기서 부란 당안檔案을 관장하는 직책이고, 사는 비서, 서와 도는 요역徭役을 관장하는 직책이다. 이렇게 본다면 작은 단위의 기구라고 할 수 없다. 『주례』권이卷二에 보면, 사회의 직무는 "나라의 육전팔법六典八法을 관장하고, …… 나라의 관부, 교야郊野, 현도縣都의 백물재용百物財用을 관장한다. 서계판도書契版圖(簿記, 戶籍, 圖冊) 부본副本에 있는 모든 것을 관리하여 관리들의 회계에 관련된 직무에 대한 회계검사를 행하는 것"이라고 되어 있다. 다시 말하면 사회란 통계 계산을 관장하는 관원이라고 할 수 있다.

군대에도 전문적으로 통계 계산을 책임지는 인원이 존재하였다. 병서 『육도六韜』에 수록된 전국시대에 관한 기록에는 "법산法算 두 명을 두어 삼군三軍의 영벽營壁, 양식, 재용財用의 출입 등의 회계를 담당하게" 하였다

---

31) 간지기일법이란 天干과 地支를 배합하여 날짜를 표시하는 법을 말한다. 天干은 甲乙 丙丁戊己庚辛壬癸의 10종이고 地支는 子丑寅卯辰巳午未申酉戌亥의 12종이다. 양자를 상호 배합하면 서로 다른 60종의 배열이 가능한데, 이를 六十甲子 즉 六甲이라고 한다. 甲子, 乙丑, 丙寅, 丁卯의 순서를 취한다. 이렇듯 반복적으로 육십갑자로 날짜를 표기하는 방법을 干支記日法이라고 한다. 현재도 민간의 음력은 여전히 이러한 방식으로 연도를 표기하는데, 예를 들면 1961년은 辛丑年이고 1962년은 壬寅年이 된다.

는 말이 보인다. 법산은 군영에서 병기와 병량兵糧, 병향兵餉 등의 수지 계산을 담당하는 관원을 의미한다.

한대에 이르러 '회계會計'라는 말은 관원의 재능을 나타내는 전문과목의 하나로써 거론된다. 거연居延에서 발굴된 '거연한간居延漢簡' 중에는 관원의 이력이나 능력을 소개할 때 "쓰고 회계를 할 수 있다"32)혹은 "율령에 통효通曉하다"33)등과 같은 어구가 여러 곳에서 보인다.

사회 외에도 당시에 천문역법을 전문적으로 담당하는 관원이라면 당연히 산법에 해박하였을 것이다. 『주례』의 관직인 '풍상씨馮相氏'의 경우는 역법을 관장하며 "사시四時의 차례를 정하는"34) 관직이고, 또한 '보장씨保章氏'의 경우는 "천상을 관찰 기록하여 일월성신의 변화를 관장하는"35) 관직이다. 사마천은 『사기』에서 "유왕幽王과 여왕厲王의 시대에 주의 왕실은 미약해졌고 배신陪臣이 집정하였다. 사史는 때를 기록하지 않게 되고 군주는 정삭正朔을 알리지 않게 되었다. 따라서 주인疇人의 자제들이 사방으로 흩어져 어떤 이는 제후에게로 가고 어떤 이는 이적의 땅으로 향하였다"36)라고 적었는데, 여기서 말하는 주인이란 바로 대대로 세습하여 천문역법을 관장하는 사람을 말한다. 사마천이 말하고자 한 바는 주의 유왕과 여왕의 시대에 주 왕실이 쇠락하여 때에 맞추어 기록할 사관이 더 이상 때를 기록하지 않게 되고, 천자도 더 이상 천하의 신민에게 사시와 절기, 즉 달력을 반포하지 않게 되었고, 그 여파로 천문역법에 정통한 '주인자

---

32) 能書會計.

33) 通曉律令.

34) 以辨四時之敍.

35) 掌天星以志[誌], 星辰日月之變.

36) 『史記』, "幽厲之世, 周室微, 陪臣執政. 史不記時, 君不告朔. 故疇人子弟分散, 或在諸侯, 或在夷狄."

제疇人子弟'들이 사방각국으로 흩어졌다는 것이다. 여기서 천문역법을 관장하는 주인자제들은 당연히 수학에 정통하였을 것이다. 후대에 이르러 청의 완원阮元(1764~1848)은 중국 역대 천문학자와 수학자의 전기인『주인전疇人傳』을 편찬하였는데 여기서 주인이라는 말은 바로 앞서 언급한『사기』의 문구에 그 기원을 두고 있다.

1. 『주비산경』

1) 내용 개관

기원전 221년 진시황이 중국을 통일하였으나 얼마 지나지 않아 한나라가 그 자리를 대신하였고 사회생산력은 매우 큰 폭으로 발전하였다. 생산력의 부단한 제고에 따라 각종 과학과 기술도 끊임없이 발전하였다. 이러한 각종 과학의 발전은 또한 끊임없이 수학의 발전을 촉진하였다. 예를 들어 농업생산 면에서 보자면 비교적 정확한 계절의 예보가 요구되게 되고 이는 필연적으로 역법과 천문학의 연구를 필요로 하게 된다. 그런데 역법과 천문학은 그 학문의 성격상 다량의 수학적 지식을 요구하며 역으로 수학의 발전을 촉진하게 된다.

현재에 이르기까지 전해지는 『주비산경周髀算經』은 최고最古의 수학 저작이며 동시에 천문학 저작이기도 하다. 이 책은 당시 주진周秦 이래의 천문학상의 수요에 적응하여 점차적으로 누적된 과학연구의 성과를 결집하여 저술된 책이라고 할 수 있다.

동한 말년의 채옹蔡邕(133~192)은 당시의 천문학의 유파를 소개하면서 (178년) 말하기를, "천체를 말하는 자 삼가三家가 있으니, 하나가 '주비周髀'이고, 둘째가 '선야宣夜'이고, 셋째가 '혼천渾天'이다"라고 하였다.[1] 혼천설

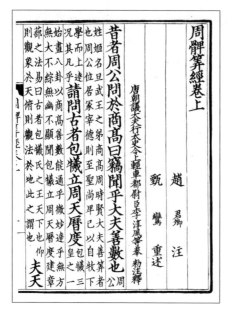

[그림2-1] 『周髀算經』書影

渾天說을 주장하는 일파가 한 대의 장형張衡(78~139)이 저술한 『영헌靈憲』을 그 대표 저작으로 한다면, 개천설蓋天說을 주장하는 일파는 바로 『주비周髀』를 그 대표 저작으로 한다. 혼천설은 비교적 진보적인 학설이라고 할 수 있으니 그 성립 시기가 개천설에 비해 비교적 늦다.

개천설은 "천상은 삿갓과 닮았고 땅은 뒤집어진 대야와 같다"[2]고 주장하는데, 이르자면 하늘의 모양은 머리에 쓴 우산형 모자와 같고, 땅의 모양은 가운데 볼록한 형태가 뒤집어진 대야와 같다는 뜻이다.

당시의 천문학자들은 주로 땅에 표간標竿을 세워서 이를 '측일영표測日影表'(그림자를 재는 막대)라고 하거나 혹은 줄여서 그냥 '표表'라고 하였다. 이 표로 관측해 낸 태양의 그림자 길이의 길고 짧음을 가지고 각종 계산의 수리적 근거로 삼았다. 이후에 이러한 표를 이용하여 측량하는 책으로는 『해도산경海島算經』[3] 등을 들 수 있다.

『주비산경』 권상卷上에는 주周대의 사람들이 측일영표를 이용하여 주나

---

1) 『續漢書』 「天文志」, 劉昭注에 蔡邕의 "表志"를 인용하였다.
2) 天像蓋笠, 地法覆盆.
3) 본서의 110쪽 3) 『해도산경』절을 참고할 것.

라 도성에서 관측을 행한 기록이 나오는데 이 때문에 이 책은 『주비』라고 불리었다. "비髀란 표表를 말하는데"4), 비髀란 바로 측일영표를 의미한다.

현재 전해지는 『주비산경』에는 첫머리에 주공周公과 상고商高라는 인물의 대화가 등장한다. 따라서 어떤 이는 이 작품이 주대의 작품이라고 생각하지만 실제로 그렇지는 않다. 우선 『주비산경』 권상에는 이러한 문구가 있다. "여씨呂氏가 말하기를 '사해의 안이 동서가 이만팔천 리, 남북이 이만육천 리이다'라고 하였다." 그런데 이 여씨란 전국시대 말기 진나라의 상국 여불위呂不韋를 말하는데, 우리는 여불위의 문객門客들이 편찬한 『여씨춘추』의 「유시람有始覽」이라는 편에서 앞에서 언급한 구절을 발견할 수 있다. 주대의 사람이 여불위의 말을 미리 알 수는 없을 것이다. 또한 『주비산경』 중의 많은 내용이 『회남자淮南子』 「천문훈天文訓」의 논점과 상통하는데, 『회남자』란 서한 회남왕 유안劉安의 문객들이 편찬한 서적으로 편찬 연대가 대략 기원전 2세기 말로 알려져 있다. 따라서 『주비산경』 중의 학설은 진한시대에 유행한 것으로 볼 수 있다. 다음으로 현재 전해지는 사서의 기록에 의하면 『한서漢書』 「예문지藝文志」 중에는 『주비』라는 책의 이름이 전하지 않는다. 한대의 양웅揚雄(기원전 53~18)이나 채옹5) 등에 이르러 비로소 『주비』를 언급하고 있다. 따라서 우리는 현전하는 『주비산경』이 대략 기원전 1세기에서 1세기 사이(서한 말에서 동한 초)에 성서成書되었을 것이라고 말할 수 있다. 물론 내용 중의 일부는 매우 이른 시기에 작성되었을 가능성도 부정할 수는 없다.

---

4) 髀者表也.
5) 揚雄은 『법언』을 저술하였는데, 그중 「重黎」편에 "蓋天"을 언급하고 있다. 개천설이란 『周髀』에 보이는 천문학설을 말한다. 蔡邕은 漢靈帝에게 上書하여 말하기를 "周髀術數具存"이라고 하였다.

현전하는 이『주비산경』[6]에는 한당 이래의 많은 수학자들의 주석이 달려 있다.[7]『주비산경』은 기원전 1세기로부터 현재에 이르기까지 대략 이천 년 이상의 역사를 갖고 있다. 이 책은 중국 고대 수학과 천문학을 이해하는 데 매우 귀중한 자료이다.

『주비산경』은 그 형식상 일문일답의 대화체로 구성되어 있다. 앞부분은 (양적으로 보면 비교적 작은 부분이지만) 주공周公을 가탁하여 그가 상고商高에게 산술算術을 학습하는 대화로 구성되어 있다. 수학적 입장에서 보자면 이 부분은 주로 구고정리句股定理와 평면 구고측량句股測量에 관한 내용이다. 책의 뒷부분은 영방榮方과 진자陳子의 대화로 가탁하여 서술한 것인데, 이 부분은 주로 천문학상의 개천설을 해설하고 있다. 수학적 입장에서 보자면 구고정리를 이용하여 천체를 측량하거나 복잡한 분수계산을 행하고 있다.

2) 영방과 진자의 대화 중의 수학적 내용

『주비산경』의 제2부분은 전술한 대로 영방과 진자의 대화로 구성되어 있다. 시작 부분에는 개천설의 이론을 서술하기에 앞서 진자가 수학의 대상, 방법, 그리고 수학을 학습하는 태도 등에 관해서 강술講述하는 내용이 보인다. 이 부분은 매우 흥미로울 뿐만 아니라 오늘에 이르기까지 일

---

6) 현전하는『주비산경』중에 가장 오래된 刊本은 남송본으로 대략 1213년 이후 간행된 것으로 추정되는데 현재 상해도서관에 보관되어 있다. 이 외에도 명 말의 趙開美 刊本과 청의 戴震의 校本 등이 전하고 있다. 현재 전해지는 판본은 모두 이 3가지에서 파생된 것으로 보인다.

7) 저명한 주석가로는 趙君卿(일반적으로는 위진시대의 인물로 추정한다), 甑鸞(북조 周 시대의 인물), 그리고 唐의 李淳風 등이 있다. 청대의 수학자 顧觀光이 저술한「周牌算經校勘記」또한 매우 유용하다.

정한 계발적 의의를 잃지 않는다고 여겨진다.

영방이 진자에게 물었다. "듣자니…… 태양의 높이와 크기, 빛이 미치는 범위, 태양의 운행 도수 등등, 당신의 학문에 의거하면 다 알 수 있다고 하는데 정말입니까?"

진자는 "그렇습니다"라고 답했다.

영방이 다시 물었다. "나와 같은 사람도 배울 수 있습니까?"

진자는 대답하였다. "물론입니다. 당신이 이미 배운 산법만 가지고도 모든 계산을 다 행할 수 있습니다. 단지 그중에 진지하게 고려해야 할 내용이 있을 따름입니다."

영방은 몇 날을 생각해 보았지만 요령을 얻지 못하였다. 그래서 다시 진자를 찾아가 가르침을 구했다. 진자는 또 설명하였다. "아마도 당신이 아직 숙련되지 않은 탓일 것입니다. 천문天文 방면의 계산은 모두 '기고망원起高望遠'의 방법에 다름없습니다. 단지 당신이 아직 체계적으로 통하지 못한 탓입니다. 이를 보면 아직 당신은 촉류방통觸類旁通하지 못했군요. 산법의 도리란 설명하자면 매우 간단하지만 응용하자면 매우 광범합니다. 이 것은 사람이 '지류지명智類之明'을 갖고 있기 때문입니다. 다시 말하면 사람은 하나를 배우면 각종각류의 사리를 판명할 줄 알게 되기 때문입니다. 이른바 '하나를 물으면 그로 인해 만사에 달한다'라고 한다든지 '거일반삼擧一反三'하여 촉류방통하여야만 진정한 지식을 얻을 수 있습니다. 산수算數의 방법은 지혜를 필요로 하는 학문입니다. …… 당신의 학문의 방법은 배워도 아직 박학하지 않음을 걱정하며, 박학한 후에는 깊이 파고들지 못할까 두려워합니다. 또한 깊이 파고든 이후에는 촉류방통하지 못할까 걱정합니다. 따라서 같은 종류를 배우고 같은 종류의 사물을 관찰하면 사람이 총명한가 아닌가를 구별할 수 있게 됩니다. 능히 이것을 미루어 저것을 아는 것, 그리고 촉류방통하는 것, 이것이 총명한 사람입니다. 거꾸로의 경우라면 반드시 제대로 배우지 못할 것입니다. ……"

진자의 이 대화 중에는 우선 수학의 응용의 광범함이 거론되었고, 그 다음으로 수학의 추상성에서 출발하여 특별히 귀납과 추리의 사상훈련의 중요성을 강조하고 있다. 이는 수학을 이해하는 사람에게나 혹은 수학을 배우는 사람에게 모두 매우 중요한 점이다.

3) 구고정리와 구고측량

이른바 구고정리란 직각삼각형의 양요兩腰(밑변과 높이)의 제곱(평방)의 합은 빗변의 제곱의 합과 같다는 (삼평방)정리를 말한다. [그림2-2]에서 보듯이 a와 b가 각각 밑변과 높이, c가 빗변을 가리킬 때 즉,

$$a^2 + b^2 = c^2$$

을 의미한다. 그중 직립한 표(b)를 '고股'라고 한다. "비髀는 표表이다"라든지 "비髀는 고股이다"라는 표현이 그것이다. 지면상의 그림자(a)를 '구句'라고 하고, 빗변(c)을 '현弦'이라고 한다. 이런 직각삼각형을 '구고형句股形'이라고 하며 따라서 구고정리란 다음과 같이 표현할 수 있다.

$$句^2 + 股^2 = 弦^2$$

이 정리는 매우 중요하다. 전해지는 이야기로는 고대 그리스의 수학자 피타고라스 (Pythagoras, 기원전 6세기경)가 이 정리를 증명하였을 때 100마리의 소를 잡아 이를 경축하였다고 한다.[8]

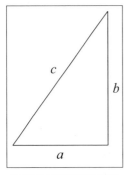

[그림2-2] 직각삼각형(句股形)

『주비산경』의 시작 부분에는 이 정리의 하나의 특별한 예로서 "구광 삼句廣三, 고수사股修四, 현우오弦隅五"를 들고 있다. 즉 이 말은 구句가 3, 고 股가 4이면 현弦이 5가 되는, 즉 $a=3$, $b=4$, $c=5$의 경우를 의미한다. 『주 비산경』에는 또 말하기를 "우禹임금이 천하를 다스린 소이所以는 이런 류 가 말미암아 생긴 바이다"[9]라고 했는데, 구고정리 그중에서도 특수례로 서의 구고정리가 아주 오래전부터 알려져 있었고 실제로 응용되었음을 말하는 것이라고 할 수 있다. 조상趙爽의 『주비산경』 주注에는 "우임금이 홍수를 다스려 강하江河의 물을 터져 흐르게 하고 산천의 모양을 바라보 시고 지세의 고저를 정하여 도천滔天의 재앙을 없애고 백성의 재난을 해 결하여 물의 흐름을 동쪽으로 돌려 바다에 흐르게 하였다. 이것이 구고句 股가 말미암아 생긴 바이다"[10]라고 하였다. 이상에서 보는 바와 같이 전 설상의 우임금의 치수를 통해서도 그 시대에 이미 구고정리가 알려져 있 었다고 상상하는 것은 불가능하지는 않다.

『주비산경』의 후반에 보이는 개천설 부분에는 특수례를 나열하는 방 식을 넘어선 일반적 구고정리의 응용을 확인할 수 있다. 예를 들면 그중 에는 "구句와 고股를 각각 자승하여 더한 후에 개방開方하면 현弦을 얻을 수 있다"[11]라는 문구가 보이는데 수식으로 설명하자면 다음과 같다.

$$c = \sqrt{a^2 + b^2}$$

---

8) 이 정리는 피타고라스 학파에 의해 증명되었기 때문에 흔히 피타고라스 정리라고 한다.
9) 『周髀算經』, "禹之所以治天下者, 此類之所由生也."
10) 趙爽, 『周髀算經』注, "禹治洪水, 決流江河, 望山川之形, 定高下之勢, 除滔天之災, 釋昏墊之 厄, 使東注於海而無浸逆. 乃句股之所由生也."
11) 『周髀算經』, 蓋天說, "句, 股各自乘, 幷而開方除之, 得(弦)."

『주비산경』 중의 개천설은 바로 구고정리를 이용하여 각종 계산을 행하는 것을 의미한다. 예를 들면 그중에는 하지 때 8척의 높이의 막대를 세우면 남중시의 그 그림자의 길이가 정확하게 6척이라는 추산推算이 있다. 『주비산경』의 가설은 표를 남북으로 1000리를 이동하면 태양의 그림자가 1촌만큼 차가 난다고 하는 것이다. 현재 그림자가 6척이므로 남쪽으로 6만 리를 이동한다면 바로 태양의 바로 밑에 올 것이고 막대를 세워도 그림자가 없게 된다. 따라서 그림자 6척과 막대의 길이 8척의 비례를 통해 태양의 높이는 8만 리로 추산될 수 있다. 『주비산경』의 설명을 빌리자면 다음과 같다. "태양으로부터의 빗변 거리(邪至日)는 태양의 바로 밑(日下)으로부터의 이동거리 6만 리를 구句로 하고 태양의 높이(日高) 8만 리를 고股로 하여 구고句股를 각각 자승하여 더한 다음 개방開方하면 바로 사지일邪至日의 거리 10만 리가 얻어진다."[12] 역시 수식으로 표기하면 다음과 같다.

$$\sqrt{60000^2 + 80000^2} = 100000$$

이상에서 본 바와 같이 이러한 추산은 단순히 수학적인 계산의 관점에 한정해서 본다면 정확하다고 하지 않을 수 없다. 물론 사실 여부를 따지자면 위의 계산은 과학적이지 못한 몇 가지 오류를 포함하고 있다. 첫째로 "천리에 그림자의 길이가 1촌만큼 차가 난다"는 가설부터 사실이 아니다. 당唐의 이순풍李淳風이 일찍이 이 점을 지적하였다. 둘째로 대지의 표면은 원래 평면이 아니고 구면이지만 위의 계산은 대지의 표면을 평면으로 이해하고 있다. 『주비산경』 중에는 이 외에도 여러 곳에서 구고정리

---

12) 『周髀算經』, "求邪至日者, 以日下爲句, 以日高爲股, 句股各自乘, 幷而開方除之, 得邪至日從髀所旁至日所十萬里."

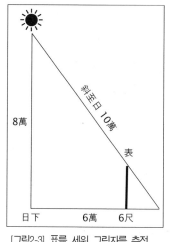

[그림2-3] 표를 세워 그림자를 측정

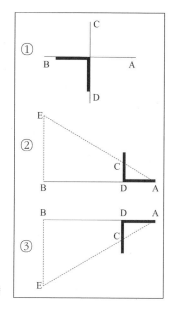

▶ [그림2-4] 矩를 이용한 측량

에 근거하여 천체에 관한 측량을 행하거나 수량을 추산하고 있는데 앞에서 언급한 것처럼 잘못된 전제에 의거한 탓에 실제에 전혀 부합하지 못하는 결과를 초래하였다.

그러나 구고정리와 두 대응변의 비례가 동일한 직각삼각형의 닮은꼴(相似)을 응용하여 지면의 높이, 깊이, 원근의 측량을 행하는 것 자체는 완전히 정확하였다고 말하지 않을 수 없다. 실제로 『주비산경』에는 이러한 구고측량句股測量의 지식이 많이 실려 있다.

『주비산경』 권상에는 다음과 같은 구절이 있다. "주공周公이 말하기를 '…… 구矩를 사용하는 방법을 알려주시오' 하니, 상고商高가 답하기를 '구를 평평하게 놓아 수평을 재고, 구를 위아래로 눕혀 높이를 재고, 구를 뒤집어 깊이를 재고, 구를 옆으로 눕혀 원근을 잽니다' 하였다."[13] 다시 말하면 [그림2-4]의 ①과 같이 CD의 D 끝부분에 무거운 추를 달면 CD가

수직선을 이루게 되고, 따라서 구를 평평하게 둠으로써 준승準繩 AB가 수 평을 이루는지 확인할 수 있다. 또한 구를 이용하여 높이를 측정할 수 있는데 이를 뒤집으면 깊이를 측정할 수 있다. [그림2-4]의 ②, ③에서처럼 AD, CD, AB를 각각 알고 있을 때 두 개의 대응변의 비례가 동일한 직각 삼각형의 상사相似에 의거하여 높이와 깊이 BE를 구할 수 있다. 이와 같은 방법을 응용하면 같은 방식으로 두 지점이 얼마나 떨어져 있는지(원근)를 구할 수도 있다. 위에서 언급하였듯이 『주비산경』의 성서成書연대를 대략 기원전 1세기라고 추정하더라도 이러한 구고측량을 이용하여 높이와 깊이 그리고 원근을 측량하는 방법은 상당히 이른 시기에 이미 성립하였을 것이라고 생각된다.

4) 『주비산경』 중의 분수계산

구고정리와 구고측량 이외에도 『주비산경』에는 비교적 복잡한 분수 계산에 관한 문제가 포함되어 있다. 『주비산경』의 이러한 내용은 분수계 산이 당시에 이미 상당히 높은 수준에 도달해 있었음을 알려준다.

이러한 복잡한 분수계산은 천문역법의 정수항定數項의 수치연산에 필 요한 것이었다. 『주비산경』의 개천설은 고대 사분력과 마찬가지로 1년의 길이를 $365\frac{1}{4}$ 일(태양이 황도 상에서 매일 1도를 움직임)로 추정하였으며 또한 19년에 7달의 윤달을 두는 주기[14]가 알려져 있었기 때문에 이를 통해 1년

---

13) 『周髀算經』, 卷上, “周公曰, ... 請問用矩之道. 商高曰, 平矩以正繩, 偃矩以望高, 覆矩以測 深, 臥矩以知遠.”

14) 역주: 서양에서는 이 주기를 메톤주기라고 하고 중국에서는 고대부터 이를 章法이라 고 불렀다.

의 평균 월수가 $12\frac{7}{19}$ 달이 된다. 따라서 매달의 평균일수는 다음과 같이 구해진다.

$$365\frac{1}{4} \div 12\frac{7}{19} = 29\frac{499}{940}$$

『주비산경』권하卷下의 마지막 부분은 바로 이 분수의 제법의 운산에 관한 설명이다.

1개월의 길이를 $29\frac{499}{940}$ 이라고 할 때 달이 매일 평균 $13\frac{7}{19}$ 도만큼 이동하기 때문에 12개월 이후의 정확한 달의 위치를 계산하려면 복잡한 분수계산을 행해야 한다. 실제로 이 계산은 다음과 같다.

$$29\frac{499}{940} \times 12 \times 13\frac{7}{19} \div 365\frac{1}{4}$$

여기서 나머지를 구하면(물론 나누지 않고 계속 빼 가도 된다) $354\frac{6612}{17860}$ 가 얻어진다. 『주비산경』에는 이 외에도 윤달이 들어 있는 윤년(1년=13월)과 평균년($12\frac{7}{19}$달)의 월행도수의 계산이 보이는데, 이 계산도 매우 복잡한 분수계산을 행하지 않으면 안 된다.

의심할 여지없이 이러한 분수계산은 모두 산주算籌를 이용한 것이다. 『주비산경』은 비록 실제 계산 과정이 매우 복잡한 분수계산도 행하고는 있지만 단『주비산경』어디에도 이러한 분수 계산에 관한 체계적인 설명은 보이지 않는다. 분수계산에 관한 체계적인 설명은『주비산경』보다 약간 성서연대가 내려가는『구장산술九章算術』에 최초로 보인다.(다음 절에서 상론)

2. 『구장산술』

1) 내용 개관

『주비산경』은 비록 상당한 수준의 수학적 지식을 포함하고 있지만 그렇다고 해도 결국 중요한 내용은 천문학 방면의 지식을 강술하고 있기 때문에 수학의 전문서라고 할 수는 없다. 따라서 현존하는 가장 오래된 중국의 전문적인 수학 저술은 『구장산술』이라고 해야 할 것이다.[15] 주진周秦 이래로 점차적으로 발전해 온 중국 고대 수학은 한대에 한층 더 발전을 이루어 어느 정도 완성된 체계를 갖추게 되는데, 『구장산술』은 이러한 하나의 체계화가 형성되었음을 상징한다. 다시 말해서 주진에서 한대에 이르기까지 중국 고대 수학 발전의 하나의 총결산이라고 할 수 있는 대표적인 저작이다. 『구장산술』이 후대의 수학 발전에 미친 영향은 매우 크다고 할 수 있다.

『구장산술』은 문제집의 형식으로 편찬되었다. 이 책은 합쳐서 246문問으로 이루어졌는데 '아홉 개의 장'(九章)으로 나뉘어 있다. 하나 혹은 몇 개의 문제를 서술한 이후에 이러한 유형의 문제를 풀기 위한 일반적인 해법을 제시하고 있다. 이것이 『구장산술』이 채용한 서술방식이다. 서술방식에서 보자면 이 책은 주로 귀납적인 방법을 이용하였다고 할 수 있다. 또한 이러한 문제들은 한편에서는 독자들로 하여금 일반해를 이해하기 위한 예제의 역할을 하기도 하고, 다른 한편에서는 일반해를 통해 실

---

15) 역주: 『구장산술』 이전의 출토 산서에 관해서는 본장의 3. 죽간 『산수서』를 참조하기 바란다.

제 문제를 해결해 가는 예제로서 기능하기도 하였다.

이러한 문제집 형식이 후대의 중국 고대 수학 저작에 미친 영향은 매우 크다. 중국 고대 수학 저작은 시종일관 이러한 형식을 고수하였기 때문이다.

『구장산술』은 합쳐서 9장으로 이루어져 매 장마다 특정한 이름이 부여되어 있으며 하나의 유형 혹은 몇 가지 유형의 특수한 사례의 산법을 나누어서 설명하고 있다.

제1장은 「방전方田」으로 주로 전무田畝 면적을 계산하는 방법을 다루고 있다. '방方'이란 단위면적을 의미하기 때문에 방전이란 주어진 토지가 몇 개의 단위 면적으로 이루어져 있는가를 계산하는 방법을 뜻한다.

제2장은 「속미粟米」라고 하여 각종 비례 문제를 다루며 특히 각종 양곡 간의 비례교환에 관한 문제를 다루고 있다.

제3장은 「쇠분衰分」이라고 하는데 '쇠衰'란 비례에 의거함을 의미하며 '분分'은 분배를 의미한다. 비례에 의거한 분배의 문제를 다루고 있다.

제4장은 「소광少廣」이라고 하고 '소少'란 많고 적음을, '광廣'이란 넓이를 의미한다. 소광은 이미 알고 있는 면적과 체적을 이용하여 거꾸로 그 한 변의 넓이의 다소多少를 구하는 문제이다. 평방근(開平方)과 입방근(開立方)을 구하는 방법이 서술되어 있다.

제5장은 「상공商功」으로 '상商'이란 상의한다는 뜻이고 '공功'은 공정工程을 의미한다. 여기서는 각종 공정의 계산을 행하며 주로 각종 체적의 계산을 행한다.

제6장은 「균수均輸」이고 인구의 많고 적음과 거리의 원근 등의 조건에 의거하여 어떻게 하면 각 지역의 부속賦粟의 운반과 요역徭役의 배분을 합

리적으로 안배할 수 있는지 등의 문제를 다룬다.

제7장은 「영부족盈不足」이라고 하며 가정의 방식을 이용하여 비교적 풀기 어려운 난문을 해결하는 방식을 의미한다. 예로 들면 「영부족」장의 첫 번째 문제 "지금 사려고 하는 물건 전체의 값이 사려는 사람 한 명당 8전씩 내면 돈이 3전이 남고 매 사람마다 7전을 내면 4전이 부족하다. 그렇다면 사람 수와 물건 값은 각각 얼마인가?"[16]의 경우처럼, 8전씩 낼 경우와 7전씩 낼 경우 두 번의 가설을 세워서 그 '남고 부족함'(盈不足)을 이용해 해를 구하는 방식이다.

제8장은 「방정方程」으로 연립1차방정식의 해법을 구하는 문제이다. 이 중에는 양수와 음수의 개념에 대한 설명(正負術)이 보이며 양수와 음수의 덧셈과 뺄셈에 대한 법칙을 설명하고 있다.

제9장은 「구고句股」이고 구고정리와 상사相似 직각삼각형의 해법을 다룬다. 이 중에는 일반적인 2차방정식의 해법에 관한 문제도 제출되어 있다.

『구장산술』의 내용은 풍부하고 다채로우며 또한 실제생활과 밀접한 관련을 가진 문제들이 대부분이다. 이처럼 실제생활과 밀접하게 연관된 문제들은 틀림없이 고대 중국인의 지혜와 능력을 여실히 보여 주는 것이라고 할 수 있다. 그러나 누가 이러한 걸출한 저작의 저자인지 혹은 성서 연대가 언제인지에 관해서는 현재에 이르기까지 확실한 답을 구하지 못하였다.

유휘는 『구장산술』을 위해서 쓴 서문(263년)에서 다음과 같이 말하였다. "주공이 제례制禮하니 그중 구수九數가 있다. 구수의 유전流傳이 곧 구장이다. 옛날 폭악한 진나라의 분서로 말미암아 경술이 산일되었다. 그

---

16) 今有共買物, 人出八, 盈三, 人出七, 不足四. 問人數物價各幾何.

이후 한의 북평후 장창, 대사농중승 경수창이 모두 산술에 밝기로 세상에 이름이 높았다. 장창 등은 구문에 남아 있는 잔권에 의거해 산보刪補를 했다고 한다. 따라서 그 목차를 보면 고서와 혹 다르고, 논하는 바는 근자의 언어가 많다."17) 이를 통해 알 수 있는 사실은 3세기경의 유휘가『구장산술』에 주석을 단 시대에도 이미『구장산술』의 편찬시대와 최초의 편찬자가 누구인지 불분명하였다는 사실이다. 그러나 이 서문을 통해서 우리는『구장산술』이 주진周秦 이래 중국 고대 수학을 기초로 발전·축적해와 장창張蒼(?~기원전 152)과 경수창耿壽昌(漢宣帝 때기원전 73~49] 大司農中丞을 지냄) 등의 증수산보增修刪補를 거쳐 최종적으로 확정되었다는 사실을 확인할 수 있다. 결국『구장산술』은 몇 세기에 걸쳐 누적된 수학자들의 지혜의 산물로 여러 사람의 증수산보를 거친 결과물이라고 할 수 있다.

실제로『구장산술』에 보이는 몇몇 문제나 산법의 경우는 우리들이 그 문제의 성립시기를 추측하는 것이 가능하기 때문에 어떤 문제는 비교적 일찍 성립하였고 어떤 문제는 비교적 늦게 추가되었음을 구체적으로 확인할 수 있다.

예를 들면「방전」장에는 240보步를 1무畝라고 하였는데 이것은 전국시기 진秦의 제도로 한이 진을 계승한 이후에도 같은 제도를 유지하였다. 「쇠분」장에는 "공사公士, 상조上造, ……" 등 다섯 종류의 작위명이 등장하는데 이 또한 진나라 때부터 사용된 명칭이다.「균수」장이란 명칭은 당연히 한무제(r. 기원전 140~87)가 상홍양桑弘羊의 건의를 받아들여 '균수관均輸官'(太初 元年, 기원전 104)을 설립한 이후에 성립하였다고 하여야 할 것이다.

---

17) 劉徽,「九章算術注序」, "周公制禮而有九數. 九數之流, 則九章是矣. 往者暴秦焚書, 經術散壞. 自時厥後, 漢北平侯張蒼, 大司農中丞耿壽昌皆以善算命世. 蒼等因舊文之遺殘, 各稱刪補. 故校其目則與古或異, 而所論者多近語也."

『한서』「예문지」에는 『구장산술』이 수록되어 있지 않다. 『한서』「예문지」가 그 저자인 반고班固가 유흠劉歆의 『칠략七略』(대략 서력기원 전후 성립)에 근거하여 작성한 것이라는 점을 감안한다면 이로써 아마도 서력기원 전후까지는 『구장산술』이라고 불리는 서적이 아직 존재하지 않았을 것으로 추정할 수 있다.

서기 50년 전후의 시기에 이르면 저명한 학자 정중鄭衆이 『주례』「지관사도地官司徒 · 보씨保氏」 중의 '구술九數'설을 해석하여 "방전方田, 속미粟米, 차분差分, 소광少廣, 상공商功, 균수均輸, 방정方程, 영부족盈不足, 방요旁要를 말하며 지금은 중차重差, 구고句股가 있다"라고 하였다. 즉 이 시기에 이르면 『구장산술』의 각 장의 내용과 명칭이 모두 정비되어 있었음을 알 수 있다.

결론적으로 우리들은 늦어도 1세기에 이르면 『구장산술』이 현전하는 형태와 크게 다르지 않은 모습으로 존재하였을 것으로 추정한다. 따라서 삼국시대 위魏의 유휘나 당의 이순풍이 『구장산술』에 주석을 달았을 시점에는 이미 내용 상의 큰 변동은 없었을 것으로 보이며 『구장산술』은 성립 이후에 오늘날에 이르기까지 2000년에 가까운 역사를 가지고 있다고 해야 할 것이다.[18]

『구장산술』은 역대로 수학교육의 교재로 이용되었다. 당송 양 시기에는 나아가 정부가 규정한 교과서로 지정되기도 하였다.(후술) 실제로 보아도 『구장산술』은 통속적인 수학 교재임에 틀림없다. 또한 『구장산술』은 가장 오랜 기간 전해져 왔고 동시에 가장 광범한 영향력을 행사한 저작이

---

18) 현전하는 판본 중에 가장 오래된 것은 남송 刻本으로 1213년보다 약간 늦은 시기에 刊印되었다. 전반부의 5장만 전하며 후반부의 4장은 散佚하였다. 현재 상해도서관이 소장하고 있다. 그 외의 각종 판본은 대부분이 청의 戴震이 『四庫全書』를 편찬할 때 『永樂大典』에서 발췌하여 校勘을 행한 戴震本에 의거하고 있다.

기도 하다. 후대의 수학자 중에
는 많은 이들이 『구장산술』에 주
석을 다는 행위를 통해 자신의
수학연구를 진행하였다. 그중 가
장 유명한 것이 앞에서 언급한
유휘(263년)와 이순풍(656년) 등의
주석인데, 남북조시대의 유명한
수학자인 조충지祖沖之(429~500)도
일찍이 『구장산술』에 주석을 남
겼다고 전해지지만 아쉽게도 실
전되었다.

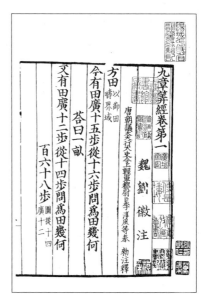

[그림2-5] 『九章算術』 書影
(남송각본 현 상해도서관장)

　　『구장산술』은 중국 이외에
한반도와 일본에도 일찍이 전해
져 한반도와 일본 고대 수학의 발전에 많은 영향을 끼쳤다. 현재에도 이
책은 중국 고대 수학의 중요 저작으로 세계 각국의 과학계로부터 중시되
고 있다.

2) 산술 방면의 성취

　　이하 산술, 기하, 대수의 세 분야로 나누어서 『구장산술』의 일부 중요
성과를 소개하고자 한다. 이러한 성과들은 단지 중국수학사의 휘황찬란
한 성과일 뿐만 아니라 세계수학사에서 보더라도 대단히 뛰어난 것이라
고 할 수 있다.

『구장산술』 중의 산술 방면의 성취는 대략 네 가지 방면으로 귀납시킬 수 있다. 즉, 체계적 분수의 사칙연산, 각종 비례 문제, 영부족 문제, 그리고 일부 수학적 난제를 들 수 있다.

앞에서 언급한 것처럼 『주비산경』에도 이미 상당히 복잡한 정도의 분수계산의 응용이 보이지만 체계적인 해설은 결여되어 있었다. 『구장산술』 「방전」장에 보면 시작부터 제18문까지 곧바로 계통적인 약분, 통분, 분모분자가 다른 숫자의 대소비교와 분수 가감승제의 연산 방법이 서술되어 있다. 이 방법들은 현대의 우리들이 사용하는 분수계산 방법과 기본적으로는 일치한다.

분수의 계산 또한 물론 산주算籌를 이용하여 진행된다. 산주를 써서 분수를 표시하는 방법은 산주의 나눗셈을 기초로 해서 형성된 것이다. 예를 들면 $123 \div 7 = 17\frac{4}{7}$ 의 경우를 산주를 써서 최종적인 결과물을 표시하면 다음과 같다.

맨 위층이 상수商數(몫) 17이고, 중간층의 나머지가 분자 4가 되며, 밑의 층이 분모 7이다.

분모분자에 공약수가 있을 경우에는 두 수 중에서 큰 수로 작은 수를 축차적으로 빼어 나가는 방식으로 최대공약수를 확정한다. 현대 산술에서 사용되는 축차제법(유클리드의 호제법)은 이러한 축차적 뺄셈이 진화한 형태로 볼 수 있다.

분수의 덧셈과 뺄셈은 통분을 필요로 하고 또한 통분은 분모의 공배수를 구함으로써 가능하게 된다. 「방전」장에는 통상적으로 각 분수의 각각의 분모를 서로 곱하여 공분모를 구하는 방법이 나오는데 이러한 공분모는 바로 공배수를 의미한다. 그러나 「소광」장에는 예외적으로 최소공배수를 구하는 예제(제6제)가 존재한다.[19] 이 문제는 다음과 같은 산법을 포함하고 있다.

$$1 + \frac{1}{2} + \frac{1}{3} + \frac{1}{4} + \frac{1}{5} + \frac{1}{6} + \frac{1}{7}$$
$$= \frac{420}{420} + \frac{210}{420} + \frac{140}{420} + \frac{105}{420} + \frac{84}{420} + \frac{70}{420} + \frac{60}{420} = \frac{1089}{420}$$

공분모 420은 바로 각각의 분모의 최소공배수이다.

분수의 곱셈은 분자는 분자끼리 곱하고 분모는 분모끼리 곱한다. 이것은 현대의 방법과 완전히 일치한다.

나눗셈은 먼저 통분을 하여 제수와 피제수를 서로 같은 분모로 만들고 난 후 피제수의 분자를 분자로 제수의 분자를 분모로 하여 상수를 구한다. 이 방법은 다음과 같은 과정으로 표기될 수 있다.

$$\frac{b}{a} \div \frac{d}{c} = \frac{bc}{ac} \div \frac{ad}{ac} = \frac{bc}{ad}$$

또 다른 방식으로는 분모분자를 뒤집어서 서로 곱하는 방식도 있는데 (즉 $\frac{b}{a} \div \frac{d}{c} = \frac{b}{a} \times \frac{c}{d}$), 유휘가 『구장산술』 주에 이러한 방식을 도입하였

---

19) 서양 수학사가들은 일반적으로 13세기경에 이탈리아의 수학자 피보나치(Leonardo Fibonacci)가 최초로 최소공배수를 언급하였다고 하는데, 중국의 『구장산술』과 비교한다면 이러한 인식은 정확하지 않다고 하지 않을 수 없다.

다.(263년)

『구장산술』은 세계에서 가장 일찍이 분수의 연산을 체계적으로 서술한 저작이다. 이러한 체계적인 서술은, 인도의 경우는 7세기 이후에야 보이고 유럽의 경우는 이보다도 더욱 늦다.

『구장산술』의 「속미」, 「쇠분」, 「균수」의 각 장 중에는 각종 형식의 비례 문제가 나온다. 예를 들어 「속미」장에는 시작 부분에 바로 각종 양미糧米 간의 교환비율에 관한 비례관계가 "속률粟率 50, 여미糲米(현미) 30, 패미粺米(정미) 27, ……"과 같은 형태로 나온다. 「속미」장의 제1 문제는 "지금 속미 1두斗가 있다. 여미로 환산하면 몇 두인가?"[20]라는 문제인데, 이 문제는 50의 속미가 30의 여미로 환산되는 비율에 의거해서 1두의 속미가 얼마만큼의 여미에 해당하는가를 묻고 있다. 즉 다음과 같은 식으로 구할 수 있다.

$$50 : 30 = 1斗 : x$$

다시 말하면 소유율(粟率) : 소구율(糲米率) = 소유수(有粟數) : 구하는 수이다. 『구장산술』의 해법은 다음과 같다.

$$구하는 수 = \frac{소유수 \times 소구율}{소유율}$$

쇠분 문제는 현대적으로 말하면 비례 배분의 계산에 해당한다. 예를 들면 5명의 관원이 5 : 4 : 3 : 2 : 1의 비율로 5마리의 사슴을 분배하는 계산 문제가 바로 쇠분 문제이다. '쇠분'이란 계산법은 비율에 의거하여 부세賦稅와 요역徭役 방면의 계산을 행하는 데 언제고 필요한 것이었다.

---

20) 今有粟一斗. 欲爲糲米幾何.

균수 문제는 바로 쇠분과 비례 문제를 연합한 복비례 문제를 말한다. 한무제는 상홍양의 건의를 채용하여 균수관을 설립하였는데 군현의 인구수(정비례)와 노도路途의 원근(반비례)에 의거하여 부세賦稅와 요역徭役을 할당하였다. 「균수」장의 산법은 이런 종류의 문제를 풀기 위한 것이다.

영부족술盈不足術의 창제 또한 중국 고대 수학의 중요한 성취의 하나이다. 전술한 "사람 한 명당 8전씩 내면 돈이 3전이 남고 매 사람마다 7전을 내면 4전이 부족하다. 그렇다면 사람수와 물건 값은 각각 얼마인가?"와 같은 문제가 바로 영부족 문제이다. 두 차례의 가설을 통해 얻어진 남고 부족한 상황에 근거하여 본다면 3가지 가능성이 존재한다. ① 하나는 남고(盈) 또 다른 하나는 부족不足한 경우, ② 하나는 남고 또 다른 하나는 딱 맞는 경우(適足), ③ 두 경우 모두 남는 경우 혹은 두 경우 모두 부족한 경우가 그것이다. 「영부족」장에는 위의 세 종류의 상황에 대해 각자 서로 다른 해법을 제시하고 있다. 예를 들면 사람이 a_1을 내었다면 b_1이 남거나 부족하고, 사람들이 a_2를 낸다면 b_2가 남거나 부족하다고 할 때 즉 물건의 값은 다음과 같은 공식으로 계산이 가능하다.

$$x = \frac{a_2 b_1 - a_1 b_2}{a_1 - a_2}$$

영부족술을 이용하면 비교적 복잡한 문제도 손쉽게 해결할 수 있다. 단지 두 차례의 가정을 거치고 또 두 차례 가정의 결과를 알 수 있다면 위의 공식(알고리즘)을 이용하여 원하는 답을 얻을 수 있기 때문이다. 중세 유럽에서도 이러한 복가정법複假定法이 널리 이용되었으며, method of double false position[21]이라고 불렸다. 13세기 이탈리아 수학자 피보나치는 복가정법을 유럽에서 최초로 기술한 인물로, 그는 이를 elchataym법이라고 불렀다. 이 명칭은 아랍어 al-khaṭā'ain에서 온 것으로, 문자 그대로 '이중 가정'을 의미한다. 한편 11세기에서 13세기에 걸쳐 아랍에서는 중국을 Khiṭāi(契丹)라 불렀고 양자 간의 발음의 유사성이 지적되기도 하였지만[22] 어쨌든 영부족술이 아랍을 거쳐 서양에 전해졌을 가능성은 매우 크다.

3) 기하 방면의 성취

『구장산술』의 면적 계산 문제는 대부분이 제1장 「방전」장에 집중되어 있다. 책 속에 나와 있는 계산 방법을 현대식 부호 표기법으로 고쳐서 나열하면 이하의 공식[23]과 같다.(방전, 규전 등 괄호 안 명칭은 원래의 용어이다.)

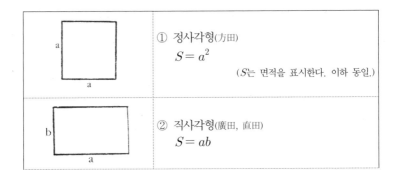

① 정사각형(方田)
$$S = a^2$$
(S는 면적을 표시한다. 이하 동일.)

② 직사각형(廣田, 直田)
$$S = ab$$

---

21) 명 말의 이지조는 중국에 소개된 최초의 유럽 算學書인 『同文算指』를 번역할 때 이를 '疊借互徵'이라고 命名하였다.
22) 이 문제에 대한 논의는 Joseph Needham, *Science and Civilisation in China* Vol.3(CUP, 1959), p.118에 보인다.
23) 면적 및 체적 계산 문제에 관해서는 李儼, 『中國數學大綱』 上(北京: 科學出版社, 1958), pp.96~102를 참조.

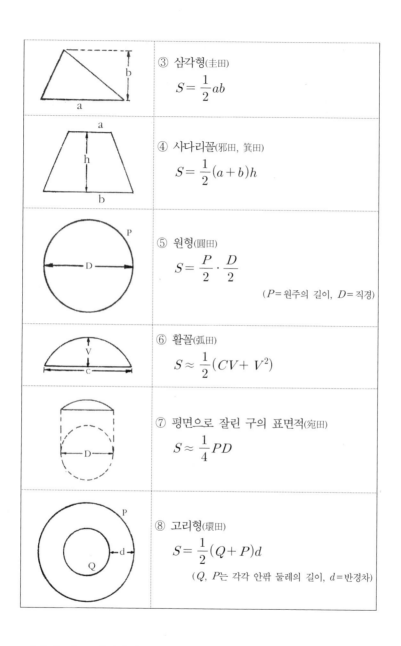

	③ 삼각형(圭田) $$S = \frac{1}{2}ab$$
	④ 사다리꼴(邪田, 箕田) $$S = \frac{1}{2}(a+b)h$$
	⑤ 원형(圓田) $$S = \frac{P}{2} \cdot \frac{D}{2}$$ (P=원주의 길이, D=직경)
	⑥ 활꼴(弧田) $$S \approx \frac{1}{2}(CV + V^2)$$
	⑦ 평면으로 잘린 구의 표면적(宛田) $$S \approx \frac{1}{4}PD$$
	⑧ 고리형(環田) $$S = \frac{1}{2}(Q+P)d$$ (Q, P는 각각 안팎 둘레의 길이, d=반경차)

상술한 각종 계산법에서 ⑥, ⑦ 두 항목은 근사공식이다. 원형과 관련

된 계산에서 원주율은 모두 '원주율 3, 직경 1'(周三徑一)을 적용하였다. 따라서 $\pi = 3$이다.

체적의 계산은 대부분 「상공」장에 집중되어 있다. 이하의 각종 공식을 포함한다.

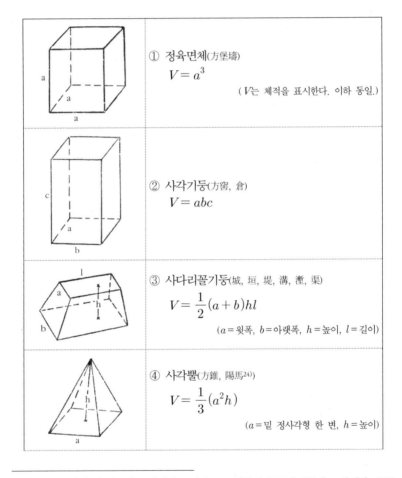

① 정육면체(方堡壔)
$$V = a^3$$
(V는 체적을 표시한다. 이하 동일.)

② 사각기둥(方窖, 倉)
$$V = abc$$

③ 사다리꼴기둥(城, 垣, 堤, 溝, 塹, 渠)
$$V = \frac{1}{2}(a+b)hl$$
(a=윗폭, b=아랫폭, h=높이, l=길이)

④ 사각뿔(方錐, 陽馬[24])
$$V = \frac{1}{3}(a^2 h)$$
(a=밑 정사각형 한 변, h=높이)

---

24) 양마란 집의 네 귀퉁이를 지탱하는 기둥으로, 사각이며 끝이 뾰족한 모양이다. 끝부분에 말을 양각했다고 해서 양마라고 한다.
25) 별노는 자라의 臀骨로 모양이 삼각뿔처럼 생겼다.

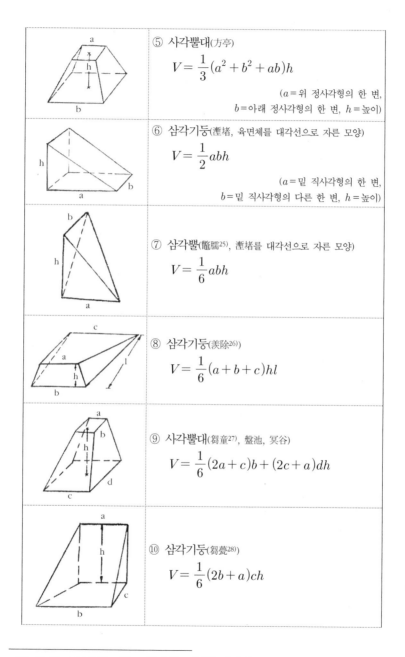

⑤ 사각뿔대(方亭)

$$V = \frac{1}{3}(a^2 + b^2 + ab)h$$

(*a* = 위 정사각형의 한 변,
b = 아래 정사각형의 한 변, *h* = 높이)

⑥ 삼각기둥(塹堵, 육면체를 대각선으로 자른 모양)

$$V = \frac{1}{2}abh$$

(*a* = 밑 직사각형의 한 변,
b = 밑 직사각형의 다른 한 변, *h* = 높이)

⑦ 삼각뿔(鼈臑[25)], 塹堵를 대각선으로 자른 모양)

$$V = \frac{1}{6}abh$$

⑧ 삼각기둥(羨除[26)])

$$V = \frac{1}{6}(a + b + c)hl$$

⑨ 사각뿔대(芻童[27)], 盤池, 冥谷)

$$V = \frac{1}{6}(2a + c)b + (2c + a)dh$$

⑩ 삼각기둥(芻甍[28)])

$$V = \frac{1}{6}(2b + a)ch$$

---

26) 선제는 비스듬히 지하로 들어가는 墓道를 말한다.

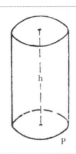

⑪ 원기둥(圓堡壔)

$$V = \frac{1}{12} P^2 h$$

(P=밑 원의 둘레)

이 식은 현재의 공식 $V = \pi r^2 h$ 에서 원주율 π를 3으로 계산한 것에 상당한다.

⑫ 월뿔대(圓亭)

$$V = \frac{1}{36}(LP + L^2 + P^2)h$$

(L=위 원의 둘레, P=아래 원의 둘레)

π를 원주율, r_1, r_2를 각각 위아래 원의 반경이라고 하면 이는 다음 식에 상당한다.

$$V = \frac{\pi h}{3}(r_1 r_2 + r_1^2 + r_2^2)$$

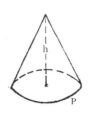

⑬ 원뿔(委粟, 委米, 委菽)

$$V = \frac{1}{36} P^2 h$$

(P=밑 원의 둘레)

앞의 예처럼 π를 원주율, r을 원의 반경으로 하여 위의 공식에 대입하면 다음 식에 상당한다.

$$V = \frac{h}{3}\pi r^2$$

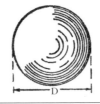

⑭ 구(立圓, 丸)

$$V = \frac{9}{16} D^3$$

(D=구의 직경)

---

27) 추동은 풀더미 모양이다.
28) 추맹은 풀더미의 頂蓋 부분을 말한다.

구의 체적을 구하는 '입원술立圓術'은 「소광」장에 보인다. 그러나 이 구의 체적 공식은 부정확하다. 「소광」장에서는 원과 외접 정사각형의 면적 비를 3 : 4로 하였는데 π를 3이라고 한다면 이 3 : 4의 비율은 정확하다. 하지만 구의 체적과 외접하는 원기둥의 체적의 비 또한 3 : 4로 여기는 것은 정확하지 않다. 따라서 구의 체적을 외접 정육면체의 $\frac{9}{16}$로 계산한 것은 오류이다.

분명한 것은 『구장산술』의 구적求積 문제는 모두 당시의 성 쌓기, 제방 쌓기, 개천파기, 도랑내기 및 각종 형상의 양창 등을 건축할 때 토지를 측량하고 토양의 양을 계산하는 사례라는 점이다. 이러한 계산법은 당시의 실제 수요와 밀접하게 결합되어 있었다고 할 수 있다.

4) 대수 방면의 성취

『구장산술』이 대수학 분야에서 이룬 주요한 성과는 연립1차방정식의 해법, 음수·양수 개념과 그 덧셈·뺄셈 법칙의 도입, 개평방開平方·개립방開立方 계산법 그리고 일반 2차방정식의 해법 등을 들 수 있다. 이하 차례로 소개해 나갈 것이다.

『구장산술』 제8장 「방정」장은 전 18문으로 구성되어 있는데 모두 연립1차방정식의 문제를 다룬다. 그중 2원인 문제가 8문, 3원인 문제가 6문, 4원의 문제가 2문, 5원의 문제가 1문, 부정방정식에 속하는 문제(미지수는 6개, 방정식은 5개)가 1문이다. 『구장산술』에서 이용한 해법은 '방정술'이라고 불렸는데 이는 다음과 같이 설명할 수 있다. 예를 들어 「방정」장 제1문의 경우, "지금 상질의 벼(上禾) 3묶음과 중질의 벼(中禾) 2묶음과 하질의 벼

(下禾) 1묶음의 화실禾實은 39두斗이고, 상화 2묶음과 중화 3묶음과 하화 1묶음의 화실은 34두이고, 상화 1묶음과 중화 2묶음과 하화 3묶음의 화실은 26두이다. 묻는다. 상중하 세 종류의 화실은 한 묶음 각각 얼마인가?"[29] 이 문제는 현재의 표기법으로 고치면 다음 풀이에 상당한다.

$$\begin{cases} 3x + 2y + z = 39 & \text{①} \\ 2x + 3y + z = 34 & \text{②} \\ x + 2y + 3z = 26 & \text{③} \end{cases}$$

우선 각항의 계수를 산주算籌를 이용하여 수직으로 오른쪽, 가운데, 왼쪽의 순서로 포산하면 다음과 같다.[30]

이해를 돕기 위해서 우리는 주산식籌算式의 우·중·좌 3식을 가로상·중·하 3식으로 고치고, 또한 현행 아라비아 숫자로 산주算籌를 대신하면 위의 주식籌式은 아래와 같이 계수로 구성된 행렬에 상당한다.

---

29) 今有上禾三秉, 中禾二秉, 下禾一秉, 實三十九斗, 上禾二秉, 中禾三秉, 下禾一秉, 實三十四斗, 上禾一秉, 中禾二秉, 下禾三秉, 實二十六斗. 問. 上中下禾實一秉各幾何.

30) 이렇게 算籌로 布算했을 때 그 모양이 사각형(方形)이어서 이 방법을 '方程'이라고 부른다. '방'은 籌式이 방형임을 가리키고 '정'은 미지수를 단계적으로 계산해 냄을 의미한다. 방정이란 용어는 고대에는 오로지 1차연립방정식의 해법만을 의미하였고 그 함의가 현대의 '방정'식과 약간 차가 난다.

$$\begin{pmatrix} 3 & 2 & 1 & 39 \\ 2 & 3 & 1 & 34 \\ 1 & 2 & 3 & 26 \end{pmatrix}$$

그다음, 제1행의 초항 계수 3을 제2행의 각항에 곱하고 연속으로 두 차례 제1행의 상응하는 항을 빼면 제2항의 초항 계수가 0으로 변화(소거)된다.

$$\begin{pmatrix} 3 & 2 & 1 & 39 \\ 6 & 9 & 3 & 102 \\ 1 & 2 & 3 & 26 \end{pmatrix}$$ (3으로 제2행의 각항을 곱한다.)

$$\begin{pmatrix} 3 & 2 & 1 & 39 \\ 0 & 5 & 1 & 24 \\ 1 & 2 & 3 & 26 \end{pmatrix}$$ (제2행에서 제1행의 상응하는 각항을 연속해서 두 차례 뺀다.)

같은 방식으로 제1행의 초항 계수 3을 제3행의 각항에 곱하고 제1행의 상응하는 각항을 빼면 제3행의 초항 계수가 0으로 변화(소거)된다.

$$\begin{pmatrix} 3 & 2 & 1 & 39 \\ 0 & 5 & 1 & 24 \\ 0 & 4 & 8 & 39 \end{pmatrix}$$

다시 제2항의 중간항 계수 5를 제3행의 각항에 곱하고 제2행의 상응하는 각항을 연속해서 네 차례 빼면 다음을 얻는다.

$$\begin{pmatrix} 3 & 2 & 1 & 39 \\ 0 & 5 & 1 & 24 \\ 0 & 0 & 36 & 99 \end{pmatrix}$$

여기서 마지막 행은 다음 방정식에 상당한다.

$$36z = 99$$

고로 $z = 2\dfrac{3}{4}$을 얻는다.

그다음 위의 마지막 행렬에서 가운데 행의 0, 5, 1, 24는 사실 $5y + z = 24$에 해당하기 때문에 z값 $2\dfrac{3}{4}$을 대입해서 정리하면 다음을 얻는다.

$$5y = 24 - 2\dfrac{3}{4} = 24 - \dfrac{11}{4}$$
$$= \dfrac{24 \times 4 - 11}{4}$$

고로 $y = \dfrac{(24 \times 4 - 11) \div 5}{4} = 4\dfrac{1}{4}$

마지막으로 얻은 값을 대입하면 $x = 9\dfrac{1}{4}$을 얻는다.

주지하다시피 이러한 미지수에 대한 소거법은 오늘날의 대수학에서 상용하는 방법과 기본적으로 일치한다. 2000년 전의 『구장산술』에서 이미 이렇게 체계화된 연립1차방정식의 해법을 장악하고 있었다는 점은 중국 고대 수학이 이룬 가장 걸출한 성과의 하나이다. 이를 유럽과 비교하면 적어도 1500년 전후의 차가 있다.[31]

「방정」장에는 또한 음수의 개념과 양수·음수의 덧셈뺄셈의 운산 법칙이 소개되어 있다. 어떤 문제에서는 매출의 숫자는 (돈을 받기 때문에) 양수로 하고 매입의 숫자는 (돈을 지불하기 때문에) 음수로 한다든지, 나머지는 양으로 하고 부족한 돈은 음으로 한다. 양곡의 계산과 관련해서는 더하는 것을 양으로 하고 감하는 것을 음으로 한다. '정正'(양수)과 '부負'(음

---

31) 유럽에서 가장 일찍 중국 고대의 연립1차방정식의 해법에 상당하는 계산법을 발표한 사람은 16세기 프랑스의 수학자 J. Buteo라고 알려져 있다.(1559년) 또한 '방장'에 관해서는 李儼, 『中國數學大綱』 上, pp.94~96을 참조.

수)라는 한 쌍의 용어는 이때부터 현재에 이르기까지 줄곧 사용되고 있으니 대략 2000년에 가까운 역사를 갖고 있다고 할 수 있다. 또한 당시의 천문계산에서도 역시 숫자의 음양 개념이 사용되었다.[32]

「방정」장에서 소개한 양수·음수의 덧셈뺄셈의 법칙은 '정부술正負術'이라고 불린다. 원문은 다음과 같다.

> 정부술에 말하기를, 동명(같은 부호)은 서로 빼고, 이명(다른 부호)은 서로 더한다. 0에서 정수를 빼면 음으로 하고, 음수를 빼면 양으로 한다. 이명은 서로 빼고 동명은 서로 더한다. 0에 정수를 더하면 정이 되고 음수를 더하면 음이 된다.[33]

여기서 전반부는 뺄셈을, 후반부는 덧셈 법칙을 의미한다. '동명', '이명'은 서로 더하거나 서로 빼는 두 수가 같은 부호인가 다른 부호인가를 가리킨다. 서로 더하거나 서로 빼는 것은 두 수의 절대치를 더하고 빼는 것이다. '무입'이란 용어는 0에서 더하거나 빼는 것을 말한다. 현대식으로 표현하자면 이 술문術文이 갖는 의미는 다음과 같다. 같은 부호인 두 수를 빼면 두 수의 절대치를 서로 빼는 것을 의미하고, 서로 다른 부호인 두 수를 빼면 두 수의 절대치를 더하는 것을 의미한다. 0에서 양수를 빼면 음수이고, 0에서 음수를 빼면 양수이다. 다른 부호의 두 수를 더하면 절대

---

32) 중국 고대 천문관측 및 계산에는 자주 '强'과 '弱'을 이용하여 어떤 수에 근접하여 남고 부족한 값을 표시하였다. 예를 들어 5.1은 5强, 4.9는 5弱이라고 표기한다. 강약과 음양은 개념적으로 상통한다. 고로 劉洪은 『乾象曆』(178~187년)에서 "强正弱負, 强弱相幷, 同名相從, 異名相消. 其相減也, 同名相消, 異名相從, 無對互之"라고 하였다. 강과 약을 서로 더하고 뺄 경우는 양수와 음수를 더하고 빼는 경우와 완전히 같다. 강약의 덧셈뺄셈 법칙은 바로 양수와 음수의 덧셈뺄셈 법칙인 것이다.

33) 『九章算術』, 「方程」, 제3문, "正負術曰, 同名相除, 異名相益. 正無入負之, 負無入正之. 其異名相除, 同名相益. 正無入正之, 負無入負之."

치를 서로 빼는 것을 말하고, 같은 부호의 두 수를 서로 더하면 그 절대치를 서로 더하는 것을 의미한다. 0에 양수를 더하면 양수이고, 0에 음수를 더하면 음수이다. $A > B > 0$라고 할 때 정부술을 현행 부호로 표기하면 다음과 같다.

$$\text{뺄셈:} \quad \pm A - (\pm B) = \pm (A - B),$$
$$\pm A - (\mp B) = \pm (A + B),$$
$$0 - (\pm A) = \mp A$$

$$\text{덧셈:} \quad \pm A + (\pm B) = \pm (A + B),$$
$$\pm A + (\mp B) = \pm (A - B),$$
$$0 + (\pm A) = \pm A$$

「방정」장에서 소개된 양수·음수의 덧셈뺄셈의 법칙은 완전히 정확하다. 한편 양수·음수의 곱셈나눗셈 법칙은 비교적 뒤늦게 출현하는데, 13세기가 되어야 비로소 처음 등장한다.[34]

주산籌算에서는 음수를 검은색 혹은 정사각형 산주로 표시하고, 붉은색 혹은 삼각형 산주로 양수를 표시한다. 또는 산주를 비스듬히 놓으면 음수이고, 똑바로 놓으면 양수를 표시하기도 한다.

음수 개념의 도입 또한 중국 고대 수학의 걸출한 성과의 하나이다. 인도에서는 7세기에 들어 비로소 음수 개념이 출현하고,[35] 유럽에서는 16~17세기에 들어서야 비로소 음수에 대해 비교적 정확한 인식을 갖는다.[36]

『구장산술』의 주산籌算 개평방 및 개립방은 그 기본 원리가 현행의 방

---

34) 현전하는 자료로 파악해 보면, 양수·음수의 곱셈나눗셈 법칙은 원대 朱世傑이 저술한 『算學啓蒙』(1299년)에서 처음으로 명확하게 기술되었다.
35) 620년 Brahmegupta의 저작에서 처음 등장한다.
36) 양수·음수 개념에 대한 초보적인 인식은 이탈리아의 수학자 R. Bombelli에게서 처음 등장한다.(1572년)

법과 일치한다. 모두 다음 공식을 이용한다.

$$(a+b)^2 = a^2 + 2ab + b^2 = a^2 + (2a+b)b$$
$$(a+b)^3 = a^3 + 3a^2b + 3ab^2 + b^3$$
$$= a^3 + \{3a^2 + 3(a+b)b\}b$$

주산籌算에서의 개평방의 단계적 해법은 현행의 개방법開方法(제곱근을 구하는 방법)과 대동소이하다. 지금 「소광」장의 제12문의 $\sqrt{55225}$ 를 예로 들어 주산籌算에서의 개방법의 진행과정을 설명하고자 한다. 주산은 본래 주식籌式의 진행에 따라 부단히 변화해 가기 때문에 여기서는 진행 과정을 아래 도식처럼 8단계로 나누고 또한 현행의 아라비아 숫자로 산주算籌를 대신함으로써 독자의 이해를 돕고자 한다. 도식은 다음과 같다.

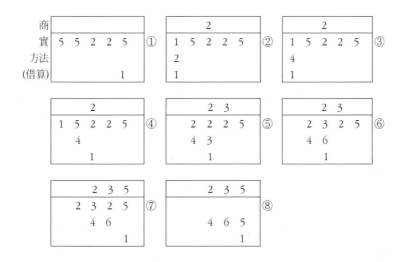

현행 대수학기호로 위의 계산법을 해석하면, 제곱(평방)수를 N이라고 하고 제곱근의 백 자릿수를 a, 십 자릿수를 b, 한 자릿수를 c라고 했을 때, 개평방의 계산식은 $\sqrt{N} = a+b+c$이 된다. 계산의 단계별 진행 과

정은 축차적으로 다음과 같이 이해될 수 있다.

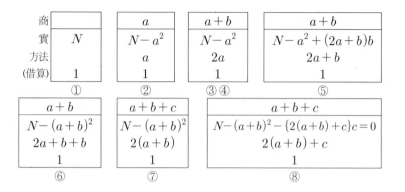

위의 도식을 설명하면,

도식①: 제곱수 N을 늘어놓고 실實로 부른다. 최하층에 산주算籌 하나를 놓고 차산借算이라고 칭한다.

도식②: 십 자릿수를 어림짐작할 때는 이 차산을 실의 백 자리 아래에 두고 백 자릿수를 어림짐작할 때는 실의 만 자리 아래에 둔다.

상商(몫)의 첫 번째 자릿수인 백 자릿수 2(즉 a)를 얻는다. 2로써 차산을 곱해 2를 얻어 실 아래, 차산 위에 놓는다. 이를 '방법方法'이라고 칭한다. 2(즉 a)로써 방법(역시 a)을 곱해 실에서 제한다.

$$N - a \cdot a = N - a^2 \qquad \text{(A)}$$

도식③, ④: 계속해서 제곱근의 두 번째 자릿수를 구한다. 방법을 두 배로 하여 $2a$를 얻는다.(方法을 처음 두 배로 한다.) 얻은 수를 한자리 뒤로 물리고 또 차산은 두 자리 뒤로 물린다.

상의 두 번째 자리인 십 자릿수 3(즉 b)을 얻는다.

도식⑤: 3(즉 b)으로써 차산을 곱해 처음 두 배로 한 방법에 더해

$2a+b$를 얻고 다시 3(즉 b)으로써 이 방법(이때는 $2a+b$)에 곱해 실에서 제한다.

$$N-a^2-(2a+b)b = N-(a+b)^2 \qquad (B)$$

도식⑥: 3(즉 b)으로써 다시 차산을 곱해 방법(즉 $2a+b$)에 더해 $(2a+b)+b=2(a+b)$를 얻는다.(方法을 두 번째 두 배로 한다.)

도식⑦: 더한 후의 방법을 한 자리 뒤로 물리고 또 차산을 두 자리 뒤로 물린다. 즉 실의 한 자릿수 아래로 물린다.

상의 세 번째 자리인 한 자릿수 5(즉 c)를 얻는다.

도식⑧: 5(즉 c)로써 차산을 곱해 두 번째 두 배한 방법에 더해 $2(a+b)+c$를 얻고 다시 5(즉 c)로써 이 방법(이때는 $\{2(a+b)+c\}c$)을 곱해 실에서 제하면 다음과 같다.

$$N-(a+b)^2-2\{(a+b)+c\}c = N-(a+b+c)^2 \qquad (C)$$

나머지는 0이다. (A), (B), (C)에 의거하여 최후의 답 $\sqrt{55225}=235$를 얻는다.

주의해야 할 점은 '차일산借一算'이라고도 불리는 최하층의 '1'이다. 한편에서는 자릿수를 정하는 데 이용되기도 하고, 다른 한편에서는 이차항 x^2의 계수로 볼 수도 있다. 각 층위의 주식籌式은 밑에서 위로 볼 때 딱 2차방정식의 각항의 계수로 볼 수 있다. 따라서 개평방은 한편에서는 제곱근을 구하는 산술의 운산이라고 볼 수도 있고, 다른 한편에서는 2차방정식의 일반 해법으로 간주할 수도 있다. 사실상 중국 고대 수학에서 방정에 관한 해법은 바로 이 개평방에서 발전해 나온 것이다. 중국 고대의 수학자들은 이 방면에서 매우 탁월한 성취를 이루었다.(나중에 상술)

『구장산술』「구고」장의 제20문은 일반 2차방정식

$$x^2 + 34x = 71000 \ (x = 250)$$

의 해법을 구한다. 책 속에서는 단지 34를 "종법으로 삼아 개방하여 나눈다"[37]라고만 하고 이 '종법'이 달린 개방식(帶從開方法)의 풀이 과정에 대해서는 구체적인 설명이 없다. 그러나 앞에서 서술한 바와 같이, 위의 매 개방도식을 2차방정식의 각항 계수로 간주한다면 도식 ④, ⑤에서부터—상의 두 번째 자릿수를 얻은 후부터—는 이미 일반 2차방정식의 해법을 구하는 것에 다름 아니다. 다시 말하면 '대종개방법帶從開方法'은 일반적인 개평방의 방법에서 직접적으로 도출 가능함을 의미한다. 아래의 양자에 대한 기하학적 해석을 통해 보면 이 점은 더욱 분명해질 것이다.

개평방법은 다음과 같이 기하학적으로 해석할 수 있다. 예를 들어 $\sqrt{N} = a + b + c$를 기하개념으로 바꾸면 바로 면적 N을 알고 있는 정사각형에서 한 변의 길이를 구하는 문제와 같다. [그림2-6]에서처럼, 첫 번째 자릿수 a를 구한 후 우선 a^2(즉 좌상의 하얀 부분)을 제하고, 다시 $2a$(方法을 처음으로 두 배한 것)로써 두 번째 자릿수 b를 구한다. b를 구한 후 재차 $(2a+b)b$(즉 중간의 회색 부분)을 제한다. 마지막으로 $2(a+b)$(즉 방법을 두 번째 두 배한 것)로써 세 번째 자릿수 c를 구한다. c를 구한 후 그림에서 남은 부분(바깥층의 하얀 부분)을 감하면 딱 떨어진다.

대종개방법에 관해서도 역시 기하학적 방법으로 다음과 같이 해석할 수 있다. 가령 풀어야 할 2차방정식 문제가 $x^2 + px = q$라면 이는 면적이 q인 직사각형의 변의 길이를 구하는 문제에 상당한다. 그림에서 알 수

---

37) 爲從法開方除之.

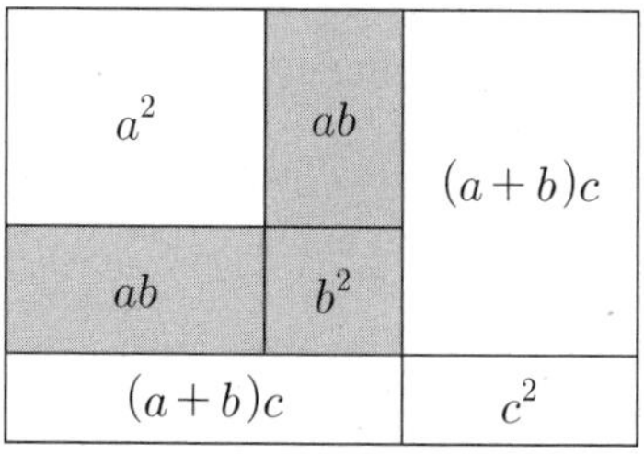

$$a^2 \quad ab \quad (a+b)c$$
$$ab \quad b^2$$
$$(a+b)c \quad c^2$$

[그림2-6] 開平方圖

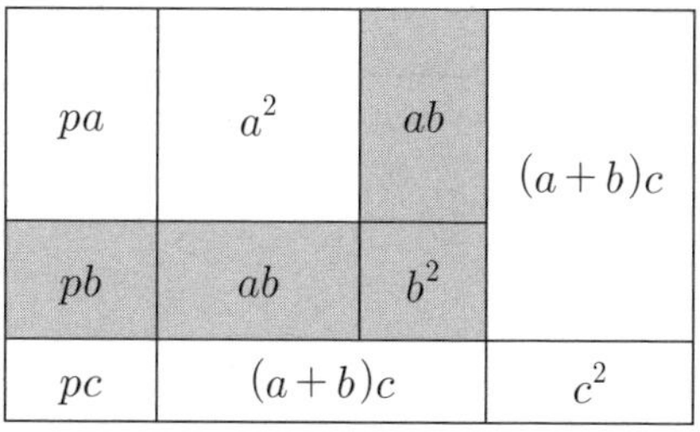

$$pa \quad a^2 \quad ab \quad (a+b)c$$
$$pb \quad ab \quad b^2$$
$$pc \quad (a+b)c \quad c^2$$

[그림2-7] 帶從開平方圖

있듯이 대종개방법은 각 자릿수의 상商을 구해서 얻을 때마다 매번 p와 곱한 직사각형 면적을 한 번 더 감하는 것에 불과하다.

우선, 첫 번째 자릿수 a를 구한 후 a^2을 제하는 것 외에 pa(좌상의 하얀 부분)도 함께 제할 필요가 있다. 두 번째 자릿수 b를 구한 후 $(2a+b)b$를 제하는 것 외에 pb도 함께 제해야 한다. 같은 원리로 세 번째 자릿수 c를 구한 후 $\{2(a+b)+c\}c$를 제하고 나서 다시 pc(바깥층의 하얀 부분)를 제한다. p는 전체 계산 과정 중에서 '방법'과 성격이 비슷하기 때문에 '종법從法'이라고 불린다. 이렇게 종법을 띠고 있는 개방 문제를 대종개방법이라고 한다.

위에서 본 도형의 기하 해석을 참조하면서 다시 한 번 두 방정식 $x^2 = 55225\,(x = 235)$, 즉 앞에서 언급한 $\sqrt{55225}$ 의 예와 $x^2 + 34x = 63215$ $(x = 235)$를 비교 · 분석하고 나아가 '개방'과 '대종개방'법 간의 관계를 살펴 보고자 한다.

우선 방정식 $x^2 = 55225$의 개방식을 현행 필산으로 기술하면 다음 과 같다.

5 5 2 2 5	2	3	5
4	2	43	465
1 5 2	2	3	5
1 2 9	4	129	2325
2 3 2 5			
2 3 2 5			
0			

그리고 $x^2 + 34x = 63215$의 대종개방의 계산식은 다음과 같이 기술할 수 있다.

6 3 2 1 5	2	3	5
4 6 8	2	43	465
1 6 4 1 5	+ 3 4	+ 3 4	+ 3 4
1 3 9 2	2 3 4	4 6 4	4 9 9
2 4 9 5	× 2	× 3	× 5
2 4 9 5	4 6 8	1 3 9 2	2 4 9 5
0			

도식에서 보면 $a=200$, $b=30$, $c=5$, $p=34$이다. 또한 대종개방의 계산식에서 보듯이 매번 상商의 각 자릿수를 구할 때마다 항상 종법 34를 더한 후에 다시 곱해서 제한다.

『구장산술』의 개립방법은 여전히 주산籌算으로 이루어진다. 그 진행 과정은 매 주식籌式에 대해 계산이 변함에 따라 수시로 변화하여 마지막에 결과를 얻는 방식이라고 할 수 있다. 예를 들어 $\sqrt[3]{N} = a+b+c$라고 할 때, 다시 말하면 개립방의 주산籌算 진행 과정은 다음 도식과 같이 분해될 수 있다. 도식에서 위로부터 최상층을 상商, 다음을 실實, 상법上法, 하법下法, 그리고 차산借算이라고 한다.

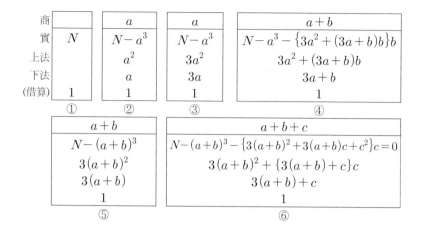

商		a	a	$a+b$
實	N	$N-a^3$	$N-a^3$	$N-a^3-\{3a^2+(3a+b)b\}b$
上法		a^2	$3a^2$	$3a^2+(3a+b)b$
下法		a	$3a$	$3a+b$
(借算)	1	1	1	1
	①	②	③	④

$a+b$	$a+b+c$
$N-(a+b)^3$	$N-(a+b)^3-\{3(a+b)^2+3(a+b)c+c^2\}c=0$
$3(a+b)^2$	$3(a+b)^2+\{3(a+b)+c\}c$
$3(a+b)$	$3(a+b)+c$
1	1
⑤	⑥

개립방의 진행과정에 대해서도 역시 기하학적 해석을 이용할 수 있다. 다만 입체 도형의 경우 비교적 복잡할 뿐만 아니라 지면의 제약으로 인해 여기서는 생략한다.

귀납하자면, 고대의 개평방은 제곱수를 구하는 계산식

$$N = (a+b+c+d+\cdots)^2$$
$$= a^2$$
$$+ (2a+b)b$$
$$+ \{2(a+b)+c\}c$$
$$+ \{2(a+b+c)+d\}d$$
$$+\cdots$$

에 의거하여 그 순서를 뒤집어 역순으로 계산하는 것이다. 이는 현행 필산에서 진행하는 계산 순서와 일치한다. 개립방의 경우는 3제곱(입방)수를 구하는 계산식

$$N = (a+b+c+d+\cdots)^3$$
$$= a^3$$
$$+ (3a^2 + 3ab + b^2)b$$
$$+ \left[\{(3a^2 + 3ab + b^2) + (3ab + 2ab^2)\} + \{3(a+b)c + c^2\} \right]c$$
$$+ \left[\{3(a+b)^2 + 3(a+b)c\} + \{3(a+b)c + 2c^2\} + \{3(a+b+c)d + d^2\} \right]d$$
$$+ \cdots$$

의 계산 층위를 뒤집어 역순으로 계산을 진행한다.

3. 죽간 『산수서』[38]

1983년 12월에서 1984년 1월, 고고학자들이 중국 호북성湖北省 강릉현성
江陵縣城으로부터 서북으로 약 1.5km 떨어진 장가산張家山(유명한 楚都 紀南城 터
서남쪽)에서 세 좌의 서한 고분(M247, M249, M258)을 발굴하여, 대량의 죽간을
포함해 많은 문물을 출토하였다. 죽간은 M247에서 출토한 것이 1,200여 매
로 가장 많았으며 또한 매우 진귀하였다. 이 죽간—이하 특별한 설명이 없는
것은 M247에서 출토한 것이다—은 정리한 결과 다음과 같은 내용을 포함한다.

· 한률漢律: 500여 개, 운몽雲夢 진간秦簡에 비견할 내용으로 율명 중에
  '균수율均輸律'이 보인다.
· 『주헌서奏讞書』: 약 200매, 법률·안례案例와 유관한 책.
· 『개로蓋廬』: 병음양가兵陰陽家의 언설.

---

38) 역주: 저자가 본서의 수정본을 간행한 2003년 이후에도 두 종류의 출토자료 산학서
   가 추가로 발견되었다. 2007년 12월 嶽麓書院이 홍콩에서 구입한 秦簡 산학서 『數』
   (220매)와 睡虎地 漢簡 『算術』이 그것이다.

· 『맥서脈書』: 마왕퇴馬王堆 백서帛書 『오십이병방五十二病方』 권수卷首 목
　　　록의 일서佚書를 보완할 수 있다.
· 『인서引書』: 마왕퇴 백서 「도인도導引圖」와 서로 참고·비교할 수 있다.

이 외에도 길흉택일을 위한 『일서日書』(M249)와 『역보曆譜』(M258에서도 출
토), 『유책遺策』이 있다.

M247 고분에서는 또한 『산수서算數書』도 출토되어 각지의 수학사 연구
자의 커다란 주목을 받았다.

M247 고분의 매장 시기는 대략 여태후(재위 기간: 기원전 187~180) 시기에
서 문제文帝(재위 기간: 기원전 179~157) 초년 사이로 추정된다. M247 고분에서
출토된 죽간 『역보曆譜』에는 혜제惠帝 원년(기원전 194)조 아래에 '병면病免'이
라는 두 글자가 기록되어 있고, 출도 죽간 중에 의서, 병서 및 여태후 시
기의 율령이 들어 있으며, 나아가 『유책遺策』과 실물을 대조해 볼 때 산주
와 벼루, 구장鳩杖 등이 있음을 보아, M247 고분의 묘주墓主는 문무를 겸비
하고 문장 및 회계에 능하며 관직에 있었던 연장자로 사료된다.

과거에는 일반적으로 『구장산술』을 중국에서 가장 오래된 수학 저작
이라고 여겨 왔고, 그 성서연대는 대략 1세기 후반경으로 추정되었다. 그
러나 죽간 『산수서』는 『구장산술』보다 1세기 반 이상 빠르다.

『산수서』는 대략 죽간 200매 정도로 그중 180여 매는 비교적 완전하지
만 10여 매는 이미 파손되었고, 총 자수는 대략 7,000여 자이다. 한 매의
죽간의 뒷면에서 '산수서' 세 글자가 발견되었다고 하는데 이것이 서명의
유래이다. [그림2-8]은 발표된 『산수서』 죽간 중의 2매의 사진이다.[39] 죽간

39) 荊州地區博物館, 「江陵張家山三座漢墓出土大批竹簡」, 『文物』 第1期(1985), pp.1~8; 張家

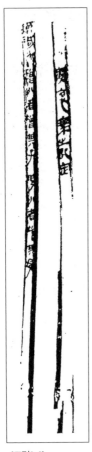

[그림2-8]
『算數書』죽간

에는 당초 죽간을 꿰매었던 서편書編의 희미한 흔적이 남아 있어 당시 죽간이 두루마리(卷)로 부장副葬되었음을 알 수 있다. 그러나 오랜 세월을 경과한 탓에 서편이 끊어지고 묘에 물이 차면서 죽간이 둥둥 떠서 산란되었다. [그림2-8]에 보이는 두 매의 간문簡文 중에서 한 매는 분수에 관한 내용을 담고 있다. 원문은 "增減分□增分者增其子, 減分者增其母"이다. 맨 첫머리의 '증감분'은 하나의 표제어로, 한두 글자의 공백을 두고 표제어에 대한 내용이 나온다. 『산수서』의 죽간은 전부 대체로 이러한 형식을 취한다. 물론 표제어 없이 간문만 있는 경우도 당연히 존재한다. 『산수서』 죽간을 정리한 결과 60여 개의 표제가 발견되었다. 앞에서 언급한 증감분과 유사한 것으로는 '분승分乘', '상승相乘', '합분合分', '경분經分' 등이 있는데, 이러한 표제는 모두 산법의 내용에서 명명된 것이다. 이 외에도 '이전里田', '방전方田', '세금稅金', '금가金價', '정화程禾' 등의 표제가 있는데 이들 모두 당시 사회에 필요한 각종 구체적인 산제算題로 명명된 것이다.

간문의 내용에서 보면, 앞에서 언급한 증감분은 증감분 산법의 일반 법칙 즉 분자가 증가하면 분수의 값이 증가하고 분모가 증가하면 분수의 값이 감소하는 내용을 서술하고 구체적인 계산 예시를 들지 않았지만, 『산

山漢墓竹簡整理小組, 「江陵張家山漢簡槪述」, 『文物』 第1期(1985), pp.9~15.

수서』의 많은 간문 내용은 구체적인 산제와 답안, 그리고 해법을 다룬다. 다시 말하면 『산수서』 또한 구체적인 수학 문제 모음집이라고 할 수 있다. 이 점은 『구장산술』과 극히 유사하다. 뿐만 아니라 『산수서』 중의 일부 문제 또한 『구장산술』의 상응하는 문제 및 문구와 기본적으로 동일하다. 아래에는 『산수서』 '소광' 표제하의 간문과 『구장산술』 「소광」장 제1문의 원문을 비교해 보고자 한다.

『산수서』

少廣: 廣一步半步. 以一爲二, 半爲一, 同之三, 以爲法. 卽直置二百卅[四十步, 亦以一爲二, 除, 如法得從縱一步, 爲從縱百六十步.

『구장산술』 「소광」장 제1문

今有田廣一步半, 求田一畝, 問從縱幾何.

　　答曰: 一百六十步.

　　術曰: 下有半, 是二分之一. 以一爲二, 半爲一, 幷之得三, 爲法. 置田
　　　　二百四十步, 亦以一爲二乘之, 爲實. 實如法得從縱步.

이 외에도 『구장산술』 「소광」장의 제2문에서 제9문, 「쇠분」장의 제4문, 제20문 등의 문제가 간문과 유사한 것으로 알려져 있다. 『산수서』가 『구장산술』에 비해 성서연대가 빠르고 게다가 이처럼 매우 유사한 문구가 존재하는 점에서 보자면 양자 간에 전승관계가 있는 것으로 추정하는 것도 불가능하지는 않다. 그러나 양자 간에는 서로 다른 점도 매우 분명하다. 예를 들면 책 이름이 한쪽은 '산수算數'이지만 다른 쪽은 '산술算術'이다. 또한 전자가 60여 개의 소표제만 존재하고 장을 나누지 않았다면, 후자는 이미 9장으로 나뉘어 있다.

『구장산술』의 원류에 관해서는 유휘가 이미 「구장산술주서九章算術注序」
에서 다음과 같이 서술하였다.

주공이 제례制禮하니 그중 구수九數가 있다. 구수의 유전流傳이 곧 구장이
다. 옛날 폭악한 진나라의 분서로 말미암아 경술이 산일되었다. 그 이후
한의 북평후 장창, 대사농중승 경수창이 모두 산술에 밝기로 세상에 이름
이 높았다. 장창 등은 구문에 남아 있는 잔권에 의거해 산보刪補를 했다고
한다. 따라서 그 목차를 보면 고서와 혹 다르고, 논하는 바는 근자의 언어
가 많다.40)

이 중 "주공이 제례하니 그중 구수가 있다"라는 말은 『주례』 「지관사
도·보씨」에 기원한다. 동한의 정현鄭玄은 정중의 말을 빌려 이를 "구수九
數: 방전方田, 속미粟米, …… 영부족盈不足, 방요旁要, 금유중차今有重差, 석결夕
桀, 구고句股"라고 주석을 덧붙였다. 정현은 분명히 『구장산술』로 '구수'를
해석한 것이다. 또한 『한서』 「예문지」에는 『구장산술』의 이름이 보이지
않고 단지 『허상산술許商算術』 26권과 『두충산술杜忠算術』 16권만이 기록되
어 있기 때문에 『구장산술』의 성서연대는 그보다 빠르지 않을 것이다.
장창, 경수창, 허상, 두충 중에서 경수창, 허상, 두충 세 사람은 M247 묘주
보다 후대의 인물이고, 단지 장창만이 고조 6년(기원전 202)에 북평후에 봉
해졌고 여태후 8년(기원전 180)에 어사대부가 되었으니, 장가산 M247 묘주
와 동시대 인물이라고 할 수 있다. 아쉬운 것은 우리가 장창과 『산수서』
사이에 어떤 관계가 있는지 알지 못한다는 사실이다.

---

40) 劉徽, 「九章算術注序」, "周公制禮而有九數. 九數之流, 則九章是矣. 往者暴秦焚書, 經術散
壞. 自時厥後, 漢北平侯張蒼, 大司農中丞耿壽昌皆以善算命世. 蒼等因舊文之遺殘, 各稱刪補.
故校其目則與古或異, 而所論者多近語也."

위에서 언급한 M247 출토 죽간 중의 한율에는 '균수율'이라는 간문이 등장한다. 과거에는 일반적으로 한무제 태초 원년(기원전 104)에 군국郡國에 처음으로 균수관을 두고 균수법을 시행했다고 알려져 있었다. 따라서 「균수」장이 있기 때문에 『구장산술』의 최종 성서연대는 한무제 이후로 추정하지 않을 수 없었다. 그러나 장가산의 죽간 한율에 균수율이 출현하였으니 이러한 논단은 수정되어야 할 것이다. 사실상 균수 문제가 발생한 것은 선진시대로까지 올라간다. 실제로 『주례』 「지관사도·대사도大司徒」의 대사도 직에 관한 언급41)에 보이는 대사도의 '토균지법'과 '균인均人'의 직책은 사실 균수의 내용을 함유하고 있다. 따라서 『구장산술』 중의 균수법은 기타 대다수의 산법처럼 일찍부터 존재하였을지도 모른다.

총괄하자면 『구장산술』보다 시기가 이른 죽간 『산수서』의 출토는 그 의의가 매우 중대하다. 이는 바빌로니아의 점토판 수학서나 이집트의 파피루스 수학서에 비견할 만하다. 『산수서』의 60여 소표제로부터 볼 때 그 내용은 정수·분수의 사칙연산, 각종 비례 문제, 다양한 면적 및 체적의 계산 등을 포괄한다.

---

41) 以土會之法, 辨五地之物生, …… 以土宜之法, 辨十有二土之名物, …… 以土均之法, 辨五物九等, 制天下之地徵, 以作民職, 以令地貢, 以斂財賦, 以均齊天下之政.(정현 주: 政讀爲徵, 地徵謂地守地職之稅也.)

제3장 위진남북조시기의 중국수학의 발전

1. 조상의 「구고원방도주」

『구장산술』의 출현은 중국 고대 수학 체계가 이미 초보적으로 형성되었음을 표상한다. 이 기초 하에서 중국 고대 수학은 위진남북조시대에 이르러 또다시 새로운 발전을 이룩하였다. 이러한 발전은 현전하는 자료에 근거해 보면, 조상의 『주비산경주周髀算經注』로부터 시작하여 유휘의 『구장산술주九章算術注』 등의 저작을 거친 후 조충지 부자의 저술로써 이 시기 수학 발전의 최고봉에 도달하였다고 할 수 있다. 이는 양한 이후로 이어지는 중국 고대 수학 발전 과정 중의 또 하나의 고조기라고 하겠다.

다음은 조상으로부터 시작하여 순차적으로 소개하고자 한다.

조상은 자를 군경君卿이라고 하고 대략 위진시대(3~4세기)의 인물이다.[1] 그가 이룬 수학적 성취는 주로 『주비산경주』 안에 보존되어 있는데, 그중 가장 뛰어난 업적은 「구고원방도주句股圓方圖注」이다.

「구고원방도주」는 현전본 『주비산경』의 권상에 들어 있다. 전문은 단

---

[1] 현전하는 明刻本 『周髀算經』 중에는 冒頭에 "漢趙君卿"이라는 문구가 새겨져 있다. 이 때문에 일부에서는 趙爽을 한대의 인물로 단정하기도 한다. 그러나 『주비산경주』에서는 張衡의 『靈憲』 및 劉洪의 『乾象曆』을 인용하고 있고, 이 중 특히 『건상력』은 삼국시대 동오에서 반행한 역법(223~280년)이었으므로, 조상을 3~4세기에 활동한 인물로 단정하는 것이 합리적일 것이다. 최초로 趙君卿을 위진시대의 인물이라고 주장한 사람은 남송의 鮑澣之이다.

지 500여 자에 불과하지만 직각삼각형의 세 변 간의 관계에 관해 네 종류로 크게 분류할 수 있는 명제 21조를 열거하였다.

현행의 대수기호를 이용하면, 직각삼각형의 구句를 a, 고股를 b, 현弦을 c라고 할 때 「구고원방도주」에서 제출한 첫 번째 유형의 공식은 다음과 같다.

$$\begin{cases} a^2 + b^2 = c^2 \\ c = \sqrt{a^2 + b^2} \end{cases}$$

이는 '구고정리'에 상당하는데 『주비산경』에 이미 들어 있는 것이다. 그 나머지 세 가지 유형은 바로 '현도弦圖'와 관련된 각 정리, '구실句實의 구矩'와 관련된 각 정리, 그리고 '고실股實의 구矩'와 관련된 각 정리이다.

「구고원방도주」의 원도原圖는 일찍이 실전되었다. 추측건대 현도는 대체로 [그림3-1]과 유사했으리라고 생각되는데, 바깥쪽 큰 정사각형의 한 변의 길이가 $a + b$이고, 가운데 중간 정사각형의 한 변이 c, 안쪽 작은 정사각형의 한 변이 $b - a$이다.

[그림3-1]에서 알 수 있듯이,

$$2ab + (b-a)^2 = c^2 \qquad ①$$

가령
$$\frac{c^2 - (b-a)^2}{2} = ab = A, \quad b - a = B$$

라고 하고
$$x^2 + Bx = A$$

를 풀면
$$x = a, \quad a + B = b \qquad ②$$

를 얻는다.

또 그림에서 알 수 있듯이,

$$2c^2 - (b-a)^2 = (b+a)^2,$$

따라서 $\qquad \sqrt{2c^2 - (b-a)^2} = b + a$ ③

다시 그림에서 알 수 있듯이,

$$2c^2 - (a+b)^2 = (b-a)^2,$$

따라서 $\qquad \sqrt{2c^2 - (a+b)^2} = b - a$ ④

③, ④로부터

$$\frac{(b+a)+(b-a)}{2} = \frac{\sqrt{2c^2-(b-a)} + \sqrt{2c^2-(b+a)^2}}{2} = b \quad ⑤$$

$$\frac{(b+a)-(b-a)}{2} = \frac{\sqrt{2c^2-(b-a)} - \sqrt{2c^2-(b+a)^2}}{2} = a \quad ⑥$$

를 얻는다.

다음은 '구실의 구' 계통의 각 공식이다. 이른바 '구실의 구'란 변의 길이가 현弦의 길이와 같은 정사각형([그림3-2])에서 고股를 한 변으로 하는 작은 정사각형(b^2, 그림 왼쪽 밑)을 제한 나머지 부분이다. 그 면적이 $c^2 - b^2 = a^2$, 즉 구句의 평방(제곱)이기 때문에 '구실'이라고 하고, 그 모양이

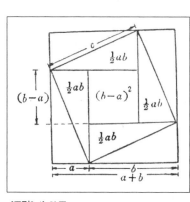

[그림3-1] 弦圖

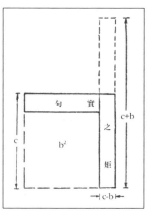

[그림3-2] 句實의 矩

구矩(곱자 즉 曲尺, 제1장 참조)와 같기 때문에 '구실의 구'라고 한다. 면적이 $a^2 = c^2 - b^2$이기 때문에 곧바로 '구실의 구'$= a^2 = c^2 - b^2 = (c+b)(c-b)$임을 추론할 수 있다.

따라서
$$\sqrt{c^2 - (c+b)(c-b)} = \sqrt{c^2 - a^2} = b \qquad ⑦$$

임을 알 수 있고, 또 $c+b$와 $c-b$의 차가 $2b$이므로 가령 $c-b = x$라면

즉
$$x(2b+x) = (c-b)(c+b) = a^2,$$

고로
$$x^2 + 2bx = a^2$$

을 풀면
$$x = c - b \qquad ⑧$$

를 얻는다.

또 $(c+b)(c=b) = a^2$로부터

$$\left.\begin{array}{l} \dfrac{a^2}{c+a} = c - a \\[3mm] \dfrac{a^2}{c-a} = c + a \end{array}\right\} \qquad ⑨$$

임을 알 수 있고 따라서

$$\left.\begin{array}{l} c = \dfrac{(c+a)^2 + b^2}{2(c+a)} \\[4mm] b = \dfrac{(c+a)^2 - b^2}{2(c+a)} \end{array}\right\} \qquad ⑩$$

를 얻는다.

그다음 $(c+b)(c-b) = A$, $(c+b) + (c-b) = B$라면 즉

$$[(c+b)(c-b)]^2 - 4(c+b)(c-b) = [(c+b) - (c-b)]^2$$

이기 때문에

$$(c+b) - (c-b) = \sqrt{B^2 - 4A}$$

임을 알 수 있고 고로

$$(c-b) = \frac{1}{2}\left[B - \sqrt{B^2 - 4A} \right] \qquad ⑪$$

가 된다.

공식 ⑪을 이용하면 두 수의 합과 두 수의 적(곱)을 알 때 두 수를 구하는 문제를 풀 수 있다. 가령 두 수(a, b)의 합이 B이고 두 수의 곱이 A라면, 문제는 $x(B-x) = A$, 즉 $-x^2 + Bx = A$를 푸는 것도 동등하다. 단 이차항의 계수는 음수이다.(帶從開平方과 같지 않다.)

마찬가지로 '고실의 구'의 정의는 현의 정사각형에서 구의 정사각형을 제한 나머지 '곱자'형의 면적을 구하는 것이다.

다시 말하면,

고실의 구 $= (c+a)(c-a)$에서,

$$\sqrt{c^2 - (c+a)(c-a)} = \sqrt{c^2 - b^2} = a \qquad ⑫$$

임을 알 수 있다.

가령 $c - a = x$라면, 식 $x^2 - 2ax = b^2$을 풀어

$$x = c - a \qquad ⑬$$

를 얻는다.

또한 $(c+a)(c-a) = b^2$에서 다음을 알 수 있다.

$$\left. \begin{array}{l} \dfrac{a^2}{c+a} = c-a \\[2mm] \dfrac{a^2}{c-a} = c+a \end{array} \right\} \qquad ⑭$$

따라서

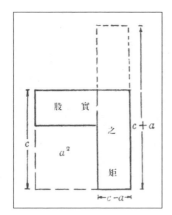

[그림3-3] 股實의 矩

$$c = \frac{(c+a)^2 + b^2}{2(c+a)}$$

$$b = \frac{(c+a)^2 - b^2}{2(c+a)} \Bigg\}$$ ⑮

를 얻는다.

전체 정리 중에서 특기할 만한 것은 정리 ⑪이다. 이는 $-x^2 + Bx = A$, 즉 2차항($首項$)의 계수가 음수인 2차방정식을 푸는 것이다. 이 해법은 인도 혹은 중세 이슬람 국가에서 통용되던 방법과 흡사한데, 기하도형에서 출발한 일종의 '배평방($配平方$)' 방법이다. 이처럼 기하도형을 이용하여 직관적 방법으로 문제를 해결하는 방법은 새로운 방식의 해법으로, 유휘의 『구장산술주』에서도 널리 이용되었다.(상세한 내용은 다음 장을 참조)

2. 유휘의 공헌

1) 할원술

조상 이외에도 우리는 삼국시대의 또 한 사람의 수학자인 유휘의 업적에 대해서 마땅히 소개해야 할 것이다.

유휘의 생애와 사적에 대해서는 거의 알려진 바가 없다. 단 현전하는 『구장산술주』와 『해도산경』을 통해 볼 때, 유휘가 위대한 수학자임은 틀림없다. 위에서 언급한 두 저작 중에는 그의 수많은 중요한 창조적 성취가 기술되어 있다.

유휘는 그의 『구장산술주』에서 자신이 언제 주석을 덧붙였는지에 대해서는 전혀 언급하지 않았다. 단 『수서』 「율력지」 중의 '가량嘉量'조에 "위魏 진류왕陳留王 경원景元 4년(263)에 유휘가 『구장』에 주를 달았다"는 문구가 기재되어 있고, 또 『구장산술주』의 일부 내용에 근거하면 우리는 그를 3세기 위진시대의 인물로 단정할 수 있을 것이다. 또한 『구장산술주』에 조상의 「구고원방도주」가 인용되어 있기 때문에[2] 그의 생존연대가 대체로 조상보다 약간 뒤일 것으로 추정할 수 있다.

『구장산술』은 유휘의 주석을 거친 이후 그다지 큰 변화를 거치지 않은 채 오늘에까지 이른다. 유휘의 주석을 통해 『구장산술』이 월등히 조리 있게 변하였기 때문이다. 우리들은 『구장산술』이 단지 일반적 산법만을 열거하고 관련 해석이나 설명이 대단히 적다는 사실을 잘 알고 있다. 유휘의 주석은 바로 이러한 부족한 바를 채운 것이다. 더 나아가 보자면 이 주해注解는 『구장산술』 중의 각종 산법에 대해 간결하고 개괄적인 증명을 부가함으로써 이러한 산법들의 정확성을 입증하였다.

유휘의 『구장산술주』의 내용은 다방면에 걸쳐 있으며, 허다한 창조적인 업적을 포함한다. '할원술'은 그중에서도 가장 중요한 성취 중의 하나이다. 할원술은 원주율을 계산하는 새로운 방법을 창조하였다. 중국 고대 수학자들은 원주율의 계산에서 특출한 공헌을 다수 이루었다. 유휘의 할원술은 그 가운데에서도 매우 중요한 지위를 점한다.

중국 고대에 처음으로 채용된 원주율은 "주삼경일周三徑一"로, 즉 원주

---

2) 『구장산술』 「句股」장, 제5·11 두 문제 다음에 기술된 유휘주에 보인다.

율 $\pi = 3$이다. 『구장산술』도 마찬가지로 $\pi = 3$의 수치를 채택하였다. 유휘 이전에는 비록 수많은 수학자나 천문학자들이 각종 계산 문제 중 각양각색의 서로 다른 원주율 수치[3]를 채용하였지만 끝내 어떤 사람도 원주율을 체계적으로 계산하는 과학적인 방법을 제시하지 못했다. 유휘는 할원술에서 처음으로 내접 정다변형의 변 수를 점차 증가시킴으로써 점차 원과 서로 합치하도록 만드는 방법을 이용하여 원주율을 계산하였다. 할원술은 『구장산술』 「방전」장 제32문 다음에 부기된 주석에 보인다.

「방전」장 제32문은 원형의 면적에 관한 계산을 다룬다. 『구장산술』 원문 중에 제시된 원의 면적을 계산하는 공식은 "원주의 반과 반경을 서로 곱한다"[4]이다. 가령 원의 면적을 S, 반경을 r이라고 하면 『구장산술』의 공식은

$$S = r \cdot \frac{2\pi r}{2} (= \pi r^2)$$

에 해당한다. 단 공식 자체는 정확하지만 $\pi = 3$을 채용한 탓에 원의 면적을 계산한 결과치는 정확하지 않다.

유휘의 할원술은 다음과 같은 몇 가지 점으로 귀납할 수 있다.

① 유휘는 $\pi = 3$이라는 수치를 이용해서 얻는 결과가 원의 면적이 아니라 원에 내접하는 정12변형의 면적과 동등함을 처음으로 정확하게 지적하였다. 이 결과는 정확한 결과보다 작다.

② 유휘는 원에 내접하는 정6변형에서 기산起算해서 점차로 변수를 두

---

3) 예를 들어 劉歆은 王莽을 위해 銅斛을 주조할 때(1~5년) $\pi \approx 3.1547$을 채용하였고 張衡은 $\pi = \sqrt{10} \approx 3.16$을 써서 구의 체적을 계산하였다. 王蕃(219~257)은 $\pi = \dfrac{142}{45} = 3.1556$을 채택하였다.

4) 半周, 半徑相乘.

배씩 증가시켜 정12변형, 정
24변형, 정48변형, 정96변형,
……의 면적을 계산해 냄으
로써 구한 면적이 점차 정
확한 원의 면적에 접근하도
록 하였다.

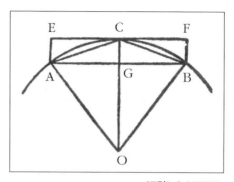

[그림3-4] 割圓圖(1)

③ 유휘는 정6변형의 한
변의 길이를 알면 정12변형
의 면적을 구할 수 있고, 정12변형의 한 변의 길이를 알면 정24변형의 면
적을 구할 수 있고, …… 일반화하면 정$2n$변형의 한 변의 길이를 알면
정$4n$변형의 면적을 구할 수 있다는 사실을 지적하였다.

[그림3-4]와 같이 가령 AB를 정$2n$변형의 한 변이라고 하고, 그 길이를
l_{2n} 라고 하면『구장산술』중의 "원주의 반과 반경을 서로 곱한다"는 공식
에 의해 정$4n$변형의 면적을 얻을 수 있다. 즉,

$$S_{4n} = r \cdot \frac{2n \cdot l_{2n}}{2} = 2n \cdot \frac{r \cdot l_{2n}}{2}$$

이다. [그림3-4]에서 우리들은 $\frac{r \cdot l_{2n}}{2}$ 이 다이아몬드형 ACBO의 면적과 동
등함을 알고 또 이 다이아몬드형의 면적이 정$4n$변형의 $2n$분의 1과 같음
을 안다. 따라서 앞에서 언급한 유휘의 논증이 정확함을 알 수 있다.

④ 유휘는 원의 면적(S)이 아래의 부등식 관계에 있음을 제시하였다.

$$S_{2n} < S < S_{2n} + (S_{2n} - S_n) \qquad (n = 6, 7, 8, \cdots\cdots)$$

[그림3-4]에서 $(S_{2n} - S_n) = n(\triangle ACE + \triangle BCF)$의 관계가 성립하므로 위 부등식은 명백히 성립한다.

⑤ 정6변형에서 정12변형의 한 변을 구하고 또 정12변형에서 정24변형의 한 변을 구하고, …… 일반화하면 정$2n$변형에서 정$4n$변형의 한 변의 길이를 구할 때, 유휘는 반복해서 구고정리를 응용하였다. 그 일반 공식은 다음과 같이 쓸 수 있다.

$$l_{4n} = \sqrt{\left[r - \sqrt{r^2 - (\frac{l_{2n}}{2})^2} \right]^2 + (\frac{l_{2n}}{2})^2}$$

[그림3-4]에서 공식 중의 $\sqrt{r^2 - (\frac{l_{2n}}{2})^2} = \overline{OG}$, $r - \overline{OG} = \overline{CG}$이다. 직각삼각형 ACG에서 CG와 AG$(= \frac{l_{2n}}{2})$가 기지旣知이므로 구고정리에 의해 위의 공식이 성립함을 알 수 있다.

⑥ 유휘는 반경이 1척인 원의 내접 정6변형에서 기산起算하여 정96변형의 한 변의 길이에 이르기까지 그 값을 계산해 내고 이로써 정192변형의 면적 S_{192}를 얻었다. 즉,

$$S_{192} = 3.14\frac{64}{625} \text{ 평방척}$$

이고 이는 $\pi = 3.141024$에 해당한다.

단 유휘가 실제로 일반 계산에 채용한 원주율은 $\pi = 3.14$ 혹은 $\pi = \frac{157}{50}$이다.

⑦ 유휘는 S_{192}가 결코 최종적인 값이라고 생각하지 않았고 지속적으

로 더 원을 잘라나갈 수 있다고 주장하였다. 『구장산술주』에서 그는 "조금 더 세밀하게 자르면 손실이 조금 더 적어진다. 자르고 또 잘라 더 이상 자를 수 없을 때에 이르면 원주와 합해지고 잃는 바가 없게 될 것이다"[5] 라고 하였다. 이 말은 변 수가 많으면 많을수록 내접 정다변형의 면적은 원의 면적에 보다 더 근접할 것이고, 변 수가 무한히 증가한다면 정다변형의 면적은 원의 면적을 그 극한 값으로 가질 것이라는 뜻이다.

정다변형의 변 수를 점차로 증대시켜 원주율을 계산하는 것은 일찍이 기원전 3세기경 고대 그리스의 수학자 아르키메데스가 제일 먼저 채용한 방식이다. 단 아르키메데스는 내접과 외접의 두 방법을 동시에 채용하였지만 유휘는 단지 내접만을 이용하였기 때문에 아르키메데스의 방식보다 비교적 간편하다. 또한 유휘의 방법은 아르키메데스의 영향을 받지 않고 독자적으로 획득한 것이다.

원주율의 계산은 유휘로부터 시작하여 조충지의 시대에 이르면 더 나아가 소수점 이하 6자리까지 정확한 원주율을 계산해 낸다.(자세한 것은 다음 절을 참조) 원주율의 계산은 중국 고대 수학의 주요한 성취의 하나이다.

2) 『구장산술주』의 기타 성취

(1) 극한 개념

위 절의 서술을 통해 우리는 원주율의 계산 과정에서 유휘가 일부 극한의 개념을 이용하였다는 사실을 분명히 알 수 있다. 이뿐만이 아니다. 『구장산술주』의 기타 이곳저곳에서 유휘는 동일한 사상을 표현하곤 하였다.

---

5) 『九章算術注』, "割之彌細, 所失彌少. 割之又割, 以至於不可割, 則與圓周合體而無所失矣."

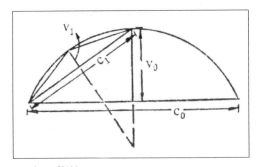

[그림3-5] 할원술(2)

호전弧田(활 모양의 면적) 과 관련된 계산에서 유휘는 할원술과 유사한 방법으로 계산할 것을 주장하였다. 유휘가 보기에『구장산술』에 있는 원래의 산법은 단지 형태가 정확히 반원인 호전에만

적용할 수 있을 뿐이었고, 게다가 원으로 계산한 것이 아니라 원에 내접하는 정12변형으로 계산한 것에 지나지 않았다. 이는 당연히 근사 계산법일 뿐이다. 유휘는 더 나아가 할원술을 이용하면 보다 정밀한 계산이 가능하다고 보았다. 우선 호형의 '현弦'(c_0)과 '시矢'(v_0)에 의해 원의 반경을 구한다.(『구장산술』「구고」장에 유사한 문제가 있다.) 다음 다시 할원술에 의거하여 $\frac{1}{2}$, $\frac{1}{4}$, $\frac{1}{8}$, ……로 나눈 호선의 소현小弦과 이 소현에 세운 소시小矢를 구한다. 가령 이러한 소현과 소시를 각각 c_1, c_2, ……, v_1, v_2, ……라고 하면 명백하게 다음과 같아진다.

$$호전의\ 면적 = \frac{1}{2}(c_0 v_0 + 2c_1 v_1 + 4c_2 v_2 + \cdots)$$

『구장산술주』에서 유휘는 "나누고 또 나누어 극히 세밀하게 만들면 단지 현시弦矢를 서로 곱한 수만으로도 밀률에 가깝게 된다"[6]라고 하였다. 이는 극한 개념의 또 다른 응용이다. 주의 이어지는 문장은 다음과

---

6) 『九章算術注』, "割之又割, 使至極細, 但擧弦矢相乘之數, 則必近密率矣."

같다. "비록 산술적으로는 번잡할지라도 반드시 구하고자 하는 바를 얻어야 한다. 그러나 단지 밭의 면적을 계산하는 것이라면 그 대략적인 수치를 취한다. 옛 방법은 그 근사법에 불과하다."[7] 이 말은 즉 일반 전무田畝의 면적을 계산할 때는 단지 그 대략적인 수치를 취하면 족하다는 말로, 유휘는 근사계산의 이론과 실용 양 방면의 의의를 충분히 인식하고 있었다고 할 수 있다.

이 외에도 유휘는 개방하여 나누어떨어지지 않는 경우의 해법[8]을 강구할 때와 설형楔形(쐐기형)의 체적의 해법[9]을 구할 때에도 마찬가지로 극한 개념을 응용하였다. 극한 개념은 무한소 분석이라는 미적분학의 기본 개념으로 고등 수학의 중요한 개념 중의 하나이다. 유럽에서는 비록 일찍이(고대 그리스 시대) 이 개념에 관한 몇몇 발상이 존재하였지만 17세기 이후가 되어서야 비로소 크게 발전하였다. 유휘는 중국 고대에 제일 먼저 극한 개념을 응용하여 수학 문제를 해결한 수학자이다.

(2) 기하 상의 분分·합合·이移·보補의 방법

유휘는 「구장산술서」에서 자신의 주석의 의도가 "사詞로써 석리析理하고 그림으로써 해체하여 또한 간략하지만 널리 쓰이고 통하지만 남용되지 않을 것을 바라는"[10] 것이라고 하였다. 문자로써 해석하고 도형과 모형으로써 설명하는 점은 확실히 유휘주가 갖는 두 가지 특출한 장점이다.

---

7) 『九章算術注』, "然於算術差繁, 必欲有所尋究也. 若但度田, 取其大數. 舊術爲約耳."
8) 『九章算術』, 「少廣」장, 제16문에 부기된 유휘주, "退之彌下, 其分彌細, 則朱冪雖有所棄之數, 不足言之也."
9) 『九章算術』, 「商功」장, 제15문에 부기된 유휘주, "半之彌少, 其餘彌細, 至細曰微, 微則無形. 由是言之, 安取餘哉."
10) 「九章算術序」, "析理以詞, 解體以圖, 庶亦約而能周, 通而不黷."

『구장산술』의 주석에서 유휘는 도형과 모형 등 기하학적 지식을 계통적으로 발전시켜 이를 응용한 직관적인 방법으로 각종 수학 문제를 처리하였다.

유휘가 각종 면적 계산 문제를 해결함에 있어 이용한 각종 도형을 조각 퍼즐처럼 서로 맞춰 나가는 방법은 사실상 현재 평면 기하학에서 사용되는 병진(translation)과 합동(congruence)의 방법에 해당한다.

예를 들어 직각삼각형의 양 변(a, b)의 길이를 알 때 이 삼각형에 내접하는 정사각형 한 변의 길이(x)를 구하는 문제에서, 유휘는 [그림3-6]에 제시된 도형을 이용하여 『구장산술』 원래의 해법

$$x = \frac{ab}{a+b}$$

이 정확함을 증명하였다. $ab = 2\triangle\,\mathrm{ABC}$이므로 [그림3-6]처럼 $2\triangle\,\mathrm{ABC}$를 분해하여 조각맞추기식으로 직사각형ADEF로 변형할 수 있다.

또한 직각삼각형의 양 변(a, b) 길이를 알 때 이 삼각형에 내접하는 원의 반경(r)을 구하는 문제에서도 유휘는 마찬가지로 [그림3-7]에 제시된

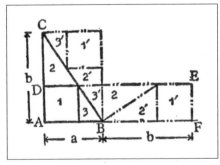

[그림3-6] 조각맞추기법을 이용한 기하 문제의 해법①

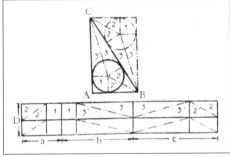

[그림3-7] 조각맞추기법을 이용한 기하 문제의 해법②

도형을 이용해서 『구장산술』 원래의 해법

$$직경 D = \frac{2ab}{a+b+c}$$

이 정확함을 증명하였다. $ab = 2\triangle ABC$이므로 [그림3-7]처럼 $2\triangle ABC$를 분해하여 조각맞추기식으로 D와 $a+b+c$를 양 변으로 하는 직사각형으로 변형할 수 있다. 유휘주의 원문은 "작은 종이에 그려서 사선과 직선의 경계에 따라 잘라 뒤집어 서로 보완하고 각각 같은 모양으로 합친다"[11]라고 하였다. 이처럼 기하도형을 이용하여 서로 조각을 맞추는 방법은 보기에는 단순한 설명과 해석처럼 여겨지지만 실제로는 일종의 증명이다.

입체의 체적을 계산할 때에도 면적 계산과 유사하게 유휘는 당시에 '기棋'라고 불리던 몇몇 입체 모형을 이용한 상호 조각맞추기법이라는 기하학적 직관법을 채택하였다.

일반적으로 사용되는 '기'는 네 종류이다.

① 입방立方(육면체, 직육면체를 포함)

② 참도壍堵(입방, 즉 육면체를 사선으로 잘라 두 개의 참도를 얻는다.)

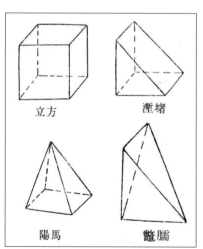

11) 可用畫於小紙, 分裁斜正之會, 令顚倒相補, 各以類合.

③ 양마陽馬(참도를 사선으로 자르면 양마와 별노를 각각 하나씩 얻는다. 양마= $\frac{1}{3}$

   입방)

④ 별노鼈臑(체적= $\frac{1}{6}$ 입방)

　　일부 비교적 복잡한 체적 문제도 몇몇 '기'를 이용하여 서로 조각맞추기를 하면 해결 가능하다. 예를 들어 위아래 각 한 변의 길이(a, b)와 높이(h)를 알 때 '방정方亭'(사각뿔대)의 체적을 구하는 경우, 유휘는 [그림3-8]과 같이 중앙에 입방 1개, 사면四面의 참도 4개, 사각四角의 양마 4개를 합해서 하나의 사각뿔대를 구성한다.[12] 『구장산술』의 원 공식

$$체적 \; V = \frac{1}{3} h (ab + a^2 + b^2)$$

이 정확함을 증명할 때 그는 이와 같은 주석을 덧붙였다. "위아래 한 변

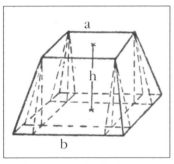

[그림3-8] 조각맞추기법에 의한 사각뿔대의 구적법

(a, b)을 서로 곱하고……, 높이(h)를 곱하고, …… 이로써 중앙의 입방 1개, 사면의 참도 4개를 얻는다. 밑변을 제곱하고……, 높이를 곱하고, …… 이로써 중앙의 입방 1개, 사면의 참도 각 2개, 사각의 양마가 각 3개가 된다. 윗변을 제곱하여, 높이를 곱하고, …… 또한 중앙 입방 1개

---

12) 『구장산술』, 「상공」장, 제10문의 주석.

가 된다."[13] 위의 문장은 다음과 같이 이해할 수 있다.

	중앙 입방	사면 참도	사각 양마
$a \cdot b \cdot h$의 체적	1	4	–
$b^2 \cdot h$의 체적	1	8	12
$a^2 \cdot h$의 체적	1	–	–
전체 '기' 27개	3	12	12

유휘주의 문장은 또 "사용되는 '기'의 수는 입방이 3개, 참도·양마가 각 12개, 합해서 27개이다. 12와 3을 조합해서 맞추면 사각뿔대 3개를 이룬다. 이로써 검증된다"[14]라고 하였다. 이 말은 27개의 '기'를 써서 조각 맞추기를 하면 3개의 동일한 사각뿔대를 만들 수 있고, 따라서 3분하면 사각뿔대 하나의 체적을 얻을 수 있으므로 공식의 정확함이 증명되었다는 뜻이다.

이처럼 유휘는 유사한 방법으로 각종 도형의 체적 문제를 계산하였다. 예를 들면 다음과 같다.

· 추맹芻甍: "중앙에 참도 2개, 양 끝에 양마 각 2개"[15]를 이용(그림3-9)
· 선제羨除: 별노 2개 혹은 4개에 참도 1개를 끼워서 맞춤(그림 생략)
· 방추方錐: 양마 4개를 써서 맞춤(그림 생략)
· 추동芻童: 입방 2개, 참도 8개, 양마 4개를 써서 맞춤(그림 생략)

<hr>

13) 『구장산술』, 「상공」장, 제10문의 주석, "上下方相乘…… 以高乘之, …… 是爲得中央立方一, 四面塹堵各一. 下方自乘…… 以高乘之, …… 是爲中央立方一, 四面塹堵各二, 四角陽馬各三也. 上方自乘, 以高乘之, …… 又爲中央立方一."

14) 『구장산술』, 「상공」장, 제10문의 주석, "用棋之數, 立方三, 塹堵陽馬各十二, 凡二十七棋. 十二與三更差次之, 而成方亭者三. 驗矣."

15) 中央塹堵二, 兩端陽馬各二.

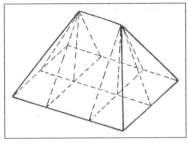

[그림3-9] 조각맞추기법에 의한 추맹의 구적법

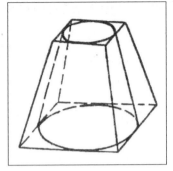

[그림3-10] 원뿔대의 구적법

유휘는 체적 계산 문제 중에서 단면의 면적을 이용하여 입체 체적을 계산하는 방법 또한 제시하였다. 이는 명백히 일종의 기하학적 직관법이다. 예를 들어 「상공」장 제11문의 '원정圓亭'(원뿔대)의 체적을 구하는 계산에서 유휘는 외접하는 방정(사각뿔대)과 비교하는 방법을 채택하였다. 유휘 주의 문장은 "사각뿔대에서 원뿔대의 적積을 구하는 것은 방멱方羃(정사각형의 면적)에서 원멱圓羃(원의 면적)을 구하는 것과 같다. 즉 원율을 3으로 하여 곱하고 방율 4로 나누면 원뿔대의 체적을 얻는다"[16]고 하였는데 이는 다음과 같은 비례식을 이용한 것이다.

원뿔대 : 사각뿔대 = 원의 면적 : 외접 정사각형의 면적

$$= 3(\pi) : 4$$

다시 말하면 체적의 비는 그 수평 단면의 면적의 비와 같다는 주장이다. 원추의 체적을 구하는 계산에서도 유휘는 같은 방법을 응용하였다.

---

16) 『구장산술』, 「상공」장, 제11문의 주석, "從方亭求圓亭之積, 亦猶方羃中求圓羃. 乃令圓率三乘之, 方率四而一, 得圓亭之積."

원추圓錐의 체적 : 외접 방추(사각추)의 체적

＝수평 단면 원의 면적 : 외접 정사각형의 면적

구의 체적에 관해서는, 『구장산술』의 원문에서는 구의 체적과 외접 원기둥의 체적의 비가 반으로 자른 구의 단면(원)의 면적과 (구의 직경을 한 변의 길이로 하는) 그 외접 정사각형의 면적 비와 동일하다고 주장하였지만 이것은 잘못된 것이다. 유휘는 이 오류를 지적하고 또한 구의 체적과 '모합방개牟合方蓋'[17]의 체적 비야말로 정확하게 π : 4에 해당하는 것을 발견하였다. 그러나 유휘는 더 나아가 모합방개의 체적을 정확히 산출해 내지는 못했다. 유휘는 이 문제 해법에 대한 주석에서 "작은 모양으로 변형하여 뜻을 펴 보고도 싶지만 바른 리를 잃을까 두려워, 의심스러운 점을 그대로 두고 후대에 능히 해결할 자를 기다리고자 한다"[18]라고 하였는데 뛰어난 후학을 위해 길을 열어두는 진실한 작풍과 태도는 후대에 좋은 귀감이 되었다고 할 수 있다.

유휘가 제기한 구의 체적을 구하는 이 문제는 200여 년 이후 남북조시대의 위대한 수학자 조충지 부자에 의해 천재적으로 해결된다.(다음 절을 참조)

이 외에도 유휘는 십진제 기수법의 법칙을 발전시키고, 십진 소수를 이용하는 선구적 업적을 남겼다.[19] 유휘는 나아가 음수와 양수에 대한

---

17) 중심축이 직교하는 같은 크기의 두 원기둥의 공통부분. 그 형태가 바닥이 정사각형인 덮개 두 개를 합쳐 놓은 것처럼 생겼다고 해서 유래된 命名이다.

18) 欲陋形措意, 懼失正理, 敢不闕疑, 以俟能言者.

19) 『구장산술』「소광」장, 제16문에 부기된 유휘주에는 "微數無名者以爲分子, 其一退以十爲母. 其再退以百爲母. 退之彌下, 其分彌細"라고 하였는데 이는 分, 厘, 毫, 絲, 忽, ……이하 이름 없는 경우에도 한 자리 뒤로 물려 10을 분모로 하고, 두 자리 뒤로 물려 100을 분모로 하면 된다는 것을 말한다. 예를 들어 3.1415는 $3+\dfrac{1}{10}+\dfrac{4}{100}+$

정확한 개념 또한 제시하였다.[20] 이런 모든 것들을 일일이 열거하지 못함은 단지 제한된 지면 탓에 지나지 않는다.

3) 『해도산경』

『구장산술』에 대한 주석 작업 이외에도 유휘에게는 또 하나의 저작이 오늘에까지 전한다. 『해도산경』이다.

『해도산경』은 그 내용이 '중차술重差術'(측량과 관련된 방법)에 대한 논술이다. 본래는 결코 독립된 저작이 아니었다. 유휘의 「구장산술주원서九章算術注原序」에 의하면 "유휘가 '구수九數'를 찾아보니 '중차'라는 이름이 보인다. …… 극히 높은 곳을 바라보거나 매우 깊은 곳을 측량함에 있어 더불어 떨어진 거리를 알고자 할 경우에는 반드시 중차를 이용한다. …… 곧바로 중차를 짓고 또 주해註解를 덧붙여 그로써 고인의 뜻을 밝히고 구고句股 밑에 부록으로 첨부하였다"[21]라고 하였다. 따라서 이 책이 본래는 유휘가 중차술을 해석하기 위해 『구장산술』「구고」장 끝에 붙여 둔 문제들임을 알 수 있다.

사람들이 이 부분을 『구장산술』에서 뽑아내 독립적인 저작으로 만든 것은 대략 7세기 당대 초년에 이르러서인데, 첫 번째 문제가 바닷가 섬(海島)의 높이와 거리를 재는 문제였기 때문에 책 이름을 『해도산경』이라고 하였다.

$\dfrac{1}{1000}+\dfrac{5}{10000}$ 로 이해할 수 있다.

20) 『구장산술』「방정」장, 제3문에 대한 유휘주는 이렇다. "兩算得失相反, 要令正負以名之."

21) 「九章算術注原序」, "徽尋九數, 有重差之名. …… 凡望極高, 測絶深而兼知其遠者, 必用重差. …… 輒造重差, 并爲注解, 以究古人之意, 綴於句股之下."

『해도산경』은 청 초에 이르렀을 때 사실상 이미 실전되었다. 현재 우리가 일반적으로 보는 『해도산경』은 청 중엽 『사고전서四庫全書』를 편찬할 즈음에 대진戴震(1724~1777)이 『영락대전永樂大典』에서 새롭게 발굴하고 초록한 것이다. 현전본 『해도산경』은 9문제만이 남아 있다.

『구장산술』 「구고」장의 마지막 몇 문제는 읍성의 길이, 산의 높이, 우물의 깊이 등을 측량하는 것으로, 유휘의 중차술, 즉 『해도산경』은 이런 측량법의 보완과 진일보한 발전을 의미한다.

중차술이라고 불리는 이유에 대해서는 일단 『해도산경』 제1문과 결부시켜 해석해 보고자 한다.

『해도산경』 제1문의 내용은 다음과 같다. "바닷가 섬을 바라보는데 그 섬의 높이와 거리를 알지 못한다. 두 개의 막대기($表$)를 [그림3-11]의 AG와 EK처럼 세운다. 막대기의 높이는 h척이고, 두 막대기 사이 거리는 d보, 게다가 이 두 막대기와 바닷가 섬의 위치는 모두 일직선상에 놓여 있다. 앞에 놓인 막대에서 뒤로 a_1보만큼 후퇴한 후 눈을 땅에 붙이고 막대기 끝을 통해 섬의 정상이 일직선으로 보이도록 한다. 그다음 뒤에 있는 막대기에서 a_2보만큼 뒤로 물러나 눈을 땅에 붙이고 마찬가지로 막대기 끝에서 섬의 정상까지가 일직선이 되도록 한다. 묻는다. 바닷가 섬

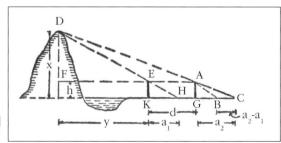

[그림3-11]
海島의 높이와 거리의 측정

의 높이(x)와 섬과 앞의 막대기까지의 거리(y)는 얼마인가?"

『해도산경』의 원문은 다음과 같다. "표고表高(h)로 표간表間(d)을 곱해 실實(분자)로 하고 상다相多($a_2 - a_1$)를 법法(분모)으로 해서 나눈다. 결과로 얻은 값에 표고를 더하면 섬의 높이이다. 전표前表에서 섬까지의 거리(y)를 구하는 것은 전표에서 물러난 거리(a_1)에 표간(d)을 곱해 실로 하고, 상다 ($a_2 - a_1$)를 법으로 해서 나누면 섬에서 표까지의 거리를 얻는다."[22] 위의 해법을 현행 대수기호로 표기하면 다음과 같다.

$$x = \frac{d}{a_2 - a_1} \cdot h + h,$$

$$y = \frac{d}{a_2 - a_1} \cdot a_1$$

이 공식은 [그림3-11]을 이용해 다음과 같이 증명할 수 있다. A에서 AB ∥ DE가 되도록 하면, 즉 △ABC∽△ADE이고 또 △ACG∽△ADF인 관계에 있음을 쉽게 알 수 있다. 고로

$$\frac{AE}{BC} = \frac{d}{a_2 - a_1} = \frac{AD}{AC} = \frac{DF}{AG} = \frac{DF}{h}$$

이고, 따라서

$$x = DF + h = \frac{d}{a_2 - a_1} \cdot h + h$$

가 성립함을 알 수 있다. 또한 △EKH∽△DFE이므로

---

22) 『海島算經』, "以表高乘表間爲實, 相多爲法, 除之. 所得加表高, 卽得島高. 求前表去島遠近者, 以前表卻行乘表間爲實, 相多爲法, 除之, 得島去表里數."

$$\frac{y}{a_1} = \frac{EF}{KH} = \frac{DF}{EK} = \frac{DF}{h} = \frac{\dfrac{d}{a_2 - a_1} \cdot h}{h} = \frac{d}{a_2 - a_1}$$

이고, 따라서

$$y = \frac{d}{a_2 - a_1} \cdot a_1$$

가 성립함을 알 수 있다.

만약 D점을 섬의 정상이 아니라 태양이라고 한다면, a_2, a_1은 두 개의 막대기의 그림자 길이에 해당하고 따라서 이 방법을 통해 태양의 고도, 즉 태양의 지면으로부터의 높이를 관측할 수 있다. 실제로 서한西漢의 천문학자들이 채택한 방식이 바로 이 방식이었다. d는 피측물被測物과 직선 상태에 놓인 두 개의 막대기 간의 거리이고, $a_2 - a_1$은 두 개의 막대기의 그림자 길이의 차이이다. 이 계산법은 이 두 개의 '차' 수를 필요로 하기 때문에 이러한 측량법을 '중차'라고 부른다.

지표는 평면이 아니라 구면이고 따라서 '중차술'을 이용해서 태양을 측량하는 것으로는 고도로 정확한 수치를 얻을 수 없다. 그러나 지표상의 유한 거리를 측정하는 경우라면 중차술은 충분히 정확하다.

유휘의 『해도산경』은 바로 이 중차술을 응용해서 각종 지표상의 측량을 행하는 것이다. 어떤 문제는 두 차례의 관측으로 충분하지만 어떤 경우는 세 차례, 네 차례의 관측을 요하기도 하는데 이는 문제의 성질에 따라 결정된다. 예를 들어 산 위에 난 나무의 높이를 재는 경우는 세 차례의 관측이 필요하다. [그림3-12]처럼 A, B 두 점에서 나무 꼭대기를 각각 한 번 관측하고 재차 A점에서 나무의 밑동을 한 번 관측해야 하는데, 위

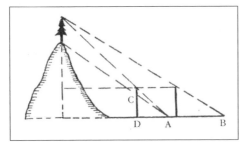

[그림3-12] 산 위 나무 높이의 측량

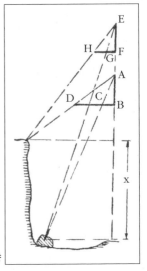

▶ [그림3-13] 강바닥 돌멩이의 측량

에서 언급한 바닷가 섬의 높이와 거리 문제보다 하나 더 많은 수치를 요구한다. 바로 CD의 길이다.

다시 『해도산경』의 제7문과 같이 강바닥에 놓인 돌멩이를 측량하여 강의 깊이를 확정하는 경우는 [그림3-13]처럼 A지점에서 두 차례 관측하여 BC와 BD의 길이를 측정해야 하고, 또 E지점에서 두 차례 관측하여 FG와 FH의 길이를 구해야 한다. 이처럼 네 차례 관측하고 더불어 AB와 EF의 고정 길이(AB=EF)도 미리 알고 있어야만 강의 깊이 x를 구할 수 있다.

현전하는 『해도산경』의 전체 9문제 중에는 두 차례 관측이 필요한 것이 3문제(제1, 3, 4문), 세 차례 관측이 필요한 것이 4문제(제2, 5, 6, 8문), 네 차례 관측이 필요한 것이 2문제(제7, 9문)있다.

이런 모든 관측과 계산은 모두 삼각형의 닮은꼴(相似)에서 대응변이 이루는 비례 법칙을 원용한 것이다. 비록 이런 측량 계산에는 아직 삼각함수 개념은 갖추지 못했지만, 고정 막대기 길이를 파악하고 게다가 선분

간의 비례 관계를 이용함으로써 동일하게 정확한 결과를 계산해 낼 수 있었다. 유휘 자신이 「구장산술주원서」에서 말한 것처럼 "높이를 재는 데는 막대기 2개를 쓰고(重表), 깊이를 재는 데는 곱자를 2개 쓰고(累矩), 고립된 물체23)를 재는 데는 세 번 관측하고(三望), 고립되어 있으며 옆의 다른 물체를 측정할 필요가 있는 경우라면 네 번 관측한다(四望). 동일한 유형에 접하여 이를 발전시키면 비록 아무리 유하궤복幽邃詭伏(멀리 떨어져 깊이 숨어 있는 모양)하더라도 이 술에서 벗어나는 바가 없기"24) 때문이다. 『해도산경』은 중국 고대 측량 수학의 진보와 발전을 증명하는 저작이다.

잘 알려져 있듯이 수학적 측량술은 동시에 지도 제작의 근간이기도 하다. 1973년에 호남 장사 근교의 마왕퇴 3호 한묘漢墓에서 세 폭의 백화帛畵 지도가 발굴되었다. 지도에 표기된 옛 지명과 묘지가 건설된 시기(기원전 168)로 판단할 때 이 세 폭의 지도가 서한(기원전 206~24) 초기의 작품임에는 틀림없다.

세 폭의 지도 중 하나는 장사국長沙國의 측량 지도(96×96cm)로 [그림3-14]는 그 복제품이다. (위쪽이 남쪽) 현대 기법으로 추정하자면 지도는 대략 1：180,000 축도로 제작되었는데, 지도 중심부의 위치는 비교적 정확하

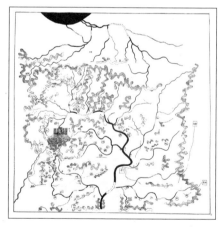

[그림3-14]
마왕퇴 3호 한묘에서 출토된 백화 지도(복제품)

---

23) 역주: 관측 기준선에서 벗어나 있는 물체.

24) 「九章算術注原序」, "度高者重表, 測深者累矩, 孤離者三望, 離而又旁求者四望. 觸類而長之, 則雖幽邃詭伏, 靡所不入."

며 수로로 판단한다면 예를 들어 심수深水(현 瀟水)와 그 지류의 경우처럼 대체로 현행 지도와 합치한다. 이 지역의 지리적 측량은 대단히 복잡하여 지표 간의 거리를 직접 측량하는 것이 불가능한 경우가 많다. 따라서 간접 측량, 다시 말하면 중차술이 필요한 소치이다.

마왕퇴 출토 지도는 중차술을 이용하지 않으면 제작이 불가능했을 가능성이 크다. 이러한 수학적 측량은 위에서 언급한 것처럼 유휘의『해도산경』에 자세히 언급되어 있는데 그 방법으로 보자면 마왕퇴 지도가 증명하듯 서한 초기에 이미 알려져 있었을 것으로 추정된다.

3. 남북조 시대의 위대한 수학자 조충지

1) 조충지, 조긍 소전

조충지는 자를 문원文遠이라고 한다. 남북조시대 남송南宋 · 남제南齊 두 왕조에 걸친 시대의 위대한 수학자이다.

조충지의 조적祖籍은 하북河北이지만 조부와 부친이 모두 남조의 관리였던 관계로 남방에서 태어났을 것으로 추정된다.

서진西晉 말년 이래 북방은 해마다 혼전을 거듭하였고, 중원의 인구는 대량으로 남방으로 천이하였다. 이로써 양자강 유역의 농업 생산력이 증대되고, 사회경제 각 방면에 걸친 신속한 발전이 이루어졌다. 조충지는 바로 이러한 시대적 환경 하에서 태어났다.

조씨 가문은 대대로 천문역법을 연구하였고, 가풍의 영향 하에서 조충지 또한 어려서부터 천문학과 수학에 깊은 흥미를 나타내었다.

청년시대에 그는 유흠, 장형, 왕번王蕃, 유휘 등의 저작에 대해 세세한 곳까지 심도 깊은 연구를 진행하였으며 또 그들의 착오를 교정하였다. 이후 그는 지속적인 연찬研鑽을 거듭한 결과로 과학 기술 방면에 수많은 의미 있는 성취를 거두었다. 소수점 이하 6째 자리까지 정확한 원주율의 계산은 그중에서도 가장 걸출한 업적의 하나이다.

천문역법 방면에서는, 그는 예부터 자신의 시대에 이르기까지 찾을 수 있는 모든 문헌 자료를 수집해 전체를 정리한 후 나아가 직접적인 관측과 추산을 통해 이에 대한 심도 깊은 증험證驗을 더하였다. 그는 당시에 반행頒行되던 하승천何承天(370~447)이 편정한 역법에 수많은 엄중한 오류가 있음을 지적하였으며 이로써 새로운 역법의 편제를 개시하였다.

송(劉宋) 대명大明 6년(462)에 새로운 역법이 드디어 완성되었는데 이것이 이른바 『대명력大明曆』이다. 이때 그는 불과 33살이었다. 당시의 과학적 수준에서 보자면 이 역법은 최고의 역법이라고 할 수 있다. 그러나 신력은 당시 조정에서 득세하던 대법홍戴法興이란 자의 반대에 부딪혔고 많은 관원들은 대법홍의 세력이 두려운 나머지 감히 조충지의 신력에 대해 공정한 평가를 내리지 못하였다. 조충지는 진리를 견지하고자 용감히 대법홍에게 변론하였는데 이를 위해 그는 「박의駁議」라는 유명한 문장을 지어 대법홍의 무리한 책난에 대해 하나하나 논박하였다.

이 변론은 실제로는 당시의 과학 발전 과정 중에서 드러난 과학과 반과학, 진보와 보수 간의 첨예한 투쟁을 반영한 것이었다. 대법홍 등은 "역대로 내려오는 제도는 모두 '고인古人'이 제정한 것이고 '새롭게 고칠 수 없는'(不可革) 것으로 만세불역萬歲不易"이라고 주장하였다. 그들이 생각하기에 천문역법은 '보통 사람'(凡人)이 개수할 수 있는 성질이 아니라는 것이었다. 그들은 "조충지 같은 이의 천박한 생각으로 멋대로 천착穿鑿할 수 없다"25)고 생각했으며 심지어는 더 나아가 조충지가 "하늘을 속이고 경經을 등진다"26)고까지 욕을 퍼부었다. 조충지는 그들에 대해 첨예한 반박을 제기하였다. 그가 생각하기에 일월오성의 운행은 "신괴神怪로부터 나온 것이 아니라"27), "형태가 있어 검증할 수 있고, 정수定數가 있어 추론할수 있는"28) 것이므로 세심한 관측과 추산을 행한다면 고인이 일찍이 말한바 "천년의 일지日至(하지와 동지)를 앉아서 이를 수 있다"29)는 말은 진실로 행할 수 있다는 주장이었다. 조충지의 「박의」에는 대단히 유명한 두구절이 있다. 그것은 "명백한 증거를 들어 이로써 이치와 진실을 확인코자 한다"30)와 "부박한 말과 공허한 비난은 내가 두려워하는 바가 아니다"31)이다. 그는 쌍방이 모두 진실된 증거로 임하여 이로써 진정한 시비를 가릴 수 있기를 희망하였고, 유언비어나 비방에 대해서는 조금도 두려워하지 않았다.

종종의 방해로 인해 『대명력』은 그가 죽은 지 10년이 지나서야 비로소 양조梁朝에서 반행(510년)될 수 있었다.

천문역법과 수학 이외에 조충지는 기계에 관해서도 많은 연구를 하였고 '지남차指南車'32)와 '천리선千里船'33)을 제작하였다. 이 외에 그는 음율에

---

25) 非冲之淺慮妄可穿鑿.
26) 誣天背經.
27) 非出神怪.
28) 有形可驗, 有數可推.
29) 千年之日至, 可坐而致.
30) 「駁議」, "願聞顯據, 以覈理實."
31) 「駁議」, "浮詞虛貶, 竊非所懼."
32) 역주: 남쪽을 가리키는 수레.

도 정통하여 다수의 고적古籍에 대한 주석 작업을 진행하였고 심지어는 10권 본의 소설을 쓰기도 하였다. 그야말로 진정으로 다재다능한 과학자였다고 칭해야 할 것이다.

『수서』「경적지經籍志」에는『장수교위조충지집長水校尉祖冲之集』51권이 보이지만 아쉽게도 이 선집은 일찍이 실전되었다. 그의 수학에 관한 논저 중에서 가장 유명한 것은 아마도『철술綴術』일 것이다. 이 외에도『구장산술주』,『중차주重差注』등이 있지만 전부 실전되었다. 현전하는 사료에 근거해 보면, 우리는 이 5세기의 위대한 수학자에 대해 단지 원주율 계산 및 구의 구적求積 문제에 대한 그의 일부 업적을 소개할 수 있을 뿐이다. (상세한 내용은 아래를 참조)

조충지의 아들 조긍祖暅 또한 걸출한 수학자였다. 그는 조충지의 수학과 천문역법에 대한 연구를 계승하고 나아가 아버지의 성취를 더욱 진전시켰다. 조충지의『대명력』은 바로 조긍의 세 차례에 걸친 건의 이후에 비로소 양조梁朝에서 채택되었다.『철술』은 많은 고대 도서 목록에 의하면 조긍의 저작으로 인정되기도 하였다. 구의 체적 계산 문제의 경우도 역시 조긍의 후속 작업을 통해 전해진 것이다. 조긍은 평생 학문을 좋아한 인물이다. 전설에 따르면 그는 어린 시절 독서에 집중하면 천둥 번개가 쳐도 알지 못했고, 길을 걸으면서도 문제에 대해 골똘한 나머지 다른 사람과 부딪치곤 했다고 한다.

조충지 부자 두 사람의 이름은 현재 단지 중국에서만 선양되는 것이 아니라 전 세계에서도 응분의 중요성을 인정받고 있다.

---

33) 역주: 일종의 쾌속선.

2) 원주율에 관한 계산

현전하는 사료에 한정해 보면, 조충지의 수학적 성취는 응당 원주율에 관한 계산을 제일로 삼아야 할 것이다. 이 걸출한 성과는 『수서』 「율력지」에 기재되어 있다.

『수서』 「율력지」의 원문에 따르면, "원주율을 3, 원경율圓徑率(원의 지름)을 1로 하는 계산술은 소략하고 어긋난다. 유흠, 장형, 유휘, 왕번, 피연종皮延宗 등이 각자 새로운 수치를 제시하였지만 모두 정확하지 못했다. …… 조충지는 나아가 밀법密法을 만들어 원경 1억을 1장丈으로 하여 원주의 상한(盈數)을 3장1척4촌1분5리9호2초7홀로, 원주의 하한(肭數)을 3장1척4촌1분5리9호2초6홀로 정했다. 정확한 값은 상하한 두 값 사이에 있다. 밀률密率은 원경 113, 원주 355이고 약률約率은 원경 7, 원주 22이다"[34]라고 하였다.

위 문장은 그가 성취한 내용이 무엇인지를 이해하기에는 충분하다. 그러나 더 나아가 조충지가 어떻게 이러한 성취를 이루었는지, 어떤 방법으로 이러한 결과를 얻었는지를 심도 깊이 이해하기에는 부족하다.

현대적 술어로 해석한다면 위 문장의 의미는 다음과 같다. 원주 3, 원경 1(즉 $\pi = 3$)의 비율은 극히 부정확하다. 유흠, 장형, 유휘 등이 신율을 개정했지만 여전히 정확성을 결여하였다. 조충지는 더 정밀한 계산을 행하였는데 1장丈을 원의 직경으로 하고 이를 1억분(1丈=1억徵, 소수점 이하 7자리)하여 유효자리를 정하였다. 최종적으로 얻은 정확한 원주율은 상한(영

---

34) 『隋書』, 「律曆志」, "自劉歆, 張衡, 劉徽, 王蕃, 皮延宗之徒, 各設新率, 未臻折衷. …… 祖沖之更開密率, 以圓徑一億爲一丈, 圓周盈數三丈一尺四寸一分五釐九毫二秒七忽, 肭數三丈一尺四寸一分五釐九毫二秒六忽. 正數在盈肭二限之間. 密率圓徑一百一十三, 圓周三百五十五, 約率圓徑七, 周二十二."

수)과 하한(육수)의 사잇값이다. 즉 조충지가 얻은 값은

$$3.1415926 < \pi < 3.1415927$$

이다. 이 결과는 소수점 이하 6자리까지 정확하다. 만약 이 값을 이용해서 계산한다면 예를 들어 10㎞를 반경으로 하는 원의 면적의 경우 오차는 기껏해야 몇 ㎟ 정도에 불과하다. 대단히 정확한 수치라고 해야 할 것이다.

세계 수학사 상에서 여러 나라의 수학자들이 더 정확한 원주율을 구하기 위해서 수많은 노력을 기울였다. 어떤 독일 수학자가 말한 것처럼 "역사상 어떤 국가가 계산해 낸 원주율의 정밀도야말로 그 나라의 당시 수학 발전 수준을 가늠하는 지표로 삼을 수 있을" 것이다. 조충지가 계산해 낸 소수점 이하 6자릿수까지 정확한 원주율은 바로 중국 고대에 고도의 발전을 이룬 수학 수준을 상징한다.

아래 도표에서 우리는 역사상 세계 각국의 수학자가 산출한 원주율과 그 정밀도를 확인할 수 있다.

Archimedes(고대 그리스)	기원전 287?~212	3.14 (2자리 정확)
劉徽	263	3.14 ｜ 3.1416 (2자리｜4자리 정확)
祖沖之	429~500	3.1415926(7) (6자리 정확)
al-Kāshī(15세기 페르시아)	1427	16자리까지 정확히 계산
François Viète(프랑스)	1540~1603	10자리까지 정확히 계산
Ludolph van Ceulen(독일)	1539~1610	35자리까지 정확히 계산

현대의 컴퓨터로는 소수점 이하 수천 자리 밑으로도 정확히 계산할 수 있다. 예를 들어 1959년 7월 20일에는 IBM704 컴퓨터를 이용하여 16,167자리까지 계산하였고, 1967년에는 50만 자리, 1974년에는 100만 자리, 1983년에는 2^{23} (800여 만)자리까지 산출하였다.

위에서 보듯이 15세기 사마르칸트의 통치자 겸 천문학자 울루그 베그(Ulugh Beg)의 조수였던 페르시아인 수학자 알 카시(al-Kāshī)에 이르러서야

비로소 조충지의 소수점 이하 6자리 기록이 깨어진다. 그러나 이는 이미 조충지로부터 천 년 가까이 지난 이후의 일이다.

조충지가 어떻게 이 결과를 얻었는가에 관해서는 『수서』「율력지」의 기재가 지나치게 간략해서 상세한 사정을 알기는 어렵다. 다만 연구에 의하면 유휘의 할원술 방법 이외에 조충지에게 무언가 새로운 방법이 있었을 것 같지는 않다. 실제로 유휘의 방법을 계속 진행해 정24,576($=6 \times 2^{12}$)변형에까지 계산해 가면 바로 같은 결과를 얻는다. 만일 이러한 추정이 옳다면 이 계산 과정에서 조충지는 9자리 숫자에 대해 백수십 여 차례 복잡한 계산을 반복해야 한다.(그중에는 개방도 포함된다.) 이것이 그에게 얼마나 지난한 노동을 요하는 일이었는지를 상상하는 것은 그다지 어렵지 않다.[35]

당시의 계산 습관(분수의 사용에 익숙한)을 감안해서 조충지는 또 두 종류의 분수값의 원주율을 제시하였다. 즉,

밀률密率(상대적으로 정밀): $\pi = \dfrac{355}{113}$ (3.1415929……에 해당.

마찬가지로 소수점 이하 6자리까지 정확)

약률約率(상대적으로 간편): $\pi = \dfrac{22}{7}$ (3.14에 해당. 소수점 이하 2자리까지 정확)

$\dfrac{355}{113}$ 은 대단히 이상적인 분수값이다. 이 수치는 유럽에서는 16세기에 이르러서야 비로소 독일 수학자 오토(Valentin Otto, 1573년)에 의해 산출되었다. 조충지에 비하면 천 년 이상 뒤늦은 결과이다.[36]

---

35) 혹은 祖沖之가 실제로는 정6 × 2^{12} 변형까지 계산하지 않았을 가능성도 없지는 않다. 예를 들어 17세기 일본의 수학자 關孝和는 이른바 '增約術'이라는 방법을 응용하여 변의 수를 그렇게까지 증가시키지 않고도 원주율의 값을 상당히 정확하게 구하였다. 李儼, 「和算家'增約術'應用的說明」, 『科學史集刊』 1960年 第3期, pp.65~69를 참조.

$\dfrac{22}{7}$ 라는 수치는 비교적 간단하며 사용하기에 매우 편리하다.

3) 구체의 체적 계산에 관해서

여기서 우리는 조충지의 또 다른 중대한 성취인 구체의 체적 계산에 대해 소개하고자 한다.

조충지가 대법흥을 반박한 「박의」에는 다음과 같은 구절이 있다. "구의 체적에 관한 오래된 잘못(『구장산술』 중의 계산 오류를 가리킨다)에 대해 장형은 언급은 하였지만 고치지 않았고, …… 이는 수학의 큰 결함입니다. …… 신은 오래전 여유를 보아 뭇 오류를 교정하였습니다."[37] 따라서 조충지가 『대명력』을 완성하기 전에 이미 구의 체적을 구하는 정확한 산법을 발견하였음을 알 수 있다. 그러나 당의 이순풍은 『구장산술』에 주석을 추가하면서 이 산법을 인용할 때 도리어 이를 조긍의 신법으로 여겼다.[38] 이에 따르자면 구의 체적의 구적법 또한 아마도 조씨 부자 두 사람의 공적이라고 해야 할 것이다.

앞 절에서 이미 서술한 바와 같이 『구장산술』에서는 구의 체적과 외접 등고원기둥의 체적비가 원율과 방률의 비(π : 4)와 동등하다고 기술했지만, 유휘가 이미 그 오류를 지적하고 나아가 '모합방개'와 구의 체적

---

36) 서양 수학사 저작 중에는 대체로 이 $\dfrac{355}{113}$ 의 수치를 네덜란드의 수학자 A. Anthoniszoon(1527~1607)이 제일 먼저 발견한 것으로 잘못 기술하는 경우가 많다. 일본인 수학사 연구자인 三上義夫는 일찍이 그의 저서에서 이 비율을 祖冲之의 이름으로 호칭할 것을 제안하였다.

37) 「駁議」, "至若立圓舊誤, 張衡述而弗改, …… 此則算氏之劇疵也. …… 臣昔以暇日, 撰正眾謬."

38) 『구장산술』, 「소광」장, 제24문, '開立圓術' 주석.

비야말로 원과 방형의 비와 같다고 정확하게 주장하였다. 유휘는 "작은 모양으로 변형하여 뜻을 펴 보고도 싶지만 바른 리를 잃을까 두려워, 의심스러운 점을 그대로 두고 후대에 능히 해결할 자를 기다리고자 한다"고 하였는데 유휘가 제기한 이 문제는 결국 250년 후에야 비로소 조충지 부자에 의해 천재적으로 해결된다.

조씨 부자가 이용한 방법을 간단히 소개하면 다음과 같다.

우선 작은 정육면체(입방체)를 취하여 그 한 변의 길이를 구의 반경 r 과 같게 만든다. 이렇게 하면 곧 구에 외접하는 큰 정육면체 체적의 $\frac{1}{8}$이 된다. [그림3-15]의 ①처럼 O를 중심으로 삼고 반경이 r인 원기둥 형태로 가로·세로 양쪽에서 작은 정육면체가 원기둥의 사분체가 되도록 두 번 잘라낸다. 이렇게 하면 작은 정육면체는 네 부분으로 나누어진다. [그림3-15]의 ②, ③, ④, ⑤가 그것이다. 그중 ②는 곧 유휘가 말한 모합방개 체적의 $\frac{1}{8}$에 해당하는 작은 모합방개라고 할 수 있다. 그리고 다시 이 네 부분을 합쳐서 원래의 작은 정육면체로 만든 후 높이 h의 지점

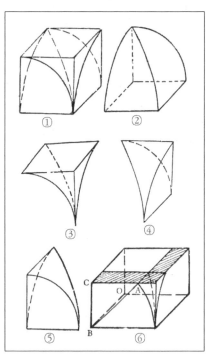

[그림3-15] 모합방개의 분할

에서 수평으로 절단한다. 그러면 잘려 나간 밑층은 [그림3-15]의 ⑥과 같아
진다. 직각삼각형 ABC에서 AB를 반경(=r), BC를 높이(=h), AC를 작은
모합방개 절단면 정사각형의 한 변의 길이(a로 정의)라고 하면, 즉 구고정
리에 의하여

$$\overline{AC^2} = \overline{AB^2} = \overline{BC^2}$$

의 관계가 성립함을 알 수 있다. 다시 말하면 $a^2 = r^2 - h^2$ =작은 모합방
개 절단면의 단면적이다. 기타 세 부분의 단면적의 합을 S라고 하면, 즉
[그림3-15]의 ⑥에서 빗금 친 부분에 해당하고,

$$S = r^2 - a^2 = r^2 - (r^2 - h^2) = h^2$$

이 된다. 여기서 우리는 어떤 높이($0 < h < r$)로 자르든 관계없이 항상
$S = h^2$의 관계가 성립함을 쉽게 알 수 있다.

이제 네 밑변의 길이와 높이가 모두 r인 사각뿔(方錐)을 취하여 이를
뒤집어 세운 후 작은 모합방개 이외의 세 부분의 합의 체적과 서로 비교
한다. 이 경우도 모든 높이 h에 대해서($0 < h < r$), 사각뿔의 단면적 S
또한 항상 h^2과 동등하다는 사실을 쉽게 알 수 있다. 이로써 조씨 부자는
이 문제를 해결하였다. 그들의 용어를 빌리자면 "멱冪과 세勢가 이미 같으
니 체적이 다름을 허용치 않는다"[39]라고 하였는데, '멱'이란 단면의 면적
을 말하고 '세'란 높이를 가리킨다. 다시 말하면 사각뿔과 모합방개를 떼
어낸 세 부분의 형상은 비록 다르지만 단 그 체적을 절단면의 단면적과
높이를 가지고 계산하는 이상 같은 높이로 절단한 두 물체의 단면적이

---

39) 緣冪勢旣同, 則積不容異.

항상 같다면 이 두 물체의 체적 또한 서로 같지 않을 수 없다는 뜻이다.

따라서 세 부분의 합의 체적=사각뿔의 체적=작은 정육면체의 $\frac{1}{3}$이 된

다. 고로 작은 모합방개의 체적=작은 정육면체의 체적의 $\frac{2}{3}$에 해당함을

알 수 있다.

다음은 이로써 전체 모합방개의 체적이 직경(D)을 한 변의 길이로 하

는 큰 정육면체 체적의 $\frac{2}{3}$에 해당한다고 결론지을 수 있다. 다시 모합방

개와 내접 구체를 같은 높이에서 절단했을 때의 단면적이 정확하게 방(정

사각형)과 원의 비를 이루기 때문에 구체의 체적(V)은

$$V = \frac{\pi}{4} \cdot \frac{2}{3} D^3 = \frac{4}{3} \pi r^3$$

임을 얻을 수 있다. 이는 정확히 우리가 알고 있는 공식과 같다.

이 문제에서 조씨 부자는 수평으로 절단한 단면적을 상호 비교하는

방법을 응용하여 매우 교묘하게 구의 체적 문제를 해결하였다.

구의 체적 문제는 비록 서양에서는 고대 그리스의 수학자 아르키메데

스에 의해 일찍이 해결되었지만, 조충지 부자의 해법은 독립적으로 얻어

진 것이고 특히 그들이 사용한 방법의 교묘함은 여전히 걸출한 성취로

보아도 손색이 없다고 할 수 있다. "같은 높이로 절단한 단면적이 서로

같다면 두 입체의 체적 또한 서로 같다"는 정리는 흔히 카발리에리 정리

로 불리며 카발리에리(Bonaventura Cavalieri, 1598~1647)가 최초로 언급하였다

고 알려져 있다. 그러나 이는 사실에 부합하지 않는다. 조충지는 카발리

에리보다 천 년이나 앞서서 이미 이 정리를 이용하였다. 응당 조충지 정

리라고 불러야 할 것이다.

조충지 정리를 응용하면 일부 복잡한 입체의 체적도 별도의 상대적으로 간단하고 계산이 용이한 입체를 설정하여 간접적으로 구할 수 있다. 현대 일반 중등 과정의 입체기하학 과목에서도 조충지 정리는 여전히 매우 중요하다.

1. 수당 천문학자의 보간법 연구

남북조시대 이래로 수당시대에 이르기까지 전후 수백 년간에 걸쳐 천문역법 방면의 연구는 매우 현저한 진보를 이룩하였다. 이 시기에 우리는 매우 분명하게 천문학과 수학 양자 간의 상호 촉진 관계를 살펴볼 수 있다. 역법의 부단한 개선이 계산 방면에서의 정밀도를 더욱더 요구하게 되었기 때문이다. '보간법'[1], 혹은 현대 수학의 술어에 근거해 보다 정확하게 서술하자면 바로 '등간격 2차보간법'의 등장이 그중의 하나이다. 이는 이 시기 수隋의 천문학자 유작劉焯(544~610)에 의해 최초로 도입되었다.

여기서 우선 '보간법'과 '등간격 2차보간법'에 대해 알아보자. 우리는 1, 2, 3, 4, 5, 6, ……의 중간값이 1.5, 2.5, 3.5, 4.5, 5.5, ……임을 알고 있다. 이 값을 구하기 위해서는 단지 인접하는 두 수를 더해서 2로 나누면 된다. 예를 들어 $(2+3) \div 2 = 2.5$, $(3+4) \div 2 = 3.5$ 등등이다. 이는 무척 간단한 산수이다. 단 1, 2, 3, 4, 5, 6, ……의 각 수를 제곱한 수 1, 4, 9, 16, 25, 36, ……의 중간값의 경우처럼 예를 들어 기지既知의 $2^2 = 4$, $3^2 = 9$에서 $(2.5)^2$을 구할 때는 위의 방법이 통용되지 않는다. 왜냐하면 $(4+9) \div 2 = 6.5$이지만 실제로 $(2.5)^2$은 6.25이기 때문이다. 제곱하기 전의 1, 2, 3, 4, 5, 6, ……의

---

1) 역주: 중국식 이름은 內揷法.

경우는 서로의 간격이 모두 1이므로 따라서 제곱한 이후의 1, 4, 9, 16, 25, 36, ……은 '등간격 2차수'(equal interval second order number)라고 호칭한다. 이미 알고 있는 '등간격 2차수'로써 그 중간값을 구하는 것은 그렇게 간단하지 않고 별도의 공식을 새롭게 만들 것을 요구한다. 유작은 바로 이러한 '등간격 2차보간법' 또는 '보간법' 공식을 소개한 첫 번째 인물이다. 예를 들어 그는 위에서 언급한 1, 4, 9, 16, 25, 36, ……을 가지고 $(1.5)^2$, $(2.5)^2$, ……, 더 나아가 $(1.7)^2$, $(2.8)^2$, ……, $(6.37)^2$까지도 산출해 냈다. 유작은 6세기에 벌써 이런 보간법을 손에 쥐었는데 이는 실로 걸출한 창조라고 할 수 있다.

역법의 편제 중에서 특히 일월식의 예고는 일월오성의 정확한 방위를 알 필요가 있다. 후한 이전에는 사람들은 일월오성이 모두 등속도로 운행한다고 여겼다. 즉 매일매일 각각 이동하는 거리가 일정하다고 간주한 것이다. 그러나 후한에 이르러 가규賈逵가 달의 운행이 때로는 빠르고 때로는 느리다는 것을 발견하였고(92년), 남북조시대 북조의 천문학자 장자신張子信은 한 섬에서 줄곧 30여 년간 태양을 관측한 결과 527년에 태양의 시운동視運動 또한 때로는 빠르고 때로는 느린 것을 발견하였다. 주지하다시피 이는 천체의 운동이 원형 궤도가 아니라 타원 궤도를 이루는 탓에 생기는 현상이다.

이런 상황에서 어떻게 하면 일월오성의 정확한 위치를 계산해 낼 수 있을까? 분명한 것은 매 순간순간 전부 관측을 통해 방위를 결정할 수는 없다는 사실이다. 예를 들어 낮에는 태양이 너무 밝아서 다른 항성을 관찰할 수 없기 때문에 태양의 항성 좌표 상의 상대 위치를 결정할 수 없다. 그렇다면 어떻게 두 차례의 관측 사이에 낀 시간대의 일월오성의 위치를 정확히 계산할 수 있을까? 여기에 보간법이 필요하다.

보간법의 계산은, 우선 몇 차례 서로 다른 시간대에 행해진 관측 결과를 알고 있을 필요가 있다. 만약 각 두 차례 관측 사이의 시간 간격이 일정하다면 이를 등간격 보간법이라고 한다. 시간 간격이 들쭉날쭉 일정하지 않다면 이를 곧 부등간격 보간법이라고 한다.

이하에서는 현행의 기호대수를 이용하여 이 두 종류의 보간법을 설명하고자 한다.

등간격의 시간 길이를 w로 하여 관측 시각을 $w, 2w, 3w, \cdots\cdots, nw,$ $\cdots\cdots$라고 가정하고, 그에 따른 관측 결과를 $f(w), f(2w), f(3w), \cdots\cdots,$ $f(nw), \cdots\cdots$라고 하자. 임의의 두 차례 관측 사이의 어떤 시각, 예를 들어 w와 $2w$사이의 어떤 시각을 $w+s$라고 표시할 때(s는 $0 < s < w$를 만족), $f(w+s)$는 다음과 같은 공식으로 이루어진다.

$$f(w+s) = f(w) + s\triangle + \frac{s(s-1)}{2!}\triangle^2 + \frac{s(s-1)(s-2)}{3!}\triangle^3 + \cdots$$

이 중 $\triangle$, $\triangle^2$, $\triangle^3$의 함의는 다음과 같다. 가령

$$\triangle_1' = f(2w) - f(w),$$
$$\triangle_2' = f(3w) - f(2w),$$
$$\triangle_3' = f(4w) - f(3w),$$

$$\triangle_1^2 = \triangle_2' - \triangle_1', \quad \triangle_2^2 = \triangle_3' - \triangle_2', \quad \triangle_1^3 = \triangle_2^2 - \triangle_1^2$$

라고 할 때 즉 위에서 서술한 공식 중 $\triangle$, $\triangle^2$, $\triangle^3$의 함의는

$$\triangle = \triangle_1^1$$

$$\triangle^2 = \triangle_1^2$$

$$\triangle^3 = \triangle_1^3$$

이 된다. 그중 $\triangle$ 은 1차의 차差, $\triangle^2$은 2차의 차, $\triangle^3$은 3차의 차를 말한다.

이 공식은 현재 흔히 뉴턴(Issac Newton)의 보간법이라고 불린다. 유럽에서는 영국의 천문학자 그레고리(James Gregory, 1638~1675)가 제일 먼저 채용하였고, 그 후에 다시 뉴턴에 의해 17세기 말에 보다 일반화되었다.

수당 천문학자들이 채용한 보간법 공식은 위의 식에서 제3항까지만 채택한 것에 해당한다. 즉 $\triangle^3$을 0으로 간주한 것으로 단지

$$f(w+s) = f(w) + s\triangle + \frac{s(s-1)}{2}\triangle^2$$

까지만을 고려한 것이다. 이처럼 2차항까지만 고려한 보간법을 일반적으로 '2차보간법'이라고 한다.

가장 먼저 이 2차보간법 공식을 응용하여 일월의 위치 추산을 행한 인물이 바로 앞에서 소개한 유작이다. 유작은 수대의 저명한 천문학자로 600년에 일종의 신역법인 『황극력皇極曆』을 편제하였다. 유작은 역 계산에 등간격 2차보간법을 응용하였다.

가령 매 시간 w, $2w$, $3w$, ……에 측정된 결과를 각각 $f(w)$, $f(2w)$, $f(3w)$, ……라고 하고 또 $d_1 = f(2w) - f(w)$, $d_2 = f(3w) - f(2w)$ 라고 할 때(다시 말하면 d_1은 앞에서 언급한 차분 $\triangle_1{'}$이고 d_2는 $\triangle_2{'}$이다), 유작의 계산은 다음과 같은 공식을 사용한 것에 해당한다.

$$f(w+s) = f(w) + \frac{s(d_1 + d_2)}{2} + s(d_1 - d_2) - \frac{s^2}{2}(d_1 - d_2)$$

이 공식과 뉴턴의 공식에서 제3항까지를 취한 것이 같다는 것을 증명하는 것은 그리 어렵지 않다. 왜냐하면 단지 다음과 같은 논증으로 충분하기 때문이다.

$$\begin{aligned}
f(w+s) &= f(w) + \frac{s(d_1 + d_2)}{2} + s(d_1 - d_2) - \frac{s^2}{2}(d_1 - d_2) \\
&= f(w) + s\left[\frac{d_1 + d_2}{2} + \frac{2d_1 - 2d_2}{2} - \frac{s(d_1 - d_2)}{2} \right] \\
&= f(w) + s\left[d_1 + \frac{(d_1 - d_2) - s(d_1 - d_2)}{2} \right] \\
&= f(w) + s\left[d_1 + \frac{(s-1)}{2}(d_2 - d_1) \right] \\
&= f(w) + sd_1 + \frac{s(s-1)}{2}(d_2 - d_1) \\
&= f(w) + s\triangle + \frac{s(s-1)}{2}\triangle^2
\end{aligned}$$

$$(\therefore \ \triangle = d_1, \ \triangle^2 = d_2 - d_1)$$

당 중엽 때의 저명한 천문학자 겸 승려인 일행—行은 나아가 부등간격 2차보간법을 추보推步에 이용하였다. 이 계산 방법은 그가 편제한 『대연력大衍曆』(727년)에 기재되어 있다.

가령 서로 길이가 다른 두 시간 간격을 l_1, l_2라고 하고 w, $w + l_1$, $w + (l_1 + l_2)$의 세 시각에 측정한 결과를 각각 $f(w)$, $f(w+l_1)$, $f(w + [l_1 + l_2])$라고 하자. 이때

$$d_1 = f(w + l_1) - f(w),$$
$$d_2 = f(w + [l_1 + l_2]) - f(w + l_1)$$

라고 정의하면 일행의 부등간격 공식은 다음과 같이 정의된다.

$$f(w+s) = f(w) + s\frac{d_1+d_2}{l_1+l_2} + s\left(\frac{\triangle_1}{l_1} - \frac{\triangle_2}{l_2}\right) - \frac{s^2}{l_1+l_2}\left(\frac{\triangle_1}{l_1} - \frac{\triangle_2}{l_2}\right)$$

만당晚唐의 서앙徐昂이 편조編造한 『선명력宣明曆』(822년)에서는 다시금 일행의 부등간격 2차보간법을 보다 간략화하였다.

$$f(w+s) = f(w) + s\frac{d_1}{l_1} + \frac{sl_1}{l_1+l_2}\left(\frac{\triangle_1}{l_1} - \frac{\triangle_2}{l_2}\right) - \frac{s^2}{l_1+l_2}\left(\frac{\triangle_1}{l_1} - \frac{\triangle_2}{l_2}\right)$$

한편 달의 위치를 계산할 때에 서앙은 등간격 2차 공식을 채용하였는데 이 공식은 다음과 같다.

$$f(w+s) = f(w) + sd_1 + \frac{s}{2}(d_1-d_2) - \frac{s^2}{2}(d_1-d_2)$$

이 공식은 뉴턴의 공식과 더욱 흡사하고 쉽게 다음과 같이 간략화할 수 있다.

$$f(w+s) = f(w) + s\triangle + \frac{s(s-1)}{2}\triangle^2$$

$$(d_1 = \triangle,\ d_2 - d_1 = \triangle^2)\,[2]$$

---

2) 본 절의 각 공식의 증명은 생략한다. 상세한 증명은 李儼, 『中算家的內揷法硏究』(北京: 科學出版社, 1957); 李儼, 『中國數學大綱』 上卷(北京: 科學出版社, 1958), pp.103~107을 참조.

2. 십부산경과 수당시기의 수학교육

1) 십부산경

중국 고대의 수학은 한당 간의 약 천여 년의 발전을 거쳐 점차로 완전한 체계를 이루어 갔다.

이천여 년간의 시간 속에서 중국 고대 수학사 상 수많은 걸출한 수학자가 출현하였고 또 많은 저작이 등장하였다. 『한서』「예문지」중에 기재된 수학 저작은 불과 2종에 그치지만, 『수서』「경적지」에는 이미 27종으로 증대되었고, 『구당서舊唐書』「경적지」에는 19종, 『신당서新唐書』「예문지」는 35종에 이른다. 이 중 이순풍 등이 명을 받아 주석을 덧붙인 '십부산경十部算經'이 가장 유명하다. 이 십부산경은 많은 수학 저작 중에서 골라 뽑은 것으로 최종적으로는 국자감에서의 학습과 과거시험용의 필독서가 되었다. 이 십부산경은 한당 천여 년간에 중국수학이 이룬 고도한 발전 수준을 잘 드러낸다. 특히 오늘날과 같이 기타 저작들이 이미 실전된 상황하에서 보자면 우여곡절을 거쳐 오늘에 전하는 십부산경(단『綴術』은 일찍이 망실)은 진실로 우리들로 하여금 이 한당 천여 년간에 중국수학이 이룩한 발전 상황을 알 수 있게 해 주는 귀중한 자료이다.

『주비』, 『구장』, 『해도』 등은 앞 절에서 각각 일정 정도 서술하였다. 아래에서는 순서에 따라 『손자산경』, 『장구건산경張丘建算經』 등 6종의 산경에 대해 간단히 소개하고자 한다.

(1) 『손자산경』

『손자산경』의 성서연대는 현재로서는 분명치 않다. 『장구건산경』 서문에 보이는 "『하후양』의 사각 창고(方倉), 『손자』의 그릇 씻기(蕩杯) 문제", 『하후양산경』 서문에 보이는 "『오조五曹』, 『손자』는 술작述作한 바가 많다(述作滋多)"는 구절로 보아 이 저작이 『장구건』이나 『하후양』 두 저작보다 약간 이른 것을 알 수 있다.[3]

『손자산경』은 상중하 3권으로 구성되어 있다. 권상은 주산籌算의 곱셈과 나눗셈법을 서술하고, 권중은 주산籌算의 분수계산법과 개평방법을 서술한다. 이상은 모두 중국 고대 주산籌算을 이해하는 데 매우 좋은 자료이며 『구장산술』의 부족을 보완할 수 있다. 권하는 일부 산술의 난문을 수집하였다. 예를 들어 닭과 토끼의 머릿수와 다릿수를 알고 있을 때의 각각의 숫자를 구하는 '계토동롱鷄兎同籠' 문제는 오늘날의 수학교과서에도 여전히 잘 다루는 문제이다.

그러나 『손자산경』 중에서 가장 유명한 것은 아마도 권하 제26문으로 통상적으로 '손자 문제'라고 불린다. 이 문제의 원문은 이렇다. "지금 그 수를 알지 못하는 물건이 있다. 셋씩 세면 둘이 남고 다섯씩 세면 셋이 남고 일곱씩 세면 둘이 남는다. 물건의 개수는 얼마인가?"[4] 이 문제를 현대 대수학기호를 이용하여 보다 일반화하여 표현하자면 다음과 같다. "하나의 수 N이 있다. m_1으로 나누면 나머지가 r_1, m_2로 나누면 나머지가 r_2, m_3로 나누면 나머지가 r_3이다. N은 얼마인가?"

---

3) 현전하는 『손자산경』 중 가장 좋은 판본은 남송본(1213년)으로 상해도서관에 수장되어 있다. 일반적으로 쉽게 볼 수 있는 판본으로는 청 孔繼涵 刻本의 『算經十書』본 (戴震校訂本)이 있다.

4) 今有物不知其數. 三三數之賸二, 五五數之賸三, 七七數之賸二. 問物幾何.

N을 m_1으로 나눌 때 나머지가 r_1인 것을 $N \equiv r_1 \pmod{m_1}$이라고 표기한다면 이 문제는 연립1차합동식(정확하게는 이 합동식을 만족시키는 최소 정수[5])을 푸는 것에 해당한다. 즉,

$$\begin{cases} N \equiv r_1 \pmod{m_1} \\ N \equiv r_2 \pmod{m_2} \\ N \equiv r_3 \pmod{m_3} \end{cases}$$

을 만족하는 N을 구하는 것이다. 해법은 그다지 어렵지는 않다. 적당한 수 a_1, a_2, a_3로 하여금 a_1은 m_1으로 나누면 나머지가 1이 되지만 다른 두 m_2, m_3로는 나누어떨어지도록 하고, a_2는 m_2로 나누면 나머지가 1이 되지만 다른 두 m_1, m_3로는 나누어떨어지도록 하고, a_3는 m_3로 나누면 나머지가 1이 되지만 다른 두 m_1, m_2로는 나누어떨어지도록 만든다. 그러면 $a_1 r_1 + a_2 r_2 + a_3 r_3$가 바로 연립1차합동식의 해가 되고 이 수에서 m_1, m_2, m_3의 최소공배수를 연속적으로 빼 가면 최종적으로 최소 자연수를 얻을 수 있다.

손자 문제는 중국 민간에도 널리 알려져 있어 때로는 '진왕암점병秦王暗點兵', '한신점병韓信點兵', '전관술剪管術', '귀곡산鬼谷算' 등등의 명칭으로 불린다. 송대의 필기 중에는 이 해법을 사구시四句詩로 적기도 하였다.

세 살 어린이가 일흔이 되는 것이 드물고　　　　　　　三歲孩兒七十稀

다섯에서 스물하나가 남는 것은 더욱 기이한 일이며　五留廿一事尤奇

일곱 번 정월 십오일에 거듭 만나면　　　　　　　　七度上元[6]重相會

---

5) $N \equiv r_1 \pmod{m_1}$이란 m_1으로 나눌 때 나머지가 r_1으로 같게 되는 수를 의미하며 $\equiv$부호는 합동(역주: 중국어로는 同餘라고 한다)기호이다.
6) 上元은 정월 15일을 말한다. 따라서 상원은 15를 암시한다.

한식·청명임을 바로 알 수 있으리라 寒食淸明[7]便可知

이 시에서 보이는 70, 21, 15 세 숫자가 바로 각각 a_1, a_2, a_3에 해당하고 청명·한식으로 상징한 105는 3, 5, 7(m_1, m_2, m_3)의 최소공배수이다.

손자 문제는 그 자체로도 흥미로운 산술 문제이지만 나아가 중국 고대 역법의 추산법과도 밀접한 관계가 있다. 예를 들어 N년 전 그해의 동지 야반夜半[8]) 때 일월오성이 동일한 방위상에 있었다면(즉 日月合璧, 五星連珠) 이 시점의 일월오성의 위치를 공통의 기점으로 간주할 수 있다. 일월오성은 운동 주기가 서로 다르기 때문에 N년 후의 어떤 시각(M월 P일 Q시)에 관측한다면 각각이 점하는 궤도상의 위치는 서로 다를 것이다. 여기서 m_1, m_2, m_3, ……를 각각 일월오성의 운행 주기라고 하고, 이로써 N년 M월 P일 Q시를 나눈 각각의 나머지를 r_1, r_2, r_3, ……이라고 하면, 이는 현재의 일월오성이 궤도상의 공통 기점으로부터 떨어져 있는 각각의 거리를 의미한다. 그런데 이 문제를 뒤집으면 m_1, m_2, m_3, ……와 r_1, r_2, r_3, ……를 가지고 손자 문제의 해법을 이용하여 총년수 N을 역으로 구할 수 있다. 이렇게 추산된 상고上古의 한 해를 '상원上元'이라고 하고 N을 가리켜 '상원적년上元積年'이라고 한다. 현재 우리들은 이 상원적년의 추산법이 언제부터 시작되었는지 정확하게 알지 못한다. 하지만 조충지의 『대명력』에 보이는 추산 방법은 이미 충분히 복잡해져서 고려해야 할 요소가 11가지나 존재한다. 수학적 의미로 보자면 즉 11개의 연립1차합동식을 만족하는 해를 구하는 것이다. 게다가 역법 추산은 각 행성의 주기

---

7) 淸明은 冬至로부터 106일째 되는 날이고, 寒食은 청명의 하루 전이다. 따라서 '寒食淸明'은 105를 암시한다.
8) 역주: 밤 12시.

$(m_1, m_2, m_3, \cdots\cdots)$가 정수가 아니기 때문에 $a_1, a_2, a_3, \cdots\cdots$를 구하는 것이 그렇게 쉽지 않다. 아쉽게도 당시 천문학자들이 행한 추산법은 전하지 않고 13세기 송대의 수학자 진구소秦九韶가 저술한 『수서구장數書九章』(1247년)에 이르러서야 비로소 계통적인 서술이 보인다.(상세한 내용은 후술)

(2) 『오조산경』, 『오경산술』, 『수술기유』

이 세 저작[9]은 모두 견란甄鸞이 찬술하거나 주석을 덧붙인 것이다. 견란은 자가 숙준叔遵, 6세기 남북조시대 북주의 인물로 불교를 신봉하였고 천문역법에 통했다고 전한다. 그가 편찬한 역법인 『천화력天和曆』은 북주 천화天和 원년(566)에 채용되어 반행되었다.

『오조산경五曹算經』은 각종 관원을 위해서 편찬된 것으로 일종의 응용산술 교과서라고 할 수 있다. 『구당서』「예문지」에는 이 책의 저자를 견란으로 밝히고 있지만 현전본에는 저자에 관한 언급이 없고 단지 "당 이순풍 등이 주석을 덧붙였다"라고만 되어 있다.

이른바 '오조'란 전조田曹, 병조兵曹, 집조集曹, 창조倉曹, 금조金曹의 다섯 종류의 관원을 가리킨다. 전 책 5권으로 각 조별로 한 권을 이룬다.

전조는 전무 면적의 계산을 다룬다. 직사각형, 삼각형, 사다리꼴, 원형 등의 산법은 『구장산술』과 일치하고 더불어 일부 기타 도형 면적의 근사계산법을 포함한다. 제2권 병조는 군대의 배치와 양식의 공급 및 운수와 관련된 문제를 다룬다. 책 속에서 다루는 산법으로 보자면 『구장산술』의 범위를 전혀 넘지 않지만, 문제의 성질로 보자면 중국의 군사 수학 방면

---

9) 『數術記遺』와 『五曹算經』은 모두 남송 刻本이 현재까지 전한다. 북경대학도서관 소장. 『五經算術』의 남송본은 일찍이 망실되었으며 현전본은 『영락대전』에서 추출한 것이다. 흔히 볼 수 있는 것으로는 청 孔繼涵 刻本의 『算經十書』본이 있다.

의 가장 오래된, 비교적 계통적인 기재라고 할 수 있다. 제3권 집조는 무역 교환 문제를 다룬다. 제4권 창조는 양식 세금 징수 및 양식 창고 용적 계산 문제이다. 제5권 금조는 사직물絲織物 매매 및 전재錢財 화폐 처리 문제를 다룬다. 제3권 이후에서 다루는 산법도 마찬가지로『구장산술』의 범위를 넘지 않는 기껏해야 곱셈, 나눗셈과 비례 산법에 불과하다.

『오경산술五經算術』에서 견란은『상서』,『시경』,『주역』,『주례』,『예기』등 경서 속에 보이는 일부 수학 지식과 관련한 문구 및 한대의 경학자들이 이 문구에 대해 남긴 해석에 대해 상세한 검토를 행하였다. 이 저작은 수학적 내용에서 보아도 취할 바가 많지 않을 뿐더러 경학의 이해와 관련해서도 그다지 큰 도움을 준다고 보기는 어렵다.

『수술기유數術記遺』는 본래 '십부산경' 중의 하나가 아니었다. 그러나 송대에 이르러 13세기에 재차 십부산경을 복각할 즈음 조충지의『철술』이 이미 실전하여 망실되었기 때문에 이를 대신하여 우연한 기회에 발견된 이『수술기유』를 포함시켜 간행하였다. 이리하여 현전하는『산경십서算經十書』중의 하나가 된 것이다.

『수술기유』에는 불교, 도가 및 신선가의 문장을 다량으로 인용한 해석이 산재한다. 따라서 책 전체로 신비주의 색채가 농후하여 내용을 이해하기가 쉽지 않다. 책 속에서 언급하고 있는 주산籌算 이외의 기수법 또한 실제 사용하기에 부적절하다. 책에서는 [그림4-1]과 같은 가로세로 3행 3열의 '종횡도縱橫圖'를 인용하였는데 이를 '구궁산九宮算'이라고 명칭하였다. '구궁'이란 말은 본래 한대의 참위讖緯의 학문인 역위서易緯書 속에 등장하는 용어이다.

10세기 송 초에 이르면 구궁을『역』「계사전」의 "낙수에서 서가 나왔

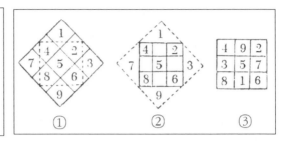

[그림4-1] 縱橫圖

[그림4-2] 종횡도의 편제

다"[10]라는 언설과 무리하게 결부시켜 이를 '낙서洛書'라고 칭하고 나아가 이 낙서야말로 수학의 가장 근본적인 기원이라고 주장하는 인물이 등장하였지만 전혀 신뢰할 수 없다.

하지만 수학적 의의로 보자면 종횡도는 현재 통칭 마방진[11]의 일종이다. 위에서 본 3행 마방진의 경우, 가로 3행, 세로 3열 및 두 대각선의 세 숫자의 합이 모두 15로 동일하다. 그 편제법은 다음과 같으며 전혀 신비스럽다고 할 수 없다. [그림4-2]에서 ① 우선 정사각형을 기울여 다이아몬드 모양으로 그린다. 속을 9개의 작은 사각형으로 나누어 순차적으로 1, 2, ……, 9를 집어넣는다. 그다음 점선으로 표시된 것처럼 똑바른 정사각형을 내접시킨다. 마찬가지로 9등분하면 [그림4-2]의 ②와 같이 그중 4개의 구역은 비어 있게 된다. 상하좌우의 네 숫자를 서로 위치를 반대로 하여 이 빈 곳에 기입하면 곧 3행 마방진이 된다. [그림4-2]의 ③과 같다. 이 경우 매 행, 매 열과 주 대각선 상의 각 숫자의 합이 모두 15가 된다.

이러한 숫자의 배열은 13세기 남송의 수학자 양휘楊輝의 저작에서 처음으로 종횡도라고 불리었으며 나아가 비교적 상세히 서술하였다. 앞에

---

10) 『易』, 「繫辭傳」, "洛出書."
11) 역주: 중국어로는 幻方이라고 한다.

서 서술한 위치를 바꾸는 방식을 이용한 마방진의 편제법도 이 책에 그 해설이 들어 있다. 이 방법을 이용하면 실제로 행수가 홀수의 경우 어떤 크기의 마방진도 손쉽게 편제할 수 있다.

(3) 『하후양산경』

『장구건산경』의 서문에 보이는 "하후양의 방창方倉"이라는 구절에서 우리는 『하후양산경』의 성서연대가 『장구건산경』보다 앞선다는 것을 알 수 있다. 대략 4세기의 저작으로 추정된다.

그러나 현전하는 『하후양산경』의 내용을 보면 그 안에는 4세기 이후 에나 출현할 수 있는 내용이 제법 포함되어 있고, 심지어는 8세기 당의 제도까지 들어 있다. 예를 들면 권중의 양세미兩稅米와 양세전兩稅錢의 계 산 문제의 경우, 이 양세兩稅 제도는 당의 대종代宗(재위 기간: 763~779) 시대 에 처음으로 시행된 법령이다. 이 외에도 문제 중에 인용된 '관본방식官本 放息'이나 '창고령倉庫令', '부역령賦役令' 등은 모두 당의 법령이다. 여기서 우 리는 두 가지 가능성을 고려할 수 있다. 하나는 원래의 『하후양산경』은 일찍이 실전되었고 현전본은 후대의 사람이 편집한 완전히 다른 수학서 로, 단지 책 모두에 "하후양왈"이라는 구절이 인용된 탓에 이를 오해하여 『하후양산경』으로 잘못 호칭했을 경우이다. 다른 하나의 가능성은 원본 『하후양산경』이 후대에 전해지는 과정에서 이를 전사한 사람들이 자신의 당대에 알려진 문제들을 수시로 집어넣어 결국 현전본 『하후양산경』처럼 4세기부터 8세기에 이르기까지의 수많은 재료가 수집되고 허다한 내용이 증가된 모양으로 변모했을 경우다. 아무튼 송대에 이르러 이 책이 '십부 산경'에 각입刻入된 이후로는 더 이상 내용상의 변동이 없게 되고 오늘날에까지 이르게 된 것이다.

현전본『하후양산경』은 전 3권으로 83개의 문제를 포함한다.[12] 문제의 성질로 보자면 대다수는 당시 사회의 실제 생활에 필요한 각 방면의 계산 문제로 구성되어 있다. 그중 일부 계산 문제는『손자산경』등과 유사하다.

특기할 사항으로는『하후양산경』중에 주산籌算 제도에 대한 개량 경향이 분명히 드러났다는 점이다. 이러한 경향은 당 말에 비롯되어 오대십국시대를 거쳐 재차 송원에 이르기까지 지속적으로 발견되는데, 최종적으로는 14세기 명대 중엽에 출현한 새로운 계산 공구인 주산珠算(상세한 내용은 후술)으로까지 이어진다.

(4)『장구건산경』

『장구건산경』의 시대는 대략『손자산경』과『하후양산경』이후로 여겨진다. 전 3권으로 구성되어 있다. 권중의 제3문은 부세賦稅를 9등급으로 나누는 문제를 다루고 있는데,『위서魏書』「식화지食貨志」의 기록을 살펴보면 탁발씨의 위나라는 466~485년 사이에 '백성의 빈부에 따라 조수租輸를 3등 9품으로 정하는 제도'를 시행하였으므로 이로써『장구건산경』을 대략 5세기 중엽 중국 남북조시대의 저작으로 추정하는 것이 가능하다.[13]

---

12) 남송본『하후양산경』은 일찍이 산일되었고 현전하는 선본은 청 초에 송본을 초록한 것으로 북경의 고궁박물원에 보존되어 있다. 일반적으로 쉽게 볼 수 있는 판본으로는 역시 孔繼涵 刻本『算經十書』본을 들 수 있다.

13) 현전본 중 가장 이른 판본은 남송각본(1213년보다 약간 후대에 간행)으로 상해도서관에 소장되어 있다. 현전본『장구건산경』은 권상 마지막에 殘缺이 있고 권하 맨 앞의 몇 문제도 실전되었다. 현전본 3권은 전체 92문제를 수록하였다. 흔하게 볼 수 있는 판본은 역시 淸 孔繼涵 刻本『산경십서』에 수록된 이른바 십서본이다.

이 저작은 분수의 계산에 대단한 주의를 기울였다. 서문에서 "대저 산학을 배우는 자는 곱셈나눗셈에서 어려움을 겪지 않고 통분에서 어려움을 느낀다"[14]라고 말했듯이 전편을 통해 분수의 응용문제를 다수 다루었다.

『장구건산경』에는 이 외에도 등차급수의 계산과 관련된 문제도 몇 문제 보인다. 책 속에서 제시한 공식은 현행 대수기호를 이용하여 표시하면 다음에 상당한다.

① 첫 항 a, 말항 l, 항수 n을 알고 있을 때 n항의 합 s는 다음과 같다.

$$s = \frac{1}{2}(a+l)n \qquad \text{(권상, 제23문)}$$

② a, n, s를 알고 있을 때 공차 d를 구하는 공식은 다음과 같다.

$$d = \left[\frac{2s}{n} - 2a\right]/(n-1) \qquad \text{(권상, 제22문)}$$

『장구건산경』 권하의 마지막 문제는 바로 그 유명한 '백 마리의 닭(百鷄) 문제'이다. 원제는 다음과 같다. "지금 수탉은 한 마리당 값이 5전이다. 암탉은 한 마리당 값이 3전이다. 병아리는 3마리에 값이 1전이다. 100전으로 닭 100마리를 사려고 한다. 묻는다. 수탉, 암탉, 병아리 각각 몇 마리인가?"[15] 이 문제는 다음 부정방정식을 푸는 것과 같다.

$$\begin{cases} x + y + z = 100, \\ 5x + 3y + \dfrac{1}{3}z = 100. \end{cases}$$

---

14) 夫學算者, 不患乘除之爲難, 而患通分之爲難.

15) 今有鷄翁一, 直(値)錢五. 鷄母一, 直錢三. 鷄雛三, 直錢一. 凡百錢買鷄百隻. 問. 鷄翁, 鷄母, 鷄雛各幾何.

책에서 제시한 답안은 전체 (4, 18, 78), (8, 11, 81), (12, 4, 84)의 세 가지 조합으로 답안은 정확하다. 이 답안이 어떻게 추출되었을까? 원서에서 제시한 해법은 극히 간단하다. "수탉이 4의 배수로 증가하면(4, 8, 12) 암탉은 7마리씩 감소하고 병아리는 3마리씩 증가한다."[16] 그런데 어떻게 4와 7과 3의 숫자를 얻었으며 첫 번째 조합은 어떻게 구했을까에 대해서는 책 속에 별다른 설명이 없다. 생각해 보면 아마도 실험적 방법으로 구했을지도 모르겠다. 수탉이 4마리씩 증가하고 암탉이 7마리씩 감소하고 병아리가 3마리씩 증가하면 전체 마릿수와 전수錢數가 둘 다 전혀 변화하지 않도록 할 수 있기 때문이다. 첫 번째 답안은 혹시 이렇게 얻었을지도 모른다. 가령 $x = 0$이라고 가정하고 다음 식을 풀면,

$$\begin{cases} y + z = 100, \\ 3y + \dfrac{1}{3}z = 100. \end{cases}$$

$y = 25$, $z = 75$의 해를 얻는다. 따라서 $x = 0$, $y = 25$, $z = 75$에서 출발하여 x를 매번 4씩 증가시키고, y를 매번 7씩 감소시키고, z를 매번 3씩 증가시켜 가면 즉 순차적으로 위의 세 가지 조합의 답안을 구할 수 있다.

이 '백 마리의 닭 문제'는 유사한 형태로 후세의 수많은 수학 저작 중에 수록되어 있다.[17] 또한 고대 인도 및 중세 이슬람 국가의 수학 저작에서도 유사한 문제를 찾아볼 수 있다.[18]

---

16) 鷄翁每增四, 鷄母每減七, 鷄雛每益(增)三.
17) 예를 들면 甄鸞의 『數術記遺』, 楊輝의 『續古摘奇算法』(1275년), 程大位의 『算法統宗』(1592년)을 비롯해 기타 명청시대의 저작에 보인다.
18) 12세기 인도의 수학자 Bhāskara의 저작에 같은 유형의 문제가 들어 있는데, 그 수치가 『장구건산경』의 '백 마리의 닭 문제'와 완전히 같다. 15세기의 이슬람 수학자 al-Kāshī의 저작 중에도 '백 마리의 닭 문제'와 유사한 문제가 들어 있다.

『장구건산경』에는 이 외에도 일반 2차방정식의 해를 구하는 문제가 두 종류 기재되어 있다. 이 두 문제는 다음의 해를 구하는 것과 같다.

$$x^2 + 68\frac{3}{5}x = 514\frac{32}{45} \times 2 = 1029\frac{19}{45} \quad \text{(현전본 권중 마지막 문제)}$$

$$x^2 + 15x = 594 \qquad\qquad \text{(현전본 권하 제9문)}$$

『장구건산경』은 개방, 개립방의 주산籌算 프로세스에 대해 상세한 해석을 기술하였지만 유독 일반 2차방정식의 해법인 '대종개방법'에 대해서는 아무런 설명도 보이지 않는다. 권중 마지막 문제의 해법이 바로 "전적田積의 보수步數를 두고 이를 배로 만들어 실로 삼고(상수항), 현의 보수를 종으로 삼아(1차계수항)"[19] 이하가 마침 실전된 잔결 부분이다. 이하 문장이 어떠하였을지 아쉬울 따름이다.

(5) 『집고산경』

『집고산경緝古算經』은 당 초기의 저작으로 작자는 왕효통王孝通이다. 이 저작의 정확한 성서연대 및 작자의 생졸연대는 어느 것도 확실하지 않다. 왕효통은 수학자일 뿐만 아니라 동시에 천문학자로 당시의 국가 천문대 관원인 태사승太史丞의 직책을 역임했다. 『신당서』「역지曆志」에는 무덕武德 6년(623)과 9년(626)에 왕효통이 산학박사의 신분으로 두 차례에 걸쳐 부인균傅仁均이 편찬한 『무인원력戊寅元曆』(618년)의 부정확함을 상소한 기록이 남아 있다. 왕효통은 「상집고산경표上緝古算經表」에서도 스스로 이렇게 서술하였다. "신은 여염에서 자라 어려서부터 산학을 배웠고 어리석음을 갈

---

19) 置田積步倍之爲實, 以弦步爲從.

고 닦다 보니 어느덧 백발에 이르렀습니다. …… 황제께서 (전 왕조인 수에 출사했던 자신을) 받아들여 주시고 태사승으로 신을 기용해 주셨습니다. 근년 이래로 칙령을 받들어 부인균의 역법을 교감하였는바 무릇 역술의 착오 30여 곳을 모두 교정하여 곧 태사로 하여금 이를 시행토록 하였습니다."[20] 여기서 가리키는 것은 바로 위에서 언급한 무덕 6년과 9년의 일이다. 표의 문장 중의 이 단락에 근거해 보면 왕효통이 마지막으로 『집고산경』을 완성한 것은 응당 무덕 9년 이후의 일이라고 할 수 있다. 이로써 볼 때 대략 7세기 초기의 저작이라고 해야 할 것이다.

전체 20문제가 수록되어 있는데, 달의 방위를 계산하는 천문역법 문제인 제1문을 제외하면, 제2문에서 제5문까지가 대台, 제堤, 하도河道 등을 수축修築하는 문제이고, 제6문에서 제14문까지는 각종 양창糧倉, 양교糧窖의 수축修築 문제, 제15문에서 제20문까지는 직각 삼각형과 관련된 이른바 구고 문제로 이루어져 있다. 현전본의 경우는 제17, 18, 19, 20 네 문제에 잔결이 있어 불완전하며 나머지 앞의 16문제는 완전하다.[21]

이 책에서 가장 중요한 내용은 양쪽 끝의 넓이가 일치하지 않고 높낮이도 동일하지 않은 제방을 수축하는 유형의 문제이다. 왕효통 스스로 「상집고산경표」에서 언급하였듯이 "조긍祖暅의 『철술』을 사람들은 정묘하다고 칭송하지만 '방읍진행方邑進行'과 같은 계산법은 완전히 틀려서 전혀 통하지 않고, '추맹', '방정'의 문제는 이치에 부합하지 않는 곳이 있음을 모릅니다. 신은 지금 나아가 새로운 계산법을 만들어 여기에 덧붙입니

---

20) 臣長自閭閻, 少小學算, 鐫磨愚鈍, 迄將皓首. …… 伏蒙聖朝收拾, 用臣爲太史丞. 比年以來, 奉勅校勘傅仁均曆, 凡駁正術錯三十餘道, 卽付太史施行.

21) 남송 원본 『집고산경』은 일찍 산일되었고 현전본은 명대의 장서가인 汲古閣 毛氏가 影抄한 남송본에 근거한 계통이다. 이 초본은 '天祿琳琅叢書' 중의 하나로서 현재 북경 고궁박물원에 수장되어 있다.

다. …… 살펴건대『구장』「상공」편에 '평지역공수무平地役功受袤'의 계산법이 있지만 위는 넓고 아래는 좁고 앞은 높고 뒤는 낮은 모양에 이르러서는 경전에 전혀 언급이 없습니다. 그런 연고로 오늘날 사람들이 깊은 이치를 모른 채 수평·수직의 방법을 기울고 어긋난 것에 쓰니 이는 바로 원통에 육면체를 집어넣는 셈입니다. 어찌 제대로 맞을 리가 있겠습니까. 신은 밤낮으로 깊이 생각하여 책을 앞에 두고 크게 한탄하였습니다. 제가 죽게 되면 아무도 보지 못할까 두려웠습니다. 그래서 마침내 평지 다음으로 좁고 기울어진 것을 다루는 법으로까지 연장해서 무릇 20가지 계산법을 모아 '집고'22)라고 이름지었습니다. 청컨대 계산에 능한 사람들을 찾아 그 득실을 따지도록 해 주십시오. 만약 한 자라도 틀린 것이 있다면 신은 천금으로 사례하고자 합니다."23) 이와 같이 위는 넓고 아래는 좁고 앞에는 높고 뒤에는 낮은 불규칙한 형상을 갖는 제방의 공정 문제는 확실히 이 책의 가장 뛰어난 부분이다.

그중 제3문은 아마도 가장 전형적인 문제일 것이다. 현대식 술어로 표현하자면 이 문제는 다음과 같다. "제방을 쌓는 공정이 있다. 제방의 단면은 등변사다리꼴이다. 서쪽 끝의 상하단 폭의 차는 68.2척이고, 동쪽 끝의 상하단 폭의 차는 6.2척이다. 동쪽 끝의 제방의 높이는 서쪽 끝보다 3.1척 적고, 제방의 상단 폭은 동쪽 끝 높이보다 4.9척 많다. 제방의 길이는 동쪽 끝 제방의 높이보다 476.9척 많다. 갑, 을, 병, 정 네 현에서 각각

---

22) 역주: 緝古는 옛것을 잇는다는 의미.

23) 其祖暅之綴術, 時人稱之精妙, 曾不覺方邑進行之術, 全錯不通, 劉徽方亭之問, 於理未盡. 臣今更作新術, 於此附伸. …… 伏尋九章商功篇, 有平地役功受袤之術, 至於上寬下狹, 前高後卑, 正經之內, 闕而不論. 致使今代之人, 不達深理, 就平正之間, 同欹邪之用, 斯乃圓孔方枘. 如何可安. 臣晝思夜想, 臨書浩歎. 恐一旦瞑目, 將來莫睹. 遂於平地之餘, 續狹斜之法, 凡二十術, 名曰緝古. 請訪能算之人, 考論得失. 如有排其一字, 臣欲謝以千金.

6,724명, 16,677명, 19,448명, 12,781명을 파견하여 제방을 쌓는다. 한 사람의 공인은 매일 9석9두2승의 흙을 파낼 수 있고, 또 제방의 체적을 $11.4\frac{6}{13}$ 입방척만큼 쌓을 수 있다. 땅 1입방척을 파낼 때마다 흙 8두를 얻으며, 한 사람이 흙 2두4승8합을 짊어질 수 있으며, 매일 평지 거리 192보를 62차례 흙을 운반할 수 있다. 현재는 흙을 파내기 위해 산과 강을 건너야 하는데 그중 평지는 11보뿐이고 산의 경사길은 30보, 강의 길이는 12보이다. 짐을 지고 산을 오를 때는 3보를 4보로 계산하고, 산을 내려올 때는 6보를 5보로 계산하며, 강을 건널 때는 1보를 2보로 환산한다. 평지에서는 또한 각종 원인으로 지체가 발생하는 경우 10보마다 1보를 더한다. 흙을 실어 옮기는 일은 짐을 지고 14보를 가는 것에 상당한다. 현재 네 현이 함께 작업하여 하루에 일을 끝내려고 한다. 네 현은 동쪽에서 서쪽으로 갑을병정 순서로 구간을 나누어 각각 사람 수에 따라 작업을 진행한다. 묻는다. 각 구간마다 시작점과 끝의 길이[24]와 높이, 하단의 폭은 각각 얼마인가? 또 묻는다.

한 사람이 혼자 흙을 파고 운반하고 쌓는다면 하루 쌓을 수 있는 제방의 크기는 어느 정도인가? 또 묻는다. 제방 전체로 동서 양쪽 끝의 상하단의 폭과 높이는 각각 얼마인가?" 이로써 분명히 드러나듯 이 문제는 상

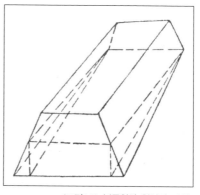

[그림4-3] 불규칙한 형상의 제방

---

24) 역주: 이 길이를 袤라고 하는데 여기서는 正袤와 斜袤의 두 종류를 구한다.

당히 복잡하며 답안만 26행에 이른다.

이 제방의 형상은 [그림4-3]이 보여 주는 대로 상단 폭은 서로 같지만 하단 폭은 양 끝이 서로 다르다. 게다가 높이도 서로 달라 한쪽은 높고 한쪽은 낮다.

우선 문제 속에 이미 주어진 수치에 근거하여 한 사람이 매일 흙을 파내고 운반하고 제방을 쌓는 과정을 통해 완성할 수 있는 제방의 크기를 산출하고 네 현의 공인 총인원수를 곱하면 전체 공정의 총수량이 얻어진다. 즉 제방의 체적 V이다. 그다음으로 왕효통은 이 제방을 그림과 같이 4개의 도형으로 분리했다. 윗부분은 일반적인 제방으로 양쪽 끝의 높낮이와 상하단의 폭이 동일하다. 밑부분의 중간 도형은 직육면체를 대각선으로 절단한 형태인 '참도'이다. 양쪽 끝의 도형은 두개의 쐐기형인 '별노'이다. 가령 낮은 쪽의 높이를 x라고 가정하고 문제 속에 이미 주어진 조건과 방금 구한 제방의 체적 V를 이용하여 다음과 같은 3차방정식을 하나 구할 수 있다.

$$x^3 + ax^2 + bx = A$$

이를 풀면 바로 높이 x를 구할 수 있다. 따라서 나머지 상하단의 폭과 높이 그리고 제방의 길이 등을 모두 구할 수 있다.

왕효통은 아직은 '높이를 x라고 가정하면'과 같은 방식의 대수적 방법을 이용하지는 못했다. 그가 이용한 방정식은 여전히 기하도형의 인식에 의존하여 늘어놓은 것이다.[25] 왕효통은 위의 3차방정식의 계수를 각각 '실實'(A), '방方'(b), '염廉'(a)이라고 불렀고, 이처럼 일반 3차방정식의 해

---

25) 李儼, 『中國數學大綱』 上(北京: 科學出版社, 1958), pp.118~128 참조.

를 구하는 방법을 '종개립방제지從開立方除之'라고 호칭하였다. 이른바 '대종개립방법帶從開立方法'이다. 대종개립방법은 '개립방'의 방법에서 직접적으로 확장되어 온 것으로,[26] 이 방법의 창안은 아마도 오래되었을 것이라고 추정되지만 현전하는 자료에 근거하자면 왕효통의 『집고산경』은 중국 고대 수학 저작 중 가장 먼저 대종개립방법을 서술한 저술이라고 해야할 것이다.

갑을병정 네 현이 순차적으로 구역을 나눠 작업을 분담하는 문제는 주어진 체적을 가지고 역으로 한 변의 길이를 구하는 문제로 이 또한 3차방정식을 풀 것을 요구한다.

『집고산경』의 총 20문제 중에는 풀어야 할 3차방정식이 28개나 나온다. 특기할 사항으로는 왕효통이 열거한 방정식의 계수가 모두 양수이고 그 근 또한 모두 양수에 한하며 게다가 유일한 근을 구하는 데 그쳤다는 점이다. 11~13세기의 송원대에 이르면 중국 고대 수학은 방정식의 해를 구함에 있어 현저한 진보를 이룩하는데, 임의의 고차방정식의 해를 구할 수 있게 되었을 뿐만 아니라 그 계수도 양수에 한정되지 않으며 동시에 방정식을 열거하는 완벽한 방법을 창출하게 된다.(상세한 내용은 후술)

2) 수당시기의 수학교육

중국 고대의 수학교육에 관해서는 상당히 이른 시기부터 그 기록이

---

26) 이는 '帶從開平方法'이 일반 '개평방'법에서 도출된 것과 마찬가지이다. 본서 78쪽에서 제시한 바와 같이 개립방법의 籌算포산도를 보면 제④도 이하 즉 입방근의 두 번째 자리와 세 번째 자릿수를 구하는 방법은 이미 그 자체로 대종개립방적인 문제이다. ④도 자체도 하나의 3차방정식이며 최상층은 얻은 수, 제2층은 '실'(상수항), 제3층은 '방'(1차항), 제4층은 '염'(2차항)이다.

전해 내려왔다.(상세한 내용은 앞부분 참조)

수대에 이르러 통일국가가 출현함에 따라 각종 전장제도를 반행하고 전국에 통령通令하여 이를 시행하도록 하였다. 교육제도 상에서 국가가 관리하는 학교—국자감. 현재의 국립대학에 해당한다. 처음에는 國子寺라고 불렸다—가 처음으로 설치되었는데, 수학은 그 교과 과정 중의 하나였다. 『수서』「백관지百官志」의 기록에 의하면 "국자시는…… 국자학, 태학, 사문학, 서학, 산학을 통괄하고, 각각 박사를 두고, …… 조교, …… 학생, …… 등으로 구성한다"[27)라고 하였다. 『수서』「백관지」에 따르면 당시 국자감의 산학 과목은 박사가 2명, 조교가 2명, 학생이 80명으로 편성되어 있었다.

한이 진의 대부분의 제도를 계승한 것처럼 당도 수대의 대부분 전장제도를 답습하였다. 당의 수학교육 제도 또한 수대의 수학교육 제도를 계승함으로써 형성되었다고 할 수 있다.

어떤 자료에서는 일찍이 7세기 초엽인 당 정관貞觀 2년(628)에 이미 국자감에 산학 과목이 설치되었다고 하지만,[28) 다른 자료에 의하면 7세기 중엽인 현경縣慶 원년(656)이 되어서야 비로소 산학과를 설치하였다고 한다.[29)

당대 수백 년간을 전체로 볼 때 산학과는 때로는 설치되기도 하고 때로는 폐지되기도 하였다. 또한 때로는 국가감에 속하기도 하였고 때로는 태사국太史局 혹은 비서국秘書局에 소속되기도 하는 등 단속적이었다.

산학이 설치된 지 3년 만인 현경縣慶 3년(658)이 되자 또 "조칙詔勅으로

---

27) 『隋書』, 권28, "國子寺…… 統國子, 太學, 四門, 書, 算學, 各置博士, …… 助敎, …… 學生, …… 等員." 이 중 國子學, 太學, 四門學, 書學, 算學은 모두 당시 국자감의 교육 과목명이다.

28) 『唐會要』, 권66.

29) 『舊唐書』, 「高宗本紀」上 혹은 『新唐書』, 「百官志」.

서학, 산학, 율학 세 학문은 단지 지엽말단의 소학문으로 지나치게 전문적이며 전고와도 어긋남이 있으니 모두 명하여 폐지한다"[30]고 하여 산학박사 등을 태사국으로 전속시켰다. 용삭龍朔 2년(662)에는 "율학, 서학, 산학관 한 명을 다시 설치하고", 3년(663)에 재차 "산학을 비서국에 예속시켰다."[31]

국자감 산학과 안에 배정된 교수, 조교 등 교원 수 및 학생 수도 현전하는 사료에 따르면 전체 당대에 걸쳐 각 시기별로 크게 변화하였다. 『당육전唐六典』의 기재에 의하면 학생 수가 30명이지만, 『당회요唐會要』의 기록에 따르면 만당 원화元和 2년(807) 국자감의 상주上奏에 "양경兩京(장안과 낙양)제관의 학생은 총 650명으로……, 산관은 10명"[32]이라고 하였으며 같은해 12월의 칙령에 의하면 "동도(낙양)의 국자감은 학생 수 100명을 두며, …… 산관은 2명"[33]으로 정하였다. 이 시기에 이르면 인수가 매우 적게되었다는 것을 알 수 있다.

학생의 출신 및 신분에 대해서는 『당육전』에 "산학박사는 문무관 8품이하 및 서민의 자제 중에서 학생이 된 자의 교육을 담당한다"[34]고 기재되어 있어 국자감 산학의 학생 신분이 하급 관리 혹은 서민 출신이었음을알 수 있다.

당시 사용된 교과서 또한 국가가 통일적으로 편찬하였다. 『책부원귀冊府元龜』에 따르면 "현경 원년(656)에, …… 우지녕 등이 십부산경을 국가가 반행하여 사용할 것을 상주하였고"[35], 『신당서』와 『구당서』에 또한

30) 詔以書算律三學, 事唯小道, 多擅專門, 有乖故實, 并令省廢.
31) 『唐會要』, 권66, "復置律學, 書, 算學官一員.", "算學隸秘書局."
32) 兩京諸館學生, 總六百五十員, …… 算館十員.
33) 東都國子監, 量置學生一百員, …… 算館二員.
34) 『唐六典』, 권21, "算學博士掌教文武官八品以下及庶人子之爲生者."

"당의 초기에, …… 왕사변이 상표하여 『오조산경』과 『손자산경』 등 십부산경이 이치에 착오가 많다고 하였다. 이순풍이 다시 국자감의 산학박사 양술과 태학의 조교 왕진유와 함께 조칙을 받들어 『오조산경』, 『손자산경』 등 십부산경에 주석을 덧붙였다. 책이 완성되자 고종은 국학에 명하여 행용시켰다"[36]라고 기재되어 있다. 이는 역사상 최초로 황제의 명에 의해 반행된 수학교과서이다. 이 십부산경에 대해서는 앞에서 이미 간략하게 소개하였다.

『당육전』의 기록에 따르면 산학과의 전 과정을 이수하는 데는 7년이 걸린다. 실제 진행 상황을 살펴보면 다음과 같다. 30명의 학생을 반반으로 두 조로 나눈다. 15명은 『구장』, 『해도』, 『손자』, 『오조』, 『장구건』, 『하후양』, 『주비』 등을 익힌다. 나머지 15명은 비교적 어려운 『철술』과 『집고』를 배운다. 시간적 배분은 『손자』, 『오조』를 1년, 『구장』, 『해도』를 3년, 『장구건』, 『하후양』을 각 1년, 『주비』, 『오경』을 1년간 배워서 전체 7년을 채우고, 나머지는 『철술』을 4년간 배우고 『집고』를 3년간 배워 역시 7년에 졸업한다.

당의 시대에는 위에서 서술한 수학교육 제도 이외에 과거시험 제도가 따로 있었다. 이 과거시험 중에 '명산明算'과가 있어 국자감에서 산학을 배우지 않은 사람도 응시하는 것이 가능하였다. 시험은 『구장』에서 3문제, 『해도』에서 7문제, 『손자』 외 7종에서 각 1문제가 출제되었고, 다른 조의 경우는 『철술』에서 7문제, 『집고』에서 3문제가 출제되었다. 10문제 중 6문제를 맞추면 합격이다. 이 외에도 『수술기유』, 『삼등수三等數』 두 수

35) 『冊府元龜』, "縣慶元年, …… 于志寧等奏以十部算經付國家行用."
36) 唐初, …… 王思辯表稱, 五曹, 孫子十部算經, 理多踳駁. 李淳風復與國子監算學博士梁述, 太學助教王眞儒等受詔注五曹孫子十部算經. 書成, 唐高宗令國學行用.

학서에 대한 '첩독帖讀' 시험이 있어 10문제 중 9문제를 맞추어야 급제한다. 첩독이란 책 내용 중 임의로 한두 곳의 자구를 제시하고 수험생으로 하여금 이어서 경문을 외워 읽게 하는 시험을 말한다. 실제로 이런 시험은 수험생에게 십부산경의 조문을 무조건 주입식으로 암기할 것을 요구할 뿐으로 시험 자체가 전혀 창조적이지 않고 단지 암기만을 권장할 따름이다. 이런 시험은 과학의 발전에 그다지 도움이 되지 않는다. 시험에 합격한 사람은 종구품하從九品下 즉 최하위 관직을 얻게 된다.

3) 수당시대 수학의 중외 교류

비교적 이른 시기부터 중국은 중앙아시아나 인도와 문화적 상호 교류를 시작하였다. 남북조에서 수당에 이르는 시기는 불교의 전래와 더불어 중국과 인도 간의 문화 교류가 크게 증대하였는데, 구체적으로 천문, 의학, 음악, 예술 등 영역에서 교류가 두드러졌다. 이러한 문화 교류 과정 중에는 쌍방의 수학 지식의 교류도 포함되어 있었다.

『수서』「경적지」의 기재에 따르면, 당시에 이미 인도 천문학과 수학 저작의 한문 번역본이 전부 3종 존재하였음을 알 수 있다. 『바라문산법婆羅門算法』 3권, 『바라문음양산력婆羅門陰陽算曆』 1권, 『바라문산경婆羅門算經』 3권이 그것이다. 이것은 외국 수학 저작을 한문으로 번역한 가장 빠른 기록일 것이다. 다만 아쉽게도 이 서적들은 모두 일찍 실전되어 그 내용을 고증할 방법이 없다.

당 초엽 이래로 많은 인도인 천문학자들이 당시의 국가 천문대인 사천감司天監에서 활약하였는데, 그중 가장 유명한 인물이 바로 구담실달瞿曇

悉達(Levensita)이다. 그는 '태사감太史監'의 관직을 역임하였다. 개원開元 6년 (718)에 그는 인도의 『구집력九執曆』을 한문으로 번역하였는데, 이 역법은 그 자신이 편찬한 『개원점경開元占經』(전 120권) 제104권에 포함되어 오늘날 에까지 전한다. 『구집력』에 소개된 수학 지식에는 다음과 같은 몇 가지가 있다.

① 원호의 도량법: 내용 중 그리스인의 원호 도량법이 소개되어 있다. 즉 원주를 360도로 나누고 1도를 다시 60분으로 나누는 것으로 현재 통용 되는 도량법과 같다. 원래 중국 고대 천문학의 습관에 따르면 1주천을 1년의 날수로 나누어 $365\frac{1}{4}$ 도로 분할한다. 단 인도수학에서 전래된 이 360도와 60분의 계량법은 중국 수학자의 주의를 전혀 끌지 못했다.

② 사인함수(sin x)표: 『구집력』에는 삼각함수의 사인(正弦)함수표가 소 개되어 있다. 이 표의 표시 간격은 3° 45'로 0°에서 90°까지를 정확하게 24등분하여 24개의 사인함수값을 제시하였다. 이 표를 현행 형식으로 표 시하면 다음과 같다.

간격	도수	3438 sin x	표차
1	3° 45'	225	
2	7° 30'	449	224
3	11° 15'	671	222
4	15°	890	219
......	......	......	......
24	90°	3438	7

인도수학은 삼각법의 연구에 있어 확실하게 독보적 성취를 이루었지 만 중국 수학자의 주목을 끌지는 못했다.

③ 인도숫자: 『개원점경』의 기록을 보면 당시에 인도의 십진법 숫자

(현재 전 세계에서 통용되는 아라비아 숫자의 기원)가 전래되었음을 알 수 있다. 단 중국 수학자들은 이를 채용하지 않았다.

『신당서』「역지」에서는『구집력』에 대해 "그 산법이 모두 필산으로 산가지(籌策)를 쓰지 않는다. 그 계산법은 번쇄하여 혹시 운 좋게 맞는다 해도 이를 규범으로 삼을 수는 없다. 기수법이 괴이하여 처음에는 분별할 수조차 없다"[37]라고 평하였다. 이는 전래된 인도의 수학과 천문학 지식이 중국수학과 천문학에 대해 미친 영향이 크지 않음을 잘 설명한다.

중국에 전래된 인도수학 중에서 중국에 영향을 미친 것으로는 대수大數와 소수小數의 표기법이 아마도 유일할 것이다. 처음에는 일부 불경 중에 대수와 소수의 표기법이 소개되었는데, 송원시대를 거치면서 이들 명칭이 비로소 정식으로 중국수학 저작 속에 포함되기 시작하였다. 예를 들어 주세걸朱世傑의『산학계몽算學啓蒙』에 소개된 대수표기법으로는 '극極', '항하사恒河沙', '아승지阿僧祇', '나유타那由他', '불가사의不可思議', '무량수無量數' 등이 있고, 소수표기법으로는 '수유須臾', '순식瞬息', '탄지彈指', '허虛', '공空', '청淸', '정淨' 등이 있다. 이 기수법은 모두 당대에 번역된 불경 중에 소개된 인도의 대수와 소수 기법을 인용한 것이다.

수당시대에 들어서면 중국과 한국, 일본 간의 문화 교류 또한 현저한 발전을 이룬다. 중국수학 저작과 수학교육 제도가 한국과 일본에 전해짐으로써 한국과 일본은 모두 당의 국자감 산학과와 유사한 수학교육 제도를 채용하였고, 나아가『주비산경』,『구장산술』등 십부산경을 교재로 채택하였다.

---

37)『新唐書』,「曆志」, "其算皆以字書, 不用籌策. 其術繁碎, 或幸而中, 不可以爲法. 名數詭異, 初莫之辨也."

1. 송원수학 개관

중국 고대 수학은 한당을 거쳐 천여 년간 발전을 이룩한 결과로 십부산경을 기본 내용으로 하는 완전한 체계를 갖추었다. 10세기에서 14세기에 이르는 송원 양 시대에는 또다시 새로운 전개를 이룩하였다.

북송 원풍元豊 7년(1084)에는 목판인쇄술이 충분히 발달한 결과 비서성秘書省(고금의 서적을 감독 관리하고 국가 대사를 기록하고 천문역수를 장관하는 기구)의 주도 하에 『구장산술』이하 한당시대의 각종 산서를 각인하여 이를 학교의 국정교과서로 반행하였다. 이는 중국 역사상 최초로 인쇄본 수학서적이 출현한 것을 의미한다. 이들 인쇄본의 원각본은 비록 현전하지는 않지만, 남송시대의 번각본을 통하여 그 면모를 확인할 수 있다.[1]

북송시대에도 국자감 안에 산학과가 설립되었다. 그러나 단속적으로 설립되었다가 폐지되었다가를 반복하여 지속적인 발전을 이루지는 못했다. 예를 들어 원풍 7년(1084)에는 산학과를 설치할 것을 명하는 조칙이 반포되고 나아가 교사를 개수할 예정이었지만, 원우元祐 원년(1086)이 되자 또다시 "(산)학과를 세워 수학자를 양성하고 과거시험을 설치해 봐야 쓸데없이 번잡하고 비용만 들 뿐 실로 국사에 아무런 도움이 되지 않는다"[2]

---

1) 본서 제8장 2. 2) 참조.
2) 李燾, 『續資治通鑑長編』, 卷381, "建學之後, 養士設科, 徒有煩費, 實於國事無補."

는 이유로 정지되었다. 숭녕崇寧 3년(1104)에 다시 설립되고 5년 4월에 폐지, 11월에 또다시 설립, 이후 대관大觀 3년(1109)과 정화政和 3년(1113)에 재차 조칙으로 산학을 설립하였으나 역시 얼마 견디지 못하고 폐지되었다. 이 역시 아마도 "쓸데없이 번잡하고 비용만 들 뿐 실로 국사에 도움이 되지 않기" 때문이었을 것이다. 북송이 멸망하고 남송시대가 되자 아예 산학과를 영원히 폐지해 버리고 다시는 설립하지 않았다.[3] 한편 북송시대에 이처럼 단속적으로 설치와 폐지를 반복했던 국자감 산학으로 말하자면 역사상 이름을 남길 만한 수학자를 한 명도 배출하지 못했다. 비서성이 교학용으로 간행한 몇몇 산경算經이 고대 수학 경적을 보존하고 후대에 전하는 데 일정 정도 공헌한 사실만이 유일한 의의라고 해야 할 것이다.

북송시대의 중요한 수학자로는 심괄沈括(1031~1095)을 들 수 있다. 심괄이 섭렵한 학문은 그 범위가 대단히 광범하다. 그는 수학과 천문학에 모두 능통하였고 그의 명저 『몽계필담夢溪筆談』 중에는 약간의 수학과 관련된 문제가 남아 있다. 심괄을 제외하면 당시 사천감司天監에서 시기를 전후하여 재직한 초연楚衍과 주길朱吉이 수학에 조예가 깊은 인물이다. 초연의 학생 중에는 가헌賈憲이 있는데 그는 방정식의 수치 해법 방면에서 걸출한 성취를 이루었다.

1127년 금이 북송의 수도 변량卞梁(현 開封)을 함락시켰을 때 비서성의 서적과 인판은 모두 약탈당하거나 파괴되었고 수학서적과 판목도 마찬가지로 크게 훼손되었다. 이후 북방에서는 금을 이어 몽고가 다시 흥기하였고 남송과 함께 남북 대치 국면을 형성하게 된다.

---

3) 李儼, 『中算史論叢』, 第4集(北京: 科學出版社, 1955), pp.252~267.

그러나 때마침 이런 대치 형국 하에서 중국 고대 수학사에서 볼 때 지극히 중요한 한 시대가 펼쳐졌다. 남방에 진구소와 양휘가 있다면, 북방에는 이야李冶[4]와 주세걸이 있었다. 진·이·양·주 사대가四大家의 저작은 이 시기 중국수학의 휘황찬란한 성과를 충분히 반영하는데, 그들의 주요 저작은 다음과 같다.

- 진구소: 『수서구장數書九章』 18권(1247년)
- 이야: 『측원해경測圓海鏡』 12권(1248년)

  『익고연단益古演段』 3권(1259년)
- 양휘: 『상해구장산법詳解九章算法』 12권(1261년, 현전본 잔결)

  『일용산법日用算法』 2권(1262년, 현전본 잔결)

  『양휘산법楊輝算法』 7권(1274~1275년)
- 주세걸: 『산학계몽算學啓蒙』 3권(1299년)

  『사원옥감四元玉鑑』 3권(1303년)

상술한 각종 저작은 양휘의 일부 저술에 잔결이 있는 것을 제외하고 모두 완전한 상태로 오늘날까지 전한다.

이 저작들은 섭렵한 내용의 광범위함과 문제 해법의 난도에서 볼 때 중국 고대 어느 시기의 수학 저작도 미치지 못하는 것들이다. 이들 저작이 획득한 성취는 말 그대로 전무한 것이었다. 개괄해서 서술하자면, 진구소의 저작 중에는 고차방정식의 수치 해법과 연립1차합동식의 해법이

---

4) 李冶의 원명은 李治로 두 이름이 때때로 혼용되지만 동일 인물이다. 『元史』, 「李冶傳」. (역주: 원서는 전편을 통해 이치로 표기하였지만 역서에서는 이야로 통일했다.)

기술되어 있다. 이야와 주세걸의 저작 중에서는 '천원술天元術'과 '사원술四元術'을 논술하고, 1원 혹은 다원방정식 및 고차연립방정식의 소거 문제를 열거하고 있다. 양휘의 저작은 당시의 민간 상용수학의 정황 및 수준을 집중적으로 반영한 것이다. 이 사대가 이외에 원대의 걸출한 과학자인 곽수경郭守敬(1231~1316)은 『수시력授時曆』(1280년)을 편찬할 즈음에 고차의 '초차법招差法'을 응용하였는데 이 또한 송원수학의 가장 걸출한 성취의 하나이다. 상용수학 방면에서는 양휘 이외에 원대의 『투렴세초透廉細草』, 『상명산법詳明算法』(1373년), 『정거산법丁巨算法』(1355년) 등의 서적이 현재까지 전한다.5)

송원시대의 중국수학은 사실상 분명하게 동 시대 유럽의 수준을 월등히 초월한다. 고차방정식의 해법은 유럽의 호너법(Horner's method)보다 800년이나 빠르고, 다원고차방정식의 소거법은 유럽의 베주(É. Bézout)보다 500년 가까이 앞섰고, 연립1차합동식의 해법은 500여 년 먼저 나왔으며, 고차의 보간법은 400년 가까이 이르다. 수학의 다수의 중요 영역에서 중국인 수학자들은 월등히 선구적인 지위에 있었다. 송원수학은 단지 중국수학사 상의 가장 휘황찬란한 한 시대인 것만 아니라, 중세의 세계수학사상에서도 가장 풍부하고 다채로운 한 페이지를 장식하였다.

진·이·양·주 4인은 유명한 송원사대가 수학자들로, 아래에서는 그들의 생애 사적을 간략하게 소개하고자 한다.

진구소는 자를 도고道古라고 한다. 노군魯郡(현 산동성 곡부 일대) 사람을 자칭하였지만 실은 사천에서 태어났다. 당시의 사람들은 그를 "천성이 극히 총명하고 천문학, 음율, 산술 및 건축 등에 깊이 연구하지 않은 바가

---

5) 李儼, 『十三, 十四世紀中國民間數學』(北京: 科學出版社, 1957)을 참조.

없었다"6)고 평하였다. 『수서구장』 서문 중의 서술에 의하면 그는 "어릴 적에 아버지를 모시고 중도中都(남송의 수도, 현 항주)에 살았는데 태사太史(천문학자)를 찾아가 배울 기회가 있었고 또 은거 중인 군자를 따라 수학을 전수받았던 적이 있다"7)고 하였다. 후에 그는 아버지를 따라 다시 사천에 돌아왔고 자신 또한 사천에서 현위縣尉라는 작은 벼슬을 하였다. 당시는 바로 몽고 군대가 사천을 진공하던 시기이다. 그는 『수서구장』 서문에서 다음과 같이 말했다. "내 뜻과는 무관하게 전장에 휩쓸려 수많은 위험을 겪으며 근심걱정 속에서 10년의 세월을 보냈다. 마음이 메마르고 기운은 떨어졌지만 사물 중에 수가 없는 것이 없음을 잘 알기에 그간 맘껏 널리 학문과 재능을 추구하고 멀리 내다보고 파고들어 미미하지만 얻음이 있었다. …… 나는 예전에 문답을 만들어 나중의 쓰임에 대비했다."8) 『수서구장』은 바로 이처럼 거친 병란兵亂의 시기에 장기간 간고한 환경 속에서 완성한 작품이다.

　『수서구장』은 전체로 9부로 나뉘며 각 부마다 9개의 문제를 두어 전 81문으로 구성되어 있다. 그 구성은 다음과 같다.

① 대연류大衍類: 연립1차합동식의 해법인 대연구일술大衍求一術을 서술한다.

② 천시류天時類: 역법과 관련된 계산 및 강우·강설량의 측량법을 다룬다.

6) 周密, 『癸辛雜識』, "性極機巧, 星象, 音律, 算術以至營造等事, 無不精究."
7) 『數書九章』, 序, "早歲侍親中都, 因得訪習於太史, 又嘗從隱君子受數學."
8) 『數書九章』, 序, "不自意全於矢石間, 嘗險罹憂, 荏苒十禩. 心橋氣落, 信知夫物莫不有數也, 乃肆意其間, 旁諏方能, 探索杳渺, 麤若有得焉. …… 竊嘗設爲問答, 以擬於用."

③ 전역류田域類: 토지 면적을 구한다.

④ 측망류測望類: 구고·중차 문제를 다룬다.

⑤ 부역류賦役類: 균수 및 기타 세수 문제를 처리한다.

⑥ 전곡류錢穀類: 양곡 운수 및 창고의 용적 문제 등을 다룬다.

⑦ 영건류營建類: 공정의 시공 문제를 다룬다.

⑧ 군려류軍旅類: 군영의 배치 및 군수 공급 문제를 처리한다.

⑨ 시물류市物類: 시장의 교역 및 이자 문제를 계산한다.

『수서구장』에는 비교적 복잡한 문제가 허다하다. 예를 들어 제8권의 '요도원성遙度圓城' 같은 문제는 10차방정식을 풀 것을 요구하고, 제9권의 '복읍수부復邑脩賦' 같은 문제는 답안만 180조에 이른다.

진구소의 수학사상, 즉 수학의 대상 및 그 실천과의 관계 등등에 대한 인식에 관해서는 그 자신이 『수서구장』 서문에서 밝힌 바를 통해 그 대략을 일부 살펴볼 수 있다. 그의 주장에 따르면 "수와 도는 근본이 서로 다르지 않고"[9] "사물에는 수가 없는 것이 없다"고 하였다. 이 사상에는 그 옳은 측면이 있다. 즉 사물의 양적 측면을 정확하게 인식하였기 때문이다. 그러나 이 사상은 또한 더 나아가 수비주의로 전락할 가능성도 존재한다. 다시 말하면 이 사상에는 그러한 잘못된 측면이 있다. 그는 한편으로는 수학으로 "세상의 일을 처리하고 만물을 분류하는"[10] 것이 가능하다고 생각했다. 그러나 또 다른 한편으로 그는 수학으로 "신명에 통하고 성명을 따를"[11] 수 있고, "인간 만사의 변화를 포함하지 않음이 없으

---

9) 數與道非二本.

10) 經世務, 類萬物.

11) 通神明, 順性命.

며 귀신의 본성을 숨길 수가 없다"[12]고 주장하였다. 나아가 그는 "신명에 통하고 성명을 따르는" 것을 큰 것(大者)으로 보았고, 반대로 "세상의 일을 처리하고 만물을 분류하는" 것을 작은 것(小者)으로 간주했다. 이는 상당히 모순된 일이다. 특히 모순된 점은, 그가 수학에 대해 보다 심도 깊은 연구를 진행함에 따라 결과적으로 "멀리 내다보고 파고들어 미미하지만 얻음이 있었다"고 한 연후에, 여전히 "이른바 신명에 통하고 성명을 따르는 것은 부천膚淺한 만큼밖에 보이지 않고(즉 얻지 못했고) 그 작은 것에 대해서는 나는 예전에 문답을 만들어 나중의 쓰임에 대비했다"[13]는 사실을 인정하지 않을 수 없었던 것이다. 다시 말하면 『수서구장』 중의 81문제는 여전히 이른바 '작은 것'의 일부일 따름이며, 그뿐만 아니라 진구소는 우선 복서卜筮에 관한 문제를 전체의 모두에 배치했고, 연립1차합동식의 수리적 서술을 『주역』「계사전」 중의 '대연지수'에 부회하여 이를 '대연구일술'이라고 칭하였다. 이런 모순된 사상은 시대적 조건의 한계로, 진구소 본인이 능히 해결할 수 있었던 것은 아니었을지도 모른다.

진구소와 거의 동시에 중국 북방에 출현한 또 한 명의 걸출한 수학자로 이야가 있다. 이야의 『측원해경』은 진구소의 『수서구장』보다 단지 1년 늦게 저술되었다.

이야는 원명이 이치李治로, 호는 경재敬齋라고 한다. 진정난성眞定欒城(현 하북성 石家莊 일대) 사람으로 1192년에 태어났다. 하남河南의 균주鈞州(현 禹縣)에서 금의 지사를 역임했다. 1232년 균주가 몽고군에 점령되자 북방으로 도피했다. 그 뒤로 산서山西의 동천桐川, 태원太原, 평정平定과 하북의 원씨元

---

12) 人事之變無不該, 鬼神之情莫能隱.
13) 所謂通神明, 順性命, 固膚末於見, 若其小者, 竊嘗設爲問答, 以擬於用.

氏 등지에 은거하였고, 마지막으로 원씨현의 봉룡산封龍山 아래에 정착했다. 이야는 당시 북방에서 유명한 학자였기 때문에 원의 세조 쿠빌라이가 수차례 그를 찾아 만나려 하였고 또 관직을 수여하였지만 그는 끝까지 관직을 사양하여 받지 않았다.

이야는 봉룡산 윗자락의 초당에서 강학을 행하였는바, 많은 사람이 그에게 배웠다. 그 중에는 그에게 수학을 배운 이도 있었다. 이야는 1279년에 사망하였는데 향년 88세였다.

이야가 저술한 『측원해경』 전12권은 170문제로 구성되어 있다. 모든 문제는 직각삼각형의 주어진 조건을 가지고 이로써 내접원과 방접원의 직경 등을 구하는 것이다. 현전하는 전 수학 저작 중에서 『측원해경』은 체계적으로 천원술을 논술한 최초의 저작이다. 이야의 다른 수학 저작인 『익고연단』은 다른 사람의 저작인 『익고집益古集』에 근거해서 이를 고쳐 쓴 책이다. 이야 본인이 자서에서 "내용을 재배치하고 보완하고 도식을 상세히 추가하여 십, 백이나 겨우 아는 사람(초보자)으로 하여금 집안에 들어와 먹을 수 있게 한다면 어찌 즐거운 일이 아니겠는가"[14]라고 하였듯이, 이는 천원술을 처음 배우는 사람을 위해 개편한 저작이다. 전3권으로 64문제로 구성되어 있다.

『측원해경』의 서문을 통해 우리는 이야 본인의 수학에 대한 입장을 일정 정도 알 수 있다. 이야는 다음과 같이 주장하였다.

수는 본래 장악하기 어려워 우리가 무모하게 궁리하면 수의 이치를 알 수 없을 뿐만 아니라 우리를 매우 지치게 만든다. 그렇다고 해서 수는 원

---

14) 移補條段, 細繪圖式, 使粗知十百者, 便得入室啗其文, 顧不快哉.

래 완전히 이해하는 것이 불가능한 것인가 하면 이미 수란 이름이 주어져 있으니 어찌 완전히 장악하는 것이 불가능하겠는가. 고로 수는 장악하는 것이 어렵다고 하면 가하지만 장악이 불가능하다고 하면 틀렸다. 왜 그럴 까. 그 어둠 속에서도 밝음(분명함)이 존재하기 때문이다. 밝음이란 자연의 수이거나 자연의 수가 아니라면 자연의 이치를 말한다. 수는 일단 자연에 서 나오면 내가 무모하게 접근한들 설령 예수隸首가 다시 살아난다고 하 여도 어찌할 바가 없을 것이다. 만약 능히 자연의 이치로 추론하여 그로 써 자연의 수를 분명히 한다면 비록 멀기가 하늘 꼭대기 땅끝과 같고 어 둡기가 귀신이 나올 곳이라도 부합하지 않는 바가 없다.15)

이야는 여기서 '수數'가 객관 존재의 반영임을 분명하게 지적하였다. 아무리 복잡하고 착종하는 현상 속에도 자연히 "밝음이 존재하니" 즉 이 것이 '자연의 수'이고 이는 또한 바로 '자연의 이치'의 반영이라는 것이다. 이것은 다함이 있음이지 다함이 없음이 아니며, 가지적이지 불가지적이 지 않다. 또한 동시에 그것은 자연의 이치인 탓에 단지 본래의 면모에 근거해서 본질을 추구하는 것만이 가능하고 "무모하게 접근할" 수 없다. 그의 이러한 논점은 대단히 정확하다고 할 수 있다. 『익고연단』 서문에서 그는 또한 수학을 '구굿셈과 같은 천한 기술'로 경시하는 풍조와 사상에 대해 비판했다.

진구소와 이야보다 약간 뒤늦게 남송에는 양휘의 저작이 출현하였다. 양휘는 자를 겸광謙光이라고 하며 전당錢塘(현 항주시) 사람이다. 그의 생

---

15) 數本難窮, 吾欲以力强窮之, 彼其數不惟不能得其凡, 而吾之力且憊矣. 然則數果不可以窮耶, 既已名之數矣, 則又何爲而不可窮也? 故謂數爲難窮, 斯可, 謂數爲不可窮, 斯不可. 何則. 彼其 冥冥之中, 故有昭昭者存. 夫昭昭者, 其自然之數也, 非自然之數, 其自然之理也. 數一出於自 然, 吾欲以力强窮之, 使隸首復生, 亦未如之何也已. 苟能推自然之理, 以明自然之數, 則雖遠而 乾端坤倪, 幽而神情鬼狀, 未有不合者矣.

애에 대해서는 현전하는 자료가 극히 드물다. 그러나 그의 저작은 당시의 수학의 발전하는 면모를 이해하는 데 대단히 큰 의미를 지닌다. 양휘의 저작이 현재 일찍이 산일된 여러 수학서 중의 문제 및 계산법을 수록하고 있기 때문이다. 예를 들어 '증승개방법增乘開方法'이나 '개방작법본원開方作法本源'(다음 절에서 상술)과 같은 전시기의 일부 중요한 계산법들은 모두 양휘의 저작을 통해서 오늘날에 전해진다.

양휘의 저작 중에는 이 외에도 주산籌算의 포산을 혁신한 일부 곱셈과 나눗셈의 간이 산법에 관한 기술이 들어 있는데 이에 대해서는 다음 장에서 상세하게 소개할 예정이다. 양휘는 『산법통변본말算法通變本末』(1274년)에서 '습산강목習算綱目'을 제시하였는데 이는 당시 민간에서 유행하던 실용수학을 학습하는 진도표라고 할 수 있다. 이 또한 당시의 민간 수학 교육의 일반적인 정황을 이해하는 데 없어서는 안 될 귀중한 자료이다.

주세걸의 생애에 관해서는 또한 양휘와 마찬가지로 사료가 극히 적다. 현재는 막약莫若과 조이祖頤가 주세걸의 『사원옥감』을 위해 쓴 서문을 통해서 간략하게 알 수 있는 것이 전부이다.

주세걸은 자를 한경漢卿이라고 하고 자호를 송정松庭이라고 했다. 저작 중에 누차 "연산주송정燕山朱松庭" 혹은 "우연송정주세걸寓燕松庭朱世傑"이라는 서명이 보이기 때문에 그의 본래의 적관籍貫을 현재 북경 일대로 추정하기도 한다. 막약의 서문에는 "연산 송정 주 선생은 저명한 수학자로 20여 년간 호해湖海(천하)를 주유하였으며 사방에서 내방하는 학자가 날로 늘었다"[16]라는 구절이 있고, 조이의 서문에는 주세걸이 "사방을 주유하고 나중에 광릉(현 양주)에 거주하였는데 집에 찾아온 학자들이 운집했

---

16) 燕山松庭朱先生, 以數學名家周遊湖海二十餘年矣, 四方之來學者日衆.

다"17)고 하였으니, 이들 자료에 근거하는 한 중국 고대 수학자 중에서 주세걸은 최초로 수학을 전문으로 삼아 사방을 주유한 직업적 수학자라고 할 수 있다. 그는 또한 최초의 직업적 수학 교육자이기도 하다.

현전하는 주세걸의 저작으로 『산학계몽』 3권이 있다. 전체 20문門 총 259문제로 구성되어 있다. 이 책은 곱셈·나눗셈의 운산에서 시작하여 개방법과 천원술 등에 이르기까지 당시 수학이 다루는 각 방면의 내용을 거의 대부분 망라하였다. 또한 체계가 완전하고 쉬운 문제에서 출발하여 어려운 문제로 나아가는, 분명히 대단히 잘 만들어진 계몽 서적이라고 할 수 있다. 앞에서 언급한 『사원옥감』 또한 현전하며, 전3권 24문門 총 288문제로 구성되어 있다. 2차 및 3차 이상 다원방정식 유형의 해법이 『사원옥감』이 다루는 주요한 내용으로, 전체 288문제 중에서 4원의 방정식 유형을 다루는 문제가 7문, 3원의 방정식 유형을 다루는 것이 13문, 2원의 방정식 유형을 다루는 것이 36문이다.

유한항의 급수와 그 합을 구하는 문제 또한 『사원옥감』의 중요 내용 중 하나이다.

청대에 편찬된 『주인전속편疇人傳續編』에서는 주세걸에 대해 다음과 같이 평가하였다.

주세걸은 송원시대에 진구소, 이야와 함께 세 사람이 정족鼎足했다고 할 수 있다. 진구소의 정부正負(음양)개방술과 이야의 천원술은 모두 그 가치가 족히 상하 천 년은 견딜 것이다. 주세걸은 여기에 두 사람의 장점을 두루 겸비했으며 또 분량과 질적 분류에서도 완비했을 뿐만 아니라 논리가 정교하고 분명함에서 또 진구소와 이야를 능가한다.18)

---

17) 周流四方, 復遊廣陵, 踵門而學者雲集.

이러한 평가는 충분히 공정하다고 보인다. 서양의 과학사가조차 인정하였듯 주세걸은 "그가 살던 시대에는 물론, 고금을 막론하고 가장 뛰어난 수학자의 한 사람"이며 그의 『사원옥감』은 "중국수학 저작 중에서 가장 중요한 한 권이며 동시에 중세를 대표하는 가장 뛰어난 저작 중의 하나"[19]라고 할 수 있다.

2 증승개방법 － 고차방정식의 수치 해법

1) 증승개평방, 개립방법

송원수학의 성취에 대해서는, 우선 고차방정식의 수치 해법을 거론하지 않을 수 없다. 앞부분에서 이미 서술하였듯이 일찍이 『구장산술』에는 이미 완전한 개평방과 개립방의 방법이 서술되어 있었다. 개평방과 개립방은 실제로는 바로 $x^2 = A$, $x^3 = B$의 해를 구하는 일종의 수치 해법이다. 중국 고대에는 일반 방정식의 해를 구하는 수치 해법을 '개방법'이라고 불렀다. 이는 일반 방정식의 수치 해법이 모두 '개방' 즉 '정사각형을 여는' 방법에서 추론되어 왔기 때문이다. 앞에서 서술한 바와 같이 $x^2 + ax = b$와 같은 부류의 일반 2차방정식의 해법(帶從開平方)도 역시 개평방의 방법에서 추론된 것이다. 마찬가지로 $x^3 + ax^2 + bx = c$와 같은 부류의

---

18) 漢卿在宋元間, 與秦道古, 李仁卿可稱鼎足而三. 道古正負開方, 仁卿天元如積, 皆是上下千古. 漢卿又兼包家有, 充類盡量, 神而明之, 尤超越秦李兩家之上.

19) G. Sarton, *Introduction to the History of Science* Vol.3(Williams & Wilkins, 1947), pp.701~703.

일반 3차방정식의 해법(帶從開立方)은 개립방의 방법에서 추론된 것이다. '대종개평방'법은 『구장산술』이나 『장구건산경』에 보이고, '대종개립방' 법은 『집고산경』에 기술되어 있다.

송원시대의 수학자들은 중국 고대의 개방법을 또 한 발 크게 앞으로 진전시켰다. 그들은 임의의 고차방정식의 개방 문제를 해결한 것이다. 더 나아가 그들은 또한 임의의 고차방정식의 해를 구하는 수치 해법 문제를 해결했다.

이하 우리는 가헌으로부터 출발하여 이 시기의 수학의 진전 상황을 설명할 것이다.

가헌은 일종의 새로운 개평방과 개립방의 방법을 도입하여 한 발 더 나아가 이 새로운 방법을 임의의 고차멱에까지 확장하였다.

가헌의 생애에 대해서는 자료가 거의 없다. 우리는 그가 북송시대의 천문학자 초연의 제자라는 사실을 알 뿐이다. 가헌이 수학자로 활동하던 시기는 대략 11세기 중엽으로 추정된다.

가헌의 저작은 일찍이 산일되었지만 단 양휘의 『구장산법찬류』에는 가헌의 이 방법이 소개되어 있다. 이 방법은 각각 '증승개평방법'과 '증승 (개립)방법'이라고 불리었다. 현재 개립방의 계산 예시를 들어 간단히 이 새로운 방법을 소개하고자 한다.

가령 해를 구해야 하는 문제를 $\sqrt[3]{N}$ 이라고 가정하고 그 입방근(세제곱 근)을 $a+b+c$(예를 들어 $\sqrt[3]{N}=234$라면 즉 $a=200$, $b=30$, $c=4$를 의미한다)라고 하면 이 문제는 즉,

$$x^3 = N \qquad\qquad (x=a+b+c)$$

을 푸는 것과 같다.

『구장산술』 등에 보이는 전통적인 해법은 상商, 실實, 방方, 염廉, 차산借算(송원수학에서는 더 이상 차산이라고 호칭하지 않고 '隅' 또는 '下法'이라고 개칭하였다)의 5층으로 나누어, 위에서 아래로 산주를 늘어놓는 것이다. 시작 지점에서는 아래 표의 ①처럼 단지 실과 우만을 늘어놓는다. 상에 첫 번째 자릿수 a를 얻은 후, 이미 알고 있는 $(a+b)^3$의 전개식의 계수 1, 3, 3, 1로부터 각각 a^3, $3a^2$, $3a$, 1을 산출한다. 재차 이어서 두 번째 상의 값을 표의 ②처럼 해서 구한다. 두 번째 상의 값 b를 구한 후 마찬가지로 위의 계수 1, 3, 3, 1을 이용하여 표의 ③처럼 $(a+b)^3$, $3(a+b)^2$, $3(a+b)$, 1을 차례차례 산출한다. 마지막으로 재차 세 번째 상의 값 c를 구한다.

商		a	$a+b$
實	N	$N-a^3$	$N-(a+b)^3$
方		$3a^2$	$3(a+b)^2$
廉		$3a$	$3(a+b)$
隅	1	1	1
	①	②	③

가헌의 방법은 바로 a^3, $3a^2$, $3a$와 같은 부류의 계산 과정을 '곱할 때마다 더하는'(增乘) 방식으로 변경함으로써 결과적으로 하나의 주식籌式 안에서 순차적으로 포산을 진행할 수 있게 만든 것이다. 위와 같이 $x^3 = N$에서 $x = a+b+c$인 문제를 예로 살펴보면 다음과 같다.

상의 첫 번째 자릿수 a를 얻은 후, 가헌이 취한 방법은 "상상上商(a)과 하법①을 곱하여 염[20]에 두고(a를 얻는다), 다시 염과 곱하여 방[21]으로 삼은 후(다시 a와 염을 곱해 방으로 만든다. a^2을 얻는다), 실에서 제하면(다시 a를 방

---

20) 역주: 염법이라고도 한다.
21) 역주: 방법이라고도 한다.

과 곱한 후 실에서 빼고 $N-a^3$을 얻는다) 끝난다."[22](다음 표의 ①, ②)

이어서 "다시 상상과 하법을 곱하여 염에 넣고($2a$를 얻는다), 염을 다시 곱하여 방에 넣는다($3a^2$을 얻는다)."[23](다음 표의 ③)

"또 하법과 곱하여 염에 더한다($3a$를 얻는다)."[24](다음 표의 ④, ⑤)

두 번째 자릿수를 구하여 차상次商 b를 얻은 후, 마찬가지로 "다시 상의 두 번째 자릿수(b)와 하법을 곱하여 염에 넣고($3a+b$를 얻는다), 염과 곱해서 방에 넣은 후($3a^2+3ab+b^2$을 얻는다), 상상(b)에 명하여 실에서 제하면 (다시 b와 곱해 실에서 제하면 $N-(a+b)^3$을 얻는다) 끝난다."[25](다음 표의 ⑥)

"다시 차상과 하법을 곱해 염에 넣고, 염과 곱해서 방에 넣는다 ($3(a+b)^2$을 얻는다)."[26](다음 표의 ⑦)

"또 하법과 곱해 염에 넣는다($3(a+b)$를 얻는다)."[27](다음 표의 ⑧, ⑨)

마지막으로 "상상의 세 번째 자릿수(c)를 얻어 하법과 곱해 염에 넣고, 염에 곱해 방에 넣는다. 상상에 명해(곱해) 실에서 제하면 나머지가 없어지고 입방의 한 면의 값(입방근=3제곱근)을 얻는다."[28](다음 표의 ⑩)

이로써 가헌의 새로운 방법과 전통적인 방법 사이의 근본적인 차이, 즉 전통적인 방법의 평방의 곱셈, 입방의 곱셈 과정을 '곱할 때마다 더하는' 방법으로 대체한 사실이 분명히 드러난다. 한편, 중국 고대의 개방법 중에는 이 외에도 자리가 나아가고 들어가는 진위進位와 퇴위退位라는 방

22) 以上商乘下法置廉, 乘廉爲方, 除實訖.
23) 復以上商乘下法入廉, 乘廉入方.
24) 又乘下法入廉.
25) 復商第二位得數, 以乘下法入廉, 乘廉入方, 命上商除實訖.
26) 復以次商乘下法入廉, 乘下法入方.
27) 又乘下法入廉.
28) 上商第三位得數, 乘下法入廉, 乘廉入方. 命上商除實, 適盡, 得立方一面之數.

商	a	a	a	a
實	N	$N-a^2\cdot a=N-a^3$	$N-a^3$	$N-a^3$
方	0	$0+a\cdot a=a^2$	$a^2+2a\cdot a=3a^2$	$3a^2$
廉	0	$0+1\cdot a=a$	$a+1\cdot a=2a$	$2a+1\cdot a=3a$
隅 (下法)	1	1	1	1
	①	②	③	④

$a+b$	$a+b$	
$N-a^3$	$N-a^3-(3a^2+3ab+b^2)b=N-(a+b)^3$	
$3a^2$	$3a^2+(3a+b)b=3a^2+3ab+b^2$	
$3a$	$3a+1\cdot b=3a+b$	
1	1	
⑤	⑥	

$a+b$	$a+b$
$N-(a+b)^3$	$N-(a+b)^3$
$3a^2+3ab+b^2+(3a+2b)b=3(a+b)^2$	$3(a+b)^2$
$3a+b+1\cdot b=3a+2b$	$3a+2b+1\cdot b=3(a+b)$
1	1
⑦	⑧

$a+b+c$	$a+b+c$
$N-(a+b)^3$	$N-(a+b)^3-\{[3(a+b)+c]c\}c=N-(a+b+c)^3=0$
$3(a+b)^2$	$3(a+b)^2+[3(a+b)+c]c$
$3(a+b)$	$3(a+b)+1\cdot c=3(a+b)+c$
1	1
⑨	⑩

법이 있기 때문에 '곱할 때마다 더하는' 과정에 실제로 필요한 곱셈은 모두 한 자릿수의 곱셈으로 족하다.[29]

이러한 새로운 방법이 위대한 이유는 이로써 매우 손쉽게 임의의 고차방정식의 개방법으로 확장하는 것이 가능해졌기 때문이다.(상세한 내용은 다음 절에서 설명)

---

29) 역주: 즉 앞의 예에서 $a=200$, $b=30$, $c=4$라고 설명했지만 계산 과정에서 필요시 퇴위를 행하기 때문에 실제 계산은 2, 3, 4만으로 행한다.

현대수학의 관점에서 보자면 위에 열거한 주식籌式의 ①에서 ⑤까지의 과정은 첫 번째 자릿수 a를 얻은 이후에 $x = a + y$로 치환함으로써 원래의 $f(x) = 0$을 $\phi(y) = 0$으로 변환하는 기법에 해당하며, ⑤의 식은 바로 $\phi(y) = 0$의 각항 계수를 의미한다. 주지하다시피 현대 수학에서 이러한 변환은 흔히 '호너법'으로 알려진 방법을 이용하는데, 호너법의 기본 특징 중의 하나가 바로 '곱할 때마다 더하는' 기법으로, 이 계산식의 산법은 나눗셈에서 말하는 '종합제법'(method of combined division)과 흡사하다. 여기서 마찬가지로 $x^3 = N$에서 $x = a + b + c$를 구하는 문제를 예로 들어 호너법의 연산 과정을 살펴보면 다음과 같다.

1	$+0$	$+0$	$-N$	$\big\lfloor a+b+\cdots$
	a	$+a^2$	$+a^3$	
1	$+a$	$+a^2$	$\underline{-(N-a^3)}$	위의 籌式의 ①~⑤에 해당.
	$+a$	$+2a^2$		
1	$+2a$	$\underline{+3a^2}$		
	$+a$			
1	$\underline{+3a}$	$+3a^2$	$-(N-a^3)$	
	$+b$	$+(3a+b)b$	$+[3a^2+(3a+b)b]b$	
1	$+(3a+b)$	$+[3a^2+(3a+b)b]$	$\underline{-[N-(a+b)^3]}$	
	$+b$	$+(3a+2b)b$		⑤~⑨에 해당.
1	$+(3a+2b)$	$\underline{+3(a+b)^2}$		
	$+b$			
1	$\underline{+(3a+3b)}$	$+3(a+b)^2$	$-[N-(a+b)^3]$	

이상에서 알 수 있듯이 호너법의 연산 과정은 가헌의 증승개방법과 완전히 일치한다.

영국의 수학자 호너(William G. Horner, 1786~1837)는 그가 1819년에 발표한

논문에서 이 계산법을 소개하였는데, 사실은 이탈리아의 수학자 루피니(Paolo Ruffini, 1765~1822)가 1804년에 먼저 유사한 방법을 제시하였기 때문에 '루피니-호너법'(Ruffini-Horner's method)이라고도 불린다. 그러나 사실상 중국인 수학자인 가헌은 대략 800년 앞서서 같은 방법을 발견한 것이다. 가헌의 증승개방법은 중국 고대 수학사상 가장 뛰어난 창조의 하나이다. 증승개방법은 이후의 송원수학의 발전에 심대한 영향을 미쳤다.

2) 개방작법본원도 ― 이항정리계수표

가헌은 단지 새로운 개평방과 개립방의 증승개방법만을 창조한 것이 아니라, 임의의 고차멱을 개방하는 고차개방법 또한 창출하였다.

주지하다시피 개평방과 개립방은 다음 공식을 이용한다.

$$(a+b)^2 = a^2 + 2ab + b^2$$
$$(a+b)^3 = a^3 + 3a^2b + 3ab^2 + b^3$$

이와 마찬가지로 고차개방법(예를 들면 4, 5차 개방법)은 다음 공식을 이용한다.

$$(a+b)^4 = a^4 + 4a^3b + 6a^2b^2 + 4ab^3 + b^4$$
$$(a+b)^5 = a^5 + 5a^4b + 10a^3b^2 + 10a^2b^3 + 5ab^4 + b^5$$

......

여기서 관건은 각 고차방정식의 전개식이 갖는 각항의 계수이다.

가헌은 위의 공식의 계수를 제시했을 뿐만 아니라 이 계수를 구하는 방법 또한 제시하였다. 『영락대전』에 들어 있는 양휘의 『상해(구장)산법』

에는 한 장의 도표가 들어 있
는데 제명이 개방작법본원도開

方作法本源圖[30])로, [그림5-1]과 같

다. 양휘는 이 도표가 "『석쇄

산서釋鎖算書』에서 나왔으며 가

헌이 이 방법을 썼다"[31])고 서

술하였는데, 이로써 이 도표가

11세기 중에 가헌에 의해 창조

되었음을 알 수 있다.

　개방작법본원도는 숫자를

삼각형으로 배열한 수표이다.

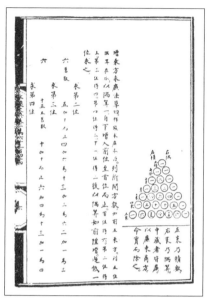

[그림5-1] 개방작법본원도

```
                    1
                 1     1
              1     2     1
           1     3     3     1
        1     4     6     4     1
     1     5    10    10     5     1
  1     6    15    20    15     6     1
```

---

30) '개방작법본원'도는 『영락대전』 제16344권에 실려 있다. 이 책은 열강 8개국이 군대
　　를 파견해 중국 내정에 간섭한 사건(1900년)이 발생하였을 때 영군에 의해 약탈되었
　　다. 현재 케임브리지 대학이 소장하고 있다. 위의 書影은 中華書局 影印本 『永樂大典』,
　　卷16344, 6葉에서 인용.

31) 出釋鎖算書, 賈憲用此術.

여기서 가로 행은 주지하다시피 각각 $(a+b)^n$을 전개한 공식의 계수를 의미하는데, 예를 들어 마지막 행은 $(a+b)^6$을 전개한 식의 계수이다.

$$(a+b)^6 = a^6 + 6a^5b + 15a^4b^2 + 20a^3b^3 + 15a^2b^4 + 6ab^5 + b^6$$

원대의 주세걸이 저술한 『사원옥감』에도 같은 도표가 들어 있다.([그림 5-2] 참조) 단 주세걸은 이 수표를 8차멱까지로 확장했다. 주세걸의 도표 중에는 "중간에 들어 있는 것은 모두 염으로, 개방할 때 가로로 본다"[32]는 말이 기술되어 있다. '염'은 '염법' 즉 개방법 중의 '실, 방, 염, 우'의 '염'으로, 근을 제하고 식을 변환하는 과정에서 나타나는 각항의 계수를 가리킨다. 고차방정식의 개방에서는 '실, 상렴, 하렴, 우' 또는 '실, 상렴, 제2렴,

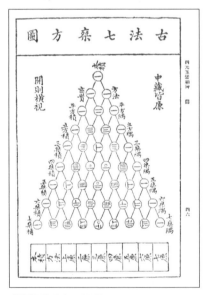

[그림5-2] 古法七乘方圖

제3렴, ……' 등 명칭을 갖는다. '중간에 들어 있는 것은 모두 염'이라는 말은 즉 이 도표 속의 동그라미 안에 들어 있는 각 숫자가 모두 전개식의 각항의 계수임을 가리킨다. "개방할 때 가로로 본다"는 말은 가로로 매 한 줄씩 각 차수의 개방에 대응하는 계수임을 표시하는 것이다.

개방작법본원이 있으면 고차멱의 개방에 전혀 문제가 없다. 따라서 이 수표가 출현했음

---

32) 中藏皆廉, 開則橫視.

은 사람들이 고차멱의 개방법을 이미 장악했다는 것을 의미한다. 이 수표
는 삼각형 모양을 띠는데 일반적으로 서양 수학사에서는 이를 '파스칼의
삼각형'이라고 부른다. 흔히 프랑스의 파스칼(Blaise Pascal, 1623~1662)이 제일
먼저 이를 발명했다고 하지만 이는 대단히 잘못된 인식이다. 중국에서는
주세걸에 이어 오경吳敬(1450년)도 이 개방작법본원도를 인용하였고, 15세기
중앙아시아의 수학자인 알 카시는 그의 저작인 『산술의 열쇠』(The Key to
Arithmetic, 1427년)에 9차멱까지의 수표를 기재하였다. 유럽에서도 이 수표는
1527년에 독일의 수학자 아피아누스(Apianus)의 저서의 표지에 인쇄된 형태
로 처음 발견되었다. 가헌은 알 카시보다 400년 가까이 앞서고, 아피아누
스보다는 500여 년 빠르다.

　『영락대전』에 수록된 개방작법본원에는 도표에 이어 또한 이 도표의
숫자들이 어떻게 산출되는지에 대해 설명하는 문장이 부기되어 있다. 그
원문은 다음과 같다.([그림5-1] 참조)

　중승방구렴법초에 이르기를, 석쇄구렴본원 개방수를 늘어놓는다. 예를 들어
　앞의 오승방(6차멱)의 경우는 5자리를 늘어놓는다. 우산隅算은 밖에 둔다. 우산을 1
　로 하여 밑에서부터 앞자리로 더해 나가 첫 자리(상렴)에서 멈춘다. 첫 자리
　에 6을 얻고, 둘째 자리에 5를, 셋째 자리에 4를, 넷째 자리에 3, 맨 밑자리에 2를 얻는
　다. 다시 우산(1)을 앞에서처럼 위로 올라가며 더해 나가 차례로 한 자리씩
　낮은 자릿수를 구한다.
　둘째 자리 구하기
육구수舊數, 오10을 더하고 멈춘다, 사6을 더해 10, 삼3을 더해 6, 이1을 더해 3.
　셋째 자리 구하기
육　　　　십오전부 구수, 십10을 더하고 멈춘다, 육4를 더해 10, 삼1을 더해 4.
　넷째 자리 구하기

육	십오		이십전부 구수, 십5를 더하고 멈춘다, 사1을 더해 5.	

다섯째 자리 구하기

육	십오	이십	십오전부 구수,	오1을 더해 6.
상렴	2렴	3렴	4렴	하렴33)

여기서 이용된 방법은 가헌이 개평방과 개립방에서 도입한 새로운 방법 즉 '곱할 때마다 더하는' '증승'법과 동일하다. 예를 들어 6차멱을 개방할 경우 필요한 6차멱의 전개식의 계수를 구하는 법은 다음과 같다.

우선 5층으로 늘어놓고 매 층의 값은 모두 1로 한다.(다음 표의 ①) 다음은 "우산隅算을 1로 하여 밑에서부터 앞자리로 더해 나가 첫 자리(상렴)에서 멈춘다."(다음 표의 ②) "다시 우산(1)을 앞에서처럼 위로 올라가며 더해 나가 차례로 한 자리씩 낮은 자릿수를 구한다"는 의미는 밑에서 위로 앞자릿수를 더해 가며 매번 한 자리씩 낮추어 멈춘다는 뜻이다.(다음 표의 ③ ~⑥) 마지막 결과에 다시 우隅(1)와 적積(1)을 더하면 바로 $(a+b)^6$의 전개식의 계수 1, 6, 15, 20, 25, 6, 1이 된다.

---

33) 增乘方求廉法草曰, 釋鎮求廉本源, 列所開方數. 如前五乘方, 列五位, 隅算在外. 以隅算一, 自下增入前位, 至首位而止. 首位得六, 第二位得五, 第三位得四, 第四位得三, 下一位得二. 復以隅算如前陞增, 遞低一位求之.
求第二位

六舊數,	五加十而止,	四加六爲十,	三加三爲六,	二加一爲三.

求第三位

六	十五幷舊數,	十加十而止,	六加四爲十,	三加一爲四.

求第四位

六	十五	二十幷舊數,	十加五而止,	四加一爲五.

求第五位

六	十五	二十	十五幷舊數,	五加一爲六.
上廉	二廉	三廉	四廉	下廉

	①	②	③	④	⑤	⑥	⑦
上廉	1	1+5=6끝	6	6	6	6	6
二廉	1	1+4=5	5+10=15끝	15	15	15	15
三廉	1	1+3=4	4+6=10	10+10=20끝	20	20	20
四廉	1	1+2=3	3+3=6	6+4=10	10+5=15끝	15	15
下廉	1	1+1=2	2+1=3	3+1=4	4+1=5	5+1=6끝	6
隅	1	1	1	1	1	1	1

쉽게 알 수 있듯이 이렇듯 증승개방법을 이용하면 어떤 임의의 고차 전개식의 계수라도 구할 수 있고 따라서 이렇게 얻어진 계수를 이용하면 어떤 임의의 고차멱이라도 개방하는 것이 가능해진다. 고차멱의 개방은 실제로 바로 이렇게 이루어진다.

『영락대전』에 들어 있는 양휘의 『상해(구장)산법』 중에서 4차멱의 개방 문제를 예로 들어보면 문제는 이와 같다. "적積이 133만 6336척이다. 묻는다. 삼승방(4차멱)의 근은 얼마인가?"[34] 여기서 삼승방은 어떤 수를 자승하고, 다시 원 수를 곱하고 재차 원 수를 곱한 것을 의미한다. 따라서 원 수를 세 번 곱한 것이 되기 때문에 삼승방이라고 불린다. 물론 현행 개념으로 이는 4차멱에 해당한다. 중국의 산서에서 말하는 'n − 1'승방은 늘 현행 n차멱과 같다.[35] 양휘의 이 문제는 역시 가헌의 산서를 인용한 것이다.

이 문제의 답은 $\sqrt[4]{1336336}$ 으로 즉 $x^4 = 1336336$을 푸는 것에 해당한다. 답은 $x = 34$이다.

책에서 제시된 해법은 다음과 같다. "상상上商에 얻은 수(初商, 즉 첫 번째 자릿수)를 하법에 곱해 하렴으로 하고, 하렴에 곱해 상렴으로 하고, 상렴에

---

34) 중화서국 영인본 『영락대전』, 권16344, 26~27葉, "積一百三十三萬六千三百三十六尺. 問. 爲三乘方幾何."
35) 역주: 평방=제곱, 입방=3제곱, 삼승방=4제곱, ……이 된다.

곱해 입방을 만든다. 입방을 상상에 곱해서 실에서 제한다."[36] 또 "상상(초상)을 하법과 곱해 하렴에 더하고, 하렴과 곱해 상렴에 더하고, 상렴과 곱해 방에 더한다. 또 하법과 곱해 하렴에 더하고, 하렴에 곱해 상렴에 더한다. 또 하법에 곱해 하렴에 더한다. 방을 한 자리, 상렴을 두 자리, 하렴을 세 자리, 하법을 네 자리 퇴위한다."[37] 또 "이어서 차상의 값을 구한다. 이를 하법과 곱해 하렴에 더하고, 하렴에 곱해 상렴에 더하고, 상렴에 곱해 입방에 더한다. 입방과 상상(차상)에 곱해 실에서 제하면 나머지가 없어진다. 4차멱의 근이 구해진다."[38]

그 중 누차 아래와 곱해서 위에 더하고, 곱할 때마다 바로 더하고, 매번 한 자리 낮은 위치에서 멈추는 것, 이것이야말로 바로 증승개방법을 응용한 것이다. 분명한 것은 이 증승개방법이 단지 4차멱의 개방에만 적용될 수 있는 것이 아니라 실제로 임의의 고차멱의 개방에 모두 적용될 수 있는 방법이라는 점이다.

일찍이 11세기 중엽에 임의의 고차멱의 개방법 문제를 완벽하게 해결하였다는 사실은 중국 고대의 수학자들이 이룬 가장 위대한 성과라고 하지 않을 수 없다. 이후 오래지 않아 증승개방법은 임의의 고차방정식의 보편적 해법으로까지 확장되는데, 11세기에서 13세기에 걸친 대략 300년간에 급속한 발전을 이룬다. 이 기간은 중국 고대 수학의 독자적 풍격을 갖는 대수학의 발전에 있어 새로운 고조기라고 할 수 있다.

---

36) 上商得數乘下法生下廉, 乘下廉生上廉, 乘上廉生立方. 命上商, 除實.
37) 以上商乘下法入下廉, 乘下廉入上廉, 乘上廉入方. 又乘下法入下廉, 乘下廉入上廉. 又乘下法入下廉, 方一, 上廉二, 下廉三, 下法四, 退.
38) 續商置得數. 以乘下法入下廉, 乘下廉入上廉, 乘上廉并爲立方. 命上商, 除實, 盡. 得三乘方一面之數.

3) 고차방정식의 수치 해법

대종개평방(일반 2차방정식)과 대종개립방(일반 3차방정식)이 보통의 주산籌算 개평방과 개립방에서 확장되어 온 것처럼 증승개방법을 개념적으로 확장하여 그것을 일반 고차방정식의 보편적 해법을 구하는 방법으로 만드는 것은 그렇게 아주 어려운 일은 아니다. 그러나 반드시 주의해야 할 사항은 대종개평방 혹은 대종개립방이든 아니면 증승개방법이든 모두 첫 항의 계수(즉 방정식의 최고항의 계수. 또는 籌算 개방식에서의 '隅'나 '下法')는 반드시 '+1'이어야 한다는 점이다. 대종개평방과 대종개립방은 여기에 더하여 기타 계수도 음수가 아니어야 하는 조건이 필요하다. 따라서 증승개방법을 확장하여 일반 고차방정식의 해법을 구하려면 필수적으로 이 제한을 해결해야 한다.

현전하는 자료를 통해 보면, 제일 먼저 이를 해결한 인물은 유익劉益이다. 유익에게는 『의고근원議古根源』이라는 저서가 있었으나 일찍이 산일되었다. 그러나 양휘가 편찬한 『전무비류승제첩법田畝比類乘除捷法』(1275년)에는 유익의 『의고근원』에서 채록한 22문제가 실려 있다. 양휘는 이 책의 자서에서 다음과 같이 서술하였다. "중산 유 선생이 저술한 『의고근원』은……, 대종개방정부손익帶從開方正負損益의 법을 인용하였는데 전고미문의 일이다."[39] 양휘가 가리키는 바는 바로 유익의 성취를 말한다.

양휘의 책에 수록된 22문제를 살펴보면 4차방정식 문제 하나와 개방

---

39) 『田畝比類乘除捷法』, 自序, "中山劉先生作議古根源, …… 引用帶從開方正負損益之法, 前古 之所未聞也." 북송은 1113년에야 定州를 中山府로 승격시켰다. 양휘가 '중산 유 선생' 이라고 칭한 것을 보면 즉 유익의 활동 시기가 응당 이 이후라고 해야 할 것이다. 고로 대략 12세기 후반 혹은 13세기 전반기의 인물로 추정할 수 있다.

법을 필요로 하지 않는 단순 곱셈·나눗셈 문제 넷을 제외하면 나머지는
모두 2차방정식 즉 개평방 혹은 대종개평방 문제들이다. 그 중 일부를
예시하면 다음과 같다.

$$7x^2 = 9072 \qquad (x = 36)$$

$$x^2 - 12x = 864 \qquad (x = 36)$$

$$-x^2 + 60x = 864 \qquad (x = 24)$$

$$-5x^2 + 228x = 2592 \qquad (x = 24)$$

$$-3x^2 + 228x = 4320 \qquad (x = 36)$$

위에서 알 수 있듯이, 각항의 계수(첫 항의 계수를 포함)는 어느 것도 부호
의 음양에 구애받지 않는다.

일반 2차방정식의 해법에 관한 한 유익은 곱하면 바로 더하는 증승개
방법을 응용하지 않았다. 그는 별도로 두 종류의 방법을 채택하였는데
하나는 '익적개방益積開方'이고 다른 하나는 '감종개방減從開方'이다. 이 두
가지 방법은 『구장산술』 등의 산서에 실린 개평방법과 약간 다르다.[40]
계수의 부호가 음인 경우에는 곧 음수의 운산법에 기초하여 더하기, 빼기
와 곱하기를 행한다.

여기서 주의해야 할 것은 다름 아닌 양휘 산서에 실린 4차방정식 문
제이다.[41] 이 문제는 책 속에서 전개된 주식籌式 방정식을 현행의 기호법
으로 나타내면 사실상 다음 방정식의 해를 구하는 것이다.

$$-5x^4 + 52x^3 + 128x^2 = 4096$$

---

40) 李儼, 『中國數學大綱』 上(北京: 科學出版社), pp. 185~188.
41) 楊輝, 『田畝比類乘除捷法』 卷下, 劉益의 『議古根源』 第18問에서 인용.

이 문제의 해법은 다음과 같다. "실實 위의 상商 자리에 계산에서 얻은 시矢[42]의 값 4를 둔다.(아래 표의 ①) 부우負隅와 곱한 수 20을 하렴에서 빼면 남은 수가 32이다.(아래 표의 ②) 상상上商의 값 4보를 삼승방(4차식)에 의거해 하렴과 곱하여 상렴에 더하면 합이 256이다.(아래 표의 ③) 또 상상 4보와 상렴을 곱해서 1024를 얻어 삼승방법으로 삼는다.(아래 표의 ④) 상상으로 방법과 곱하고 실에서 제하면 나머지가 0으로 시矢 4보의 답을 얻는다.(아래 표의 ⑤)"[43] 이는 다름 아닌 곱하면 바로 더하는 증승개방법이다.

商	4	4	4	4	4
實	4096	4096	4096	4096	$4096 - 1024 \cdot 4 = 0$
三乘方法				$256 \cdot 4 = 1024$	1024
上廉	128	128	$128 + 32 \cdot 4 = 256$	256	256
下廉	52	$52 + (-5) \cdot 4 = 32$	32	32	32
負隅	-5	-5	-5	-5	-5
	①	②	③	④	⑤

위의 각 주식籌式은 아래의 호너법의 산식과 동등하다.

$$
\begin{array}{rrrrr|l}
-5 & +52 & +128 & +0 & -4096 & 4 \\
   & -20 & +128 & +1024 & +4096 & \\
\hline
-5 & +32 & +256 & +1024 & 0 &
\end{array}
$$

이 문제는 답이 단지 한 자릿수이기 때문에 증승개방법의 우월성이 그다지 분명히 드러나지는 않는다. 그러나 양휘가 유익의 『의고근원』에 서 인용한 이 문제는 그럼에도 불구하고 증승개방법을 이용하여 고차방

---

42) 역주: 矢란 正矢 즉 versine을 말한다.
43) 於實上商置得矢四步. 以命負隅五, 減下廉二十餘三十二. 以上商四步依三乘方乘下廉, 入上廉, 共二百五十六. 又以上商四步乘上廉, 得一千二十四爲三乘方法. 以上商命法, 除實, 盡, 得矢四步.

정식의 해를 구한 최초의 일례라고 할 수 있다.

증승개방법은 가헌과 유익 등의 연구를 통하여 점차 진보해 간 결과, 13세기 중엽에 진구소가 저술한 『수서구장』에 이르면 증승개방법은 이미 완전히 일반 임의의 고차방정식의 해를 구하는 보편적 수치 해법으로까지 발전했다.

『수서구장』에는 약 20여 문제가 방정식을 풀어야 하는 문제이다. 그 중 2차방정식($x^2 = N$과 같은 유형의 단순한 2항방정식을 포함)이 20문제, 3차방정식이 1문제, 4차방정식이 4문제, 10차방정식이 1문제 들어 있다. 문제 일부를 예시하면 다음과 같다.

$$4.608x^3 - 3000000000 \times 30 \times 800 = 0 \qquad (x = 25000) \text{「推知糴數」}$$

$$-x^4 + 763200x^2 - 40642560000 = 0 \qquad (x = 840) \text{「尖田求積」}$$

$$-x^4 + 15245x^2 - 6262506.25 = 0 \qquad (x = 20\frac{1298025}{2362256}) \text{「環田三積」}$$

$$-x^4 + 1534464x^2 - 526727577600 = 0 \qquad (x = 720) \text{「望敵圓營」}$$

$$x^{10} + 15x^8 + 72x^6 - 864x^4 + 11644x^2 - 34992 = 0 \quad (x = 3) \text{「遙度圓城」}$$

여기서 계수는 부호가 양일 수도 음일 수도 있다. 정수여도 좋고 소수여도 상관없다. 한마디로 증승개방법은 완벽하게 확장되어 각종 방정식에 보편적으로 적용할 수 있는 수치 해법으로 변화되었다.

진구소는 또한 대다수의 문제에 대해 책 속에 주산籌算의 도식을 첨부하였고, 이를 통해 우리는 증승개방법의 매 단계별 구체적 포산의 과정을 해석하는 것이 가능하다. 여기서는 제5권의 「첨전구적」 문제 뒤에 실린 21개의 도식을 예로써 4차방정식의 해를 구하는 구체적 과정을 살펴보고자 한다.

$$-x^4 + 763200x^2 - 40642560000 = 0 \qquad (x = 840)$$

다만 여기서는 설명의 번잡함을 피하고자 21개의 도식을 합쳐 8개의 도식으로 단축하고, 또한 원 도식 하에 첨부된 주석의 문장 전부를 이 8개의 도식 옆에 부기하기로 한다.

-40642560000	實
0	虛方
$+763200$	從上廉
0	虛下廉
-1	益隅

① 산주算籌를 이용하여 방정식을 포산한다.

8	商
-40642560000	實
0	方
$+763200$	從上廉
0	下廉
-1	隅

② 상렴은 두 자리, 익우益隅[44)는 네 자리, 상수商數는 한 자리 나아간다. 상렴은 다시 두 자리, 익우는 다시 네 자리 상수는 다시 한 자리 나아간다. 상상上商으로 800을 정한다.[45)

8	商
$+38205440000$	正實
$+98560000$	方
$+123200$	上廉
-800	益下廉
-1	益隅

③ 상商을 우우에 곱해 익하렴益下廉에 넣는다. 상을 하렴에 곱해 종상렴從上廉을 정부상소正負相消[46)한다. 상을 상렴에 곱해 방方에 넣는다. 상을 방에 곱해 정적正積을 얻어 이를 실과 상소한다. 한편 부실負實로 정적을 소거하여 그 몫에 남음이 있어 정실正實이 되면 이를 환골이라고 한다.[47)

---

44) 역주: 益은 진구소의 용어로 늘 음수를 뜻한다. 한편 從은 늘 양수를 가리킨다.

45) 上廉超一位, 益隅超三位, 商數進一位. 上廉再超一位, 益隅再超三位, 商數再進一位. 上商八百爲定.

46) 역주: 正負는 부호의 양과 음으로, 부호의 음양에 따라 서로 더하고 빼는 것을 의미한다.

	8	商
+38205440000		正實
-826880000		益方
-1156800		益上廉
-1600		益下廉
-1		益隅

④ 상을 우에 곱해 하렴에 넣는다: 일변一變. 상을 하렴에 곱해 상렴 안에 넣어 상소相消한다. 즉 음양의 상렴을 상소한다. 상을 상렴에 곱해 방에 넣고 상소한다. 즉 음양의 방을 상소한다.[48]

	8	商
+38205440000		正實
-826880000		益方
-3076800		益上廉
-2400		益下廉
-1		益隅

⑤ 상을 우와 곱해 하렴에 넣는다: 이변二變. 상을 하렴에 곱해 상렴에 넣는다.[49]

	8	商
+38205440000		正實
-826880000		益方
-3076800		益上廉
-3200		益下廉
-1		益隅

⑥ 상을 우와 곱해 하렴에 넣는다: 삼변三變.[50]

	8	商
+38205440000		正實
-826880000		益方
-3076800		益上廉
-3200		益下廉
-1		益隅

⑦ 방을 한 자리, 상렴을 두 자리, 하렴을 세 자리, 우를 네 자리 물린다. 상은 그대로 둔다: 사변四變.[51]

47) 以商生隅, 入益下廉. 以商生下廉, 消從上廉. 以商生上廉, 入方. 以商生方, 得正積, 乃與實相消. 以負實消正積, 其積乃有餘, 爲正實, 謂之換骨.

48) 以商生隅入下廉, 一變. 以商生下廉, 入上廉內, 相消. 以正負上廉相消. 以商生上廉, 入方內相消. 以正負方相消.

49) 以商生隅入下廉, 二變. 以商生下廉, 入上廉.

50) 以商生隅入下廉, 三變.

51) 方一退, 上廉二退, 下廉三退, 隅四退. 商續置, 四變.

840	商
	實空
−9 5 5 1 3 6 0 0 0	益方
− 3 2 0 6 4 0 0	益上廉
− 3 2 4 0	益下廉
− 1	益隅

⑧ 방으로 실을 약約(分)한다. 속상續商 (차상)에 40을 두고 우와 곱해서 하렴에 넣는다. 상을 하렴에 곱해 상렴에 넣는다. 속상 40을 방법과 곱해 실에서 제하면 나머지가 없어진다. 얻은 상의 값 840(평방)보가 밭의 면적이 된다.[52]

여기서 알 수 있듯이 이 산법의 특징은 여전히 곱하면 바로 더하는 점에 있다. 해법 중의 '일변', '이변', '삼변', '사변'의 과정은 바로 첫 번째 상(초상)의 값 800을 구한 이후에 진행한 $x = 800 + y$의 변환에 다름 아니다. 이와 같이 곱하면 바로 더하는 방법으로 변환을 진행하는 것은 현행의 호너법의 방식과 기본적으로 일치한다. 예를 들어 원래의 방정식에서 $x = 800 + y$로 변환하는 과정을 호너법으로 표기하면 다음과 같다.

```
−1  +    0  +763200  +        0  −40642560000 │ 800
        − 800  −640000  + 98560000  +79048000000
 −1  − 800  +123200  + 98560000  +38205440000
        − 800  −1280000  −925440000
 −1  −1600  −1156800  −826880000 ·············· ('一變')
        − 800  −1920000
 −1  −2400  −3076800 ·························· ('二變')
        − 800
 −1  −3200  −3076800  −826880000  +38205440000 ·········· ('三變')
```

즉 변환 후 얻게 되는 방정식은

$$-y^4 - 3200y^3 - 3076800y^2 - 826880000y + 38205440000 = 0$$

이 되며 같은 방식으로 풀면 $y = 40$을 얻는다. 이를 $x = 800 + y$에 대입

---

52) 以方約實. 續商置四十, 生隅入下廉內. 以商生下廉入上廉內. 以續商四十命方法, 除實, 適盡. 所得商數八百四十步, 爲田積.

하면 $x = 840$을 얻는다.

위의 호너법 계산식은 주산籌算의 도식에서 보자면 ②, ③, ④, ⑤식을 거쳐 최종적으로 ⑥식에 도달한 것에 해당한다.

일반적으로는 $x = a + y$의 변환을 거쳤을 때 보통 상수항의 부호는 불변이며 게다가 그 절댓값이 축소된다. 그러나 특수한 상황이 발생했을 경우, 예를 들어 부호가 변화하는 경우를 진구소는 '환골換骨'이라고 불렀고 절댓값이 감소하지 않고 오히려 증대하는 경우를 '투태投胎'라고 호칭했다. 위에서 서술한 「첨전구적尖田求積」 문제의 해법 중에는 바로 환골의 상황이 출현하였다. 즉 첫째 자릿수 800을 얻고 $x = 800 + y$의 변환을 진행하는 과정에서 방정식의 상수항의 부호가 음에서 양으로 변화하였기 때문이다.

3. 천원술에서 사원술로

1) 천원술의 탄생과 그 발전

방정식의 해법을 이용하여 실제적인 문제를 해결하는 것은 일반적으로 두 단계의 과정을 거친다. 우선 미지수를 설정하고 다시 문제에 주어진 조건에 부합하도록 미지수를 포함한 방정식을 세우는 것이다. 이것이 첫 번째 과정이다. 두 번째 과정은 이 방정식을 풀어 미지수의 값을 구하는 것이다. 11세기에서 13세기에 걸쳐 중국 고대의 수학자들은 증승개방법—임의의 고차방정식의 보편적 수치 해법—을 창출하였을 뿐만 아니라 주어진 조건에 근거하여 방정식을 세우는 보편적 방법 또한 만들어 냈다. 이것이 그 유명한 '천원술'이다.

진구소가 저술한 『수서구장』에는 비록 증승개방법에 대한 체계적 서술은 보이지만 단 어떻게 방정식을 세우는가에 관해서는 과학적인 방법론을 결여하였다. 현전하는 수학서적 중에서 제일 먼저 천원술에 대해 체계적인 서술을 진행한 것으로는 이야가 저술한 『측원해경』과 『익고연단』을 들 수 있다. 주세걸이 저술한 『산학계몽』과 『사원옥감』에도 천원술을 이용하여 방정식을 세우는 문제가 들어 있다. 특히 『사원옥감』은 나아가 천원술을 '사원술'로 확장하였는데, 이는 방정식의 원(미지수)을 1원에서 다원으로 확장한 것이다.

'천원'이 가리키는 것은 문제 속의 미지수이고, "천원을 세워 ~으로 삼는다"라는 말은 바로 "미지수 x를 ~로 가정한다"는 의미이다. 천원술로 다항식 혹은 방정식을 표기하는 방법은 보통 1차항의 옆에 '원元'자 하나를 써 두거나 혹은 상수항 옆에 '태太'자를 써서 표시한다.

이하에서는 이야의 『측원해경』 권7, 제2문을 예로 들어 천원술로 방정식을 세우는 구체적인 과정을 간단히 살펴보고자 한다. 이 문제는 다음과 같다. "(가령 圓城 즉 원형의 성곽이 있는데 그 지름은 알지 못한다.) 어떤 사람이 묻기를, 병이라는 사람이 남문을 나서 직진하여 135보만큼 가 섰을 때 갑이라는 사람이 동문을 나서 16보만큼 직진하면 그 사람을 볼 수 있다고 한다. (원성의 직경은 얼마인가)?"[53] 이야는 이 문제 뒤에 다섯 종류의 해결 방법을 제시하였다. 다음은 그 중 두 번째 해결법을

---

53) (假令有圓城一所, 不知周徑.) 或問丙出南門直行一百三十五步而立, 甲出東門直行一十六步見之. (問徑幾何.)

왼편에는 원문을 적어 두고, 오른편에는 현행 기호대수학으로 이를 해석한 것이다.

초에 이르길 천원일을 세워 성의 반경으로 삼아 이를 부치副置하고(두 군데에 두고) 위에는 남행한 보步를 더하여

을 얻고 이를 고股로 삼는다. 밑에는 동행한 보步를 더하여

을 얻고 이를 구句로 삼는다. 구고를 서로 곱해서

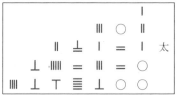

을 얻어 직적直積(직사각형의 면적) 일단一段으로 삼는다. 천원으로 나누면

을 얻어 이를 현弦으로 삼는다. 이를 자승하면

을 얻어 현멱으로 삼는다. 좌측으로 옮긴다. 구句를 자승하여

[해법] x를 원성의 반경이라고 하면 즉

고股 $OA = x + 135$,

[그림5-3]
圓城求徑

구句 $OB = x + 16$.

$$구句 \times 고股 = (x+135)(x+16)$$
$$= x^2 + 151x + 2160,$$

x로 나누면

$$현弦 = x + 151 + 2160x^{-1},$$
$$(\because AB \cdot OC = OA \cdot OB)$$

자승하면

$$(弦)^2 = x^2 + 302x + 27121$$
$$+ 652320x^{-1}$$
$$+ 4665600x^{-2}, (좌식)$$

또한 $(句)^2 = (x+16)^2$
$$= x^2 + 32x + 256,$$

을 얻어 다시 고股를 자승하여

을 얻어 둘(구와 고의 자승)을 서로 더하여

을 얻어 (좌측과) 같은 수로 삼는다. 좌측과 상소相消하여

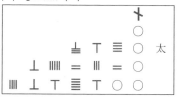

을 얻어 익적益積에 삼승방(4차)을 개방하여[54] 120보를 얻는다. 즉 성의 반경이다.[55]

$$(股)^2 = (x+135)^2$$
$$= x^2 + 270x + 18225.$$

$$(句)^2 + (股)^2$$
$$= 2x^2 + 302x + 18481,$$
$$= (弦)^2$$

'좌식'과 상소하면
$$-x^2 + 8640 + 652320x^{-1},$$
$$+ 4665600x^{-2} = 0$$
방정식을 고쳐 쓰면
$$-x^4 + 8640x^2 + 652320x$$
$$+ 4665600 = 0$$
이를 풀면 $x = 120$(步)를 얻는데 즉 원성의 반경이다.

위에서 좌우 양단을 대조해 보면 분명히 알 수 있듯이 천원술에서 방정식을 전개하는 방법과 현행 일반 대수방정식을 세우는 방법은 대체로

---

54) 앞에서 이미 서술하였지만 중국 고대의 수학 체계에서 '三乘方'이라고 하면 4차방정식을 의미한다. x에 x를 곱하고, 또 x를 곱하고 다시 x를 곱하니 합계 세 번 곱하는 것을 의미한다. 또 '益積'은 진구소의 '投胎'에 해당한다. 즉 개방하여 첫째 자릿수를 구해 근을 감하는 변환을 진행할 때 방정식의 상수항의 절대치가 증가하는 경우다. 본장 2. 3) 마지막 부분 참조.

55) 草曰, 立天元一爲半城徑, 副置之, 上加南行步, 得, 爲股. 下位加東行步, 得, 爲句. 句股相乘, 得, 爲直積一段. 以天元除之, 得, 爲弦. 以自之, 得, 爲弦冪. 寄左. 乃以句自之, 得, 又以股自之, 得, 二位相倂, 得, 爲同數. 與左相消, 得, 益積開三乘方, 得一百二十步, 卽半城徑也.

일치한다. 위의 예에서 (현)^{2}의 좌우 동식을 얻은 이후에 이를 상소相消하여 방정식을 세우는 것을 이야는 자신의 저서에서 '동수상소同數相消' 혹은 '여적상소如積相消'라고 호칭했다.

상술한 예제 중의 각 주식籌式은 혹은 방정식으로 볼 수도 있고 혹은 다항식으로 간주할 수도 있다. 예제 중에 관련된 영역에 한해서 보더라도 우리는 당시 중국의 수학자들이 다항식의 가감승제(나눗셈은 x의 정수멱 즉 x, x^2, ……으로 나누는 것에 한함)에 관해 그 연산 방법을 이미 충분히 장악하고 있었음을 알 수 있다. 다항식의 곱셈에서는 마찬가지로 곱하고 바로 더하는 증승개방법을 이용한다.

여기서 반드시 언급해야 할 점은 당시 천원식을 이용해서 표시할 수 있는 방정식은 모두 유리정수방정식의 형식을 취하였다는 사실이다. 예를 들어 무리식을 만나면 반드시 제곱하여 그 근호를 없애 유리화하였고, 분수식을 만나면 언제고 통분해서 정수식으로 변형한 후에 해를 구하였다. 예를 들어 위의 예제의 경우

$$\frac{(x+135)(x+16)}{x} = \sqrt{2x^2 + 302x + 18481} \quad (= 弦)$$

을 쓰지 않고

$$\left[\frac{(x+135)(x+16)}{x}\right]^2 = 2x^2 + 302x + 18481 \quad (= 弦^2)$$

을 이용하였는데, 이야는 이를 여적상소라고 불렀다. 또한 위 식의 좌단에서 분모가 x가 아니라 $x^2 + bx + c$인 경우, 송원 수학자들은 언제나 이를 $[(x+135)(x+16)]^2 = (2x^2 + 302x + 18481)(x^2 + bx + c)$로 변

형하여 계산을 진행하였다. 총괄하자면 송원 수학자들이 구한 최종적인 개방식은 모두 유리정수식이었다고 할 수 있다. 여기서는 한정된 지면 탓에 더 이상 일일이 예를 들지는 않겠다.

　이상을 종합하면 이야의 저작 중의 천원술이 이미 충분히 완벽한 형태로 발전되어 있음을 어렵지 않게 추론할 수 있다. 그렇다면 이야 이전의 천원술의 발전 상황은 어떠하였을까? 자료가 많지 않은 관계로 우리는 단지 조이가 『사원옥감』에 붙인 서문(後序)을 통해 그 전말을 이해할 수밖에 없다. 조이는 천원술의 최초의 발전 정황을 서술하면서 이렇게 말하였다. "평양平陽(현 산서성 臨汾)의 장주蔣周는 『익고益古』를 찬撰하였고, 박릉博陵(현 하북성 蠡縣)의 이문일李文一은 『조담照膽』을, 녹천鹿泉(현 하북성 獲鹿)의 석신도石信道는 『검경鈐經』을, 평수平水(현 산서성 新絳)의 유여해劉汝諧는 『여적석쇄如積釋鎖』를 찬撰하였는데, 강강絳(현 산서성 신강) 사람인 원유元裕[56])가 이에 세초를 덧붙여 후대의 사람들이 이로써 처음으로 천원이 있음을 알게 되었다."[57]) 이 저작들 가운데, 이야는 『측원해경』에서 『검경』을 인용한 적이 있고, 또 『익고』에서 더 나아가 『익고연단』을 저술한 바 있다. 따라서 조이의 서문에서 언급한 천원술의 발전 정황은 신뢰할 만하다. 이로써 천원술 탄생의 시기는 좀 더 시대를 거슬러 올라갈 수 있는데, 대략 13세기 초엽 혹은 그 이전 시기로 추정된다.

　또한 우리는 천원술의 발전이 지역성을 갖고 있다는 사실에도 주목해야 한다. 위에서 언급한 천원술과 관련된 일련의 저작을 보면, 그 저자의 대부분이 지금의 하북, 산서 양 성의 남부 태행산太行山 동서 일대 출신이

---

56) 역주: 청의 羅士琳 같은 이는 元裕를 元好問(호 裕之)으로 보기도 한다.
57) 平陽蔣周撰益古, 博陵李文一撰照膽, 鹿川石信道撰鈐經, 平水劉汝諧撰如積釋鎖, 絳人元裕細草之, 後人始知有天元也.

다. 과거 금원시대에 이 일대는 상업이 번창한 문화의 중심지였다. 천원술이 바로 이러한 곳에서 탄생하여 발전하였다는 사실은 자연히 이 지역이 이룩한 당시의 경제문화적 발전과 불가분의 관계에 있다. 현재까지의 연구 성과에 따르면, 천원술은 다른 어떤 지역에서도 유사한 발전이 확인된 바 없다.

마지막으로 천원의 주식籌式의 표시 방법에 대해 설명하고자 한다. 천원식은 상수항 N(太)을 기준으로 했을 때 원元이 위에 있어도 좋고 아래에 있어도 좋다. $ax^2 + bx + N = 0$을 예로 들자면,

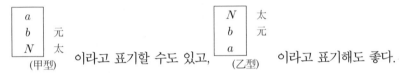

이라고 표기할 수도 있고, 이라고 표기해도 좋다.

이야의 경우, 『측원해경』에서는 갑형을 이용하였으나 『익고연단』에서는 반대로 을형을 사용했다.

기록 방법에서 보자면 원元만을 표기하기도 하고 거꾸로 태太만을 표기하기도 한다. 예를 들어 $25x^2 + 280x - 6905 = 0$의 경우 다음과 같이 표기할 수 있다.

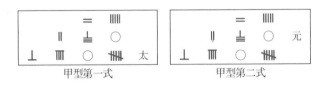

혹은

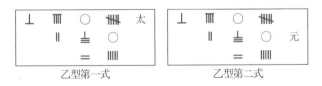

송원의 수학자들은 보통 을형제2식을 다용하였다.

2) 주세걸의 사원술

하나의 미지수만을 포함한 1원방정식인 천원술을 2원, 3원, 4원의 고차연립방정식으로 확장 발전시킨 사원술은 13세기 중국 수학자들이 천원술을 창립한 이후에 달성한 또 다른 걸출한 성과이다.

앞에서 서술한 바대로 일찍이 『구장산술』 중에는 이미 다원일차연립방정식에 관한 해법이 기술되어 있다. 따라서 사람들이 천원술의 기법을 장악한 이후에 이를 확장하여 고차방정식의 해법으로 발전시킨 것은 매우 자연스러운 일이다.

천원술에서 사원술로의 발전에 관해서는 조이의 『사원옥감』 서문에 그 사정이 간략히 일부 서술되어 있다. 조이는 천원술의 발전 정황을 서술한 이후에 이어서 다음과 같이 말하였다. "평양의 이덕재李德載는 『양의군영집진兩儀群英集臻』을 찬찬撰함으로써 지원地元을 겸유하였고, 곽산霍山(역시 현 산서성 臨汾)의 형선생邢先生 송불頌不의 고제인 유대감劉大鑑 윤부潤夫는 『건곤괄낭乾坤括囊』을 찬찬撰하여 말미에 불과 두 문제지만 인원人元을 다룬 문제로 발전시켰다. 내 친구 연산燕山의 주세걸 선생은 오랜 시간에 걸쳐 삼재三才를 탐색하고 구장九章을 색은하여 천·지·인·물에 의거해 사원四元을 입성立成하였다."[58] 다시 말하면 천원(x)을 제외하면 점차적으로 지원地元(y), 인원人元(z)을 거쳐 물원物元(u)으로까지 확장되었음을 의미한다.

---

58) 平陽李德載因撰兩儀群英集臻, 兼有地元, 霍山邢先生頌不高弟劉大鑑潤夫撰乾坤括囊, 末僅有人元二問. 吾友燕山朱漢卿先生演數有年, 探三才之隩, 索九章之隱, 按天地人物立成四元.

아쉽게도 조이의 서문에 거론된 이덕재와 유대감의 저서는 일찍이 실전되었으며 단지 주세걸이 저술한 『사원옥감』만이 현재까지 전할 따름이다. 『사원옥감』이야말로 우리들로 하여금 오늘날 사원술의 일부라도 이해할 수 있게 해 주는 매우 진귀한 저작인 셈이다.

사원술에 관해서는 막약과 조이가 『사원옥감』에 덧붙인 두 편의 서문 속에 그 간략한 서술이 들어 있다. 막약의 서문(前序)에는 "『사원옥감』은 그 법이 원기元氣를 가운데에 두고 천원일天元一을 밑에, 지원일地元一을 왼편에, 인원일人元一을 오른편에, 물원일物元一을 위에 놓으니 음양이 상하로 오르내리고 좌우로 진퇴하여 서로 통하고 변화하니 착종하여 무궁하다. 또한 영출은호盈絀隱互, 정부방정正負方程, 연단개방演段開方의 방법은 정묘하고 뛰어나 그 학문은 선현이 다하지 못한 바를 밝혔다"59)라고 하였고, 또한 조이의 서문에는 "(주세걸은) 천·지·인·물에 의거해 사원(술)을 만들었다. 원기를 가운데에 두고 천구天句, 지고地股, 인현人弦, 물황방物黃方을 세워 산도算圖를 표시한다. 상하로 오르내리고 좌우로 진퇴하여 서로 통하고 변화하며 곱셈과 나눗셈으로 왕래하고 가수假數로 진수眞數를 상징하고 허수로 실수를 묻고 음양이 착종하여 이로써 4식을 구성한다. 이 4식을 결합하여 척소剔消하고, 남은 주식籌式을 역위易位하고 종횡으로 충당衝撞시켜 혼잡하지 않게 정리하면 자연스럽게 2식이 1식으로 합해지는데 이로써 개방식이 얻어진다"60)라고 하였다. 위의 두 문단의 문장만으로도

---

59) 四元玉鑑, 其法以元氣居中, 立天元一於下, 地元一於左, 人元一於右, 物元一於上, 陰陽升降, 進退左右, 互通變化, 錯綜無窮. 其於盈絀隱互, 正負方程, 演段開方之術, 精妙玄絶, 其學能發先賢未盡之旨.

60) 按天地人物立成四元. 以元氣居中, 立天句地股人弦物黃方, 考圖明之. 上升下降, 左右進退, 互通變化, 乘除往來, 用假象眞, 以虛問實, 錯綜正負, 分成四式. 必以寄之, 剔之, 餘籌易位, 橫衝直撞, 精而不雜, 自然而然, 消而和會, 以成開方之式也.

우리는 사원식의 표기법과 해법의 대강을 이해할 수 있다. 아래에서 우리는 사원 주식의 표기법과 사원고차연립방정식의 해법 중 주로 소거법에 대해 보다 상세하게 살펴보고자 한다.

천원식이 각항의 계수를 위아래로 일직선상에 늘어놓는다면 사원술은 각항의 계수를 평면 상에 늘어놓는다고 할 수 있다. x, y, z, u가 각각 사원四元 즉 네 개의 미지수(천원·지원·인원·물원)를 나타낸다고 할 때, 사원 주식籌式의 표기법은 다음과 같다. 우선 상수항(太)을 중앙에 표기한 후, x와 관련된 각항 계수를 아래에 적고, y와 관련된 각항 계수를 왼편에, z와 관련된 각항 계수를 오른편에, u과 관련된 각항 계수를 위에 적는다. 두 개의 미지수의 승적乘積(예를 들어 xy^2, z^3u^4 등)의 계수는 상응하는 두 줄이 교차하는 위치에 표기한다. 서로 인접하지 않은 두 미지수(예를 들어 yz, xu)의 승적은 그 계수를 상응하는 격자 사이에 표기한다.(아래 도식 참조)

$$
\begin{array}{ccccccc}
\vdots & \vdots & \vdots & \vdots & \vdots & & \vdots \\
y^3u^2 & y^2u^2 & yu^2 & u^2 & zu^2 & z^2u^2 & z^3u^2 \\
y^3u & y^2u & yu & u & zu & z^2u & z^3u \\
& & & \boxed{yz} & & & \\
y^3 & y^2 & y & 太 & z & z^2 & z^3 \\
& & \boxed{xu} & & & & \\
xy^3 & xy^2 & xy & x & xz & xz^2 & xz^3 \\
x^2y^3 & x^2y^2 & x^2y & x^2 & x^2z & x^2z^2 & x^2z^3 \\
x^3y^3 & x^3y^2 & x^3y & x^3 & x^3z & x^3z^2 & x^3z^3 \\
\vdots & \vdots & \vdots & \vdots & \vdots & & \vdots
\end{array}
$$

다시 한 번 예를 들면 $x+y+z+u$는  라고 표기할 수 있고,

$$(x+y+z+u)^2 = x^2+y^2+z^2+u^2+2xy+2xz+2xu+2yz+2yu+2zu$$ 는

라고 표기할 수 있다.

　사원다항식의 가감법加減法은 먼저 상수항은 상수항에 맞추고 각항의
계수는 각항의 계수에 맞춘 다음 각 대응항에 대해 더하기와 빼기를 행할
필요가 있다. 승법乘法은 가령 하나의 미지수의 정수멱(x^3, y^4 등)을 곱하는
경우라면 이 미지수의 정수멱과 사원식의 각항을 곱하면 되고, 가령 같은
행에 속하는 각항의 곱셈이라면 1행 중의 각항을 각각 사원식과 곱한 후
곱해서 얻어진 각 사원식을 더하면 된다. 가령 한 사원식과 다른 사원식
을 곱하는 경우라면 먼저 한 식 중의 매 행을 각각 다른 사원식과 곱한
후 다시 얻은 곱셈 결과를 더하면 된다. 제법除法은 하나의 미지수의 정수
멱으로 나누는 것에 한한다.

　이러한 사원 주식의 표기법과 사원식의 사칙연산이 바로 막약과 조이
가 서문 중에서 말한 "원기元氣를 가운데에 두고 천원일天元—을 밑에, 지
원일地元—을 왼편에, 인원일人元—을 오른편에, 물원일物元—을 위에 놓고"
"상하로 오르내리고 좌우로 진퇴하여 서로 통하고 변화하며 곱셈과 나눗
셈으로 왕래"한다는 의미이다.

　고차연립방정식 문제의 해를 구하는 관건은 다원방정식을 어떻게 순

차적으로 그 미지수를 소거해 최종적으로 단 하나의 미지수만을 포함하는 일원방정식으로 변형해 갈 것인가에 달려 있다. 이것은 일반적으로 '소거법'이라고 불리는 문제이다.

주세걸은 『사원옥감』에서 책 시작 부분에 일원, 이원, 삼원, 사원에 대해 각 한 문제씩 네 개의 예제를 두었다. 그는 단지 이 네 문제의 예제 중 뒤의 세 문제에서 간략하게 '사원소거四元消去'에 대해 서술하였을 뿐 『사원옥감』 전체 다른 문제에서는 소거에 관한 논술이 전혀 보이지 않는다. 청대의 수학자 심흠배沈欽裴(1829년에)와 나사림羅士琳(1836년에)은 각각 이 사원소거에 대해 서로 다른 해석을 제시하였다.[61]

아래에서는 위에서 언급한 네 개의 예제 중 제3문인 '삼재운원三才運元'을 예로 들어 사원소거의 대강을 설명할 것이다. 이 문제는 삼원식으로 다음 연립방정식을 풀어야 한다.

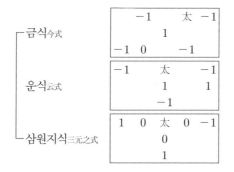

이는 다음 식을 푸는 것과 같다.

---

61) 沈欽裴는 『四元玉鑑細草』을 저술하였으나 刻本이 전하지 않고 북경도서관이 소장한 초본이 있을 뿐으로 그나마 완전하지 않다. 李儼은 과거 완전한 초본(전 6책)을 소유한 적이 있었다고 한다. 羅士琳도 또한 『四元玉鑑細草』를 저술하였는데 刻本이 전하여 영향력이 비교적 크다. 단 내용적으로 보자면 羅士琳의 세초는 沈欽裴의 세초에 미치지 못하는 바가 많다.

$$\begin{cases} -x - y - xy^2 - z + xyz = 0 & \text{금식} \\ x - x^2 - y - z + xz = 0 & \text{운식} \\ x^2 + y^2 = z^2 & \text{삼원지식} \end{cases}$$

주세걸의 원문은 다음과 같다.

"운식云式으로 척소剔消하고 두 식을 모두 인人을 천天의 위치로 바꾸면

앞은 ①을 얻고, 뒤는 ②를 얻는다.

호은통분하여 상소하면 왼편은 ③을 얻고, 오른편은 ④를 얻는다.

내이행은 ⑤를 얻고, 외이행은 ⑥을 얻는다.

내외를 상소하고 4로 약하면 개방식 ⑦을 얻는다.

삼승방으로 이를 개방하면 현 5보를 얻는다. 합문."[62]

---

62) 以云式剔而消之, 二式皆易人天位, 前得①, 後得②. 互隱通分, 相消, 左得③, 右得④. 內二行得⑤, 外二行得⑥. 內外相消, 四約之, 得開方式⑦. 三乘方開之, 得弦五步. 合問.

주세걸의 사원소거법을 단계별로 분석하면 대체로 척소剔消, 인역천위 人易天位, 호은통분互隱通分, 내이행內二行(相乘), 외이행外二行(相乘) 등의 과정으로 진행된다. 이 중 내이행(상승)과 외이행(상승)은 소거의 최종 단계이자 동시에 소거의 기본 방법이다. 이는 두 행의 이원방정식(이원 문제 중에서 가장 간단한 형식)의 해법을 가리키는데 이 속에는 주세걸 해법의 가장 기본적인 사상이 포함되어 있다.

위에서 예로 든 삼재운원의 경우 최종적으로 소거해서

"왼편(左式)은
$$\begin{array}{cc} 7 & -6太 \\ 3 & -7 \\ -1 & -3 \\ & 1 \end{array}$$
 를 얻고, 오른편(右式)은
$$\begin{array}{cc} 13 & -14太 \\ 11 & -13 \\ 5 & -15 \\ -2 & -5 \\ & 2 \end{array}$$
 를 얻는데" 이는 다음 식을 푸는 것과 같다.

$$\begin{cases} (7+3z-z^2)x+(-6-7z-3z^2+z^3)=0 & \text{좌식左式} \\ (13+11z+5z^2-2z^3)x \\ \quad +(-14-13z-15z^2-5z^3+2z^4)=0 & \text{우식右式} \end{cases}$$

좌우 두 식을 병렬할 때 $-6-7z-3z^2+z^3$과 $13+11z+5z^2-2z^3$ (의 승적)이 내이행에, $7+3z-z^2$과 $-14-13z-15z^2-5z^3+2z^4$(의 승적)이 외이행에 해당한다. 내외행을 각자 곱해서 다시 상소相消하면

$$4(-5+6z+4z^2-6z^3-z^4)=0$$

을 얻는다. 이를 4로 나누면 4차방정식이 하나 얻어지고 이를 풀면 즉 답은 $z=5$가 된다.

여기서 위의 좌우 두 식을 일반 형식으로 표기하면

$$\begin{cases} A_1 x + A_0 = 0 \\ B_1 x + B_0 = 0 \end{cases}$$

(A_0, B_1이 내이행, A_1, B_0가 외이행이다.

A_0, B_1, A_1, B_0는 모두 z만 포함하고 x를 포함하지 않는 다항식이다.)

으로 나타낼 수 있다. 따라서 내이행의 승적과 외이행의 승적을 상소相消 하면 즉 x를 소거할 수 있게 되고 결과적으로

$$F(z) = A_0 B_1 - A_1 B_0 = 0$$

을 얻게 된다.

한편 이원 문제 중 두 행으로 한정되지 않는 경우는 호은통분이라는 방법을 필요로 한다. 예를 들어

$$\begin{cases} A_2 y^2 + A_1 y + A_0 = 0 \qquad ① \\ B_2 y^2 + B_1 y + B_0 = 0 \qquad ② \end{cases}$$

(이 중 A_2, A_1, A_0, B_2, B_1, B_0는 모두 x만 포함하고 y를 포함하지 않는 다항식이다.)

와 같은 경우는 B_2와 ①식을 곱하고 A_2와 ②식을 곱한 후 그 결과를 상소하면 y의 2차항을 소거할 수 있고 결과적으로

$$C_1 y + C_0 = 0 \qquad ③$$

가 얻어진다. ③식에 y를 곱한 후 같은 방식으로 ① 혹은 ②식을 이용하 여 상소하면 두 행의 이원식

$$D_1 y + D_0 = 0 \qquad ④$$

가 얻어진다. ③, ④를 연립하여 마찬가지로 내이행(상승), 외이행(상승)의 방 법을 이용하면 최후로 단 하나의 미지수만을 포함한 방정식을 얻게 된다.

삼원과 사원의 문제는 우선 '척이소지剔而消之'를 필요로 한다. 그러나 이 척소가 무엇을 의미하는지에 대해 주세걸은 책 속에서 전혀 언급하지 않았다. 많은 수학자들이 이 '척剔'자의 의미를 '갈라서 둘로 나누는'(剔分爲二) 것으로 이해했지만 정작 어떻게 갈라서 둘로 나누는지에 대해서는 견해가 일치하지 않는다.

청대의 수학자 심흠배의 주장에 따르면 이렇다. 소거가 필요한 두 식을 '태太'가 소재한 1행을 기준으로 갈라서 둘로 나눈다.('太'가 들어 있는 행은 오른쪽 반에 귀속시킨다.) ①식 왼쪽 반을 y로 나눈 후 ②식의 오른쪽 반과 곱한다. ②식의 왼쪽 반을 y로 나눈 후 ①식의 오른쪽 반과 곱한다. 두 승적乘積을 상소相消하면 즉 y항을 포함하는 방정식의 차수를 낮출 수 있다. 이를 반복하면 일체의 y를 포함한 항목을 소거할 수 있다. 예를 들어

$$\begin{cases} A_2 y^2 + A_1 y + A_0 = 0 & ① \\ B_2 y^2 + B_1 y + B_0 = 0 & ② \end{cases}$$

(이 중 A_2, A_1, A_0, B_2, B_1, B_0는 모두 x, z만 포함하고 y를 포함하지 않는다.)

에서 식 ①과 ②를 다음과 같이 고친다.

$$\begin{cases} (A_2 y + A_1)y + A_0 = 0 & ① \\ (B_2 y + B_1)y + B_0 = 0 & ② \end{cases}$$

심흠배의 방법은 ①식의 A_0와 ②식의 B_0를 각각 ②식과 ①식의 괄호 안의 다항식에 곱한 후 상소하여 다음 식을 얻는 것에 해당한다.

$$C_1 y + C_0 = 0 \qquad ③$$

(이 중 $C_1 = A_2 B_0 - A_0 B_2$, $C_2 = A_1 B_0 - A_0 B_1$ 이다.)

③식과 ①식 혹은 ②식과 연립하여 같은 방법으로 다시 다음 식을 얻

는다.

$$D_1 y + D_0 = 0 \qquad ④$$

식 ③과 ④를 연립하여(이 중 계수 C_1, C_0, D_1, D_0는 단지 x, z만을 포함하고 y를 포함하지 않는다) 같은 방법으로 y항을 소거하면 즉 $E = 0$을 얻게 되는데 이 E는 x, z만을 포함하는 다항식이다.

심흠배의 이 해석은 척소를 호은통분을 한 번 더 확장한 것으로 간주한 것이다.

또 다른 청대의 수학자 나사림의 해석은 일종의 대입법에 해당하는데 여기서는 상론하지 않겠다.

양자를 비교하자면 심흠배의 방법이 더 그럴 듯하다고 보인다.

마지막으로 이른바 '인역천위'의 함의에 대해 재해석해 보고자 한다. 삼원식에서 가령 인원人元을 소거한다면 군이 '역위易位'할 필요가 없다. 그러나 만약 지원地元을 소거한다면 나머지 이원식(天과 人의 이원식)을 '태太'를 중심으로 해서 식을 4상한에서 3상한으로 위치를 옮길 필요가 있다. 이것이 이른바 인역천위이다. 사원식에서 인원을 소거할 경우는 나머지 삼원식(天地物)을 3, 4상한의 위치에 오도록 돌릴 필요가 있다. 이것이 이른바 '물역천위物易天位'이다. 결론적으로 이원식과 삼원식의 표준 형식은 3, 4상한에 위치할 필요가 있다는 것이다. 따라서 이와 다른 경우는 역위라는 방법을 통해 표준 형식으로 변경해야 한다.

분명한 것은 이 역위가 단지 각항의 위치만을 변동시키는 것으로 방정식 자체는 전혀 영향을 받지 않는다는 점이다.

이상으로 주세걸의 사원소거의 대강을 살펴보았다. 이 시기에 이르면 (13세기) 중국 북방에서 발전한 천원술 및 사원술은 이미 그 정점에 도달하였다. 주산籌算 기법의 한계로 인해 사원 이상의 문제로 발전할 수 없었기 때문이다. 유럽에서의 고차방정식의 소거 문제는 18세기에 이르러야 비로소 프랑스의 수학자 베주의 저작(1779년)을 통해 체계적인 서술이 이루어진다. 이는 주세걸(1303년)에 비해 거의 5세기 가까이 늦은 것이다.

4. 송원 수학자의 급수 연구

1) 심괄의 극적술과 양휘의 비류 문제

중국 고대의 수학자들은 일찍부터 등차급수 문제에 주의를 기울여 왔다. 11세기에서 13세기의 수학자들은 한 발 더 나아가 고계高階 등차급수에 대해 연구를 진행하였고 그 결과 휘황찬란한 성취를 이루어 냈다.

고계 등차급수가 무엇인지 설명하자면, 하나의 급수가 설령 후항에서 전항을 빼 낸 결과가 등차가 아니어도 만약 이 차수差數의 차差가 전후로 일정하다면 이를 2계 등차급수라고 부른다. 가령 차의 차의 차가 같다면 즉 3계 등차급수이다. 이와 같은 방식으로 계수를 높여 나간 것을 고계 등차급수라고 한다.[63]

송원 수학자의 고계 등차급수에 대한 연구는 제일 먼저 북송의 심괄의 '극적술隙積術'에서 시작된다. 극적술은 심괄의 저서 『몽계필담』 권18 「기예技藝」에 보인다.

---

63) 예를 들어 수열 1, 4, 9, 16, 25, 36, 49, ……이 있다면 그 제1差는 4-1=3, 9-4=5, 7, 9, 11, 13, ……이 되어 등차가 아니다. 그러나 그 제2差는 5-3=2, 7-5=2, 9-7 =2, ……로 모두 차가 2로 같게 된다. 즉 1, 4, 9, 16, ……은 2계 등차수열이다.

극적술은 또한 일반적으로 말하는 '타적堆積' 문제인데 심괄이 언급한 '누기累棋, 충단層壇 및 주가酒家의 적뢰積罍' 같은 유형을 가리킨다. 예를 들어 사각뿔대(長方台)형의 타적의 경우, 높이가 n층, 맨 위층의 폭이 a개, 길이가 b개이고, 맨 아래층의 폭이 c개, 길이가 d개라고 할 때 전체 타적으로 쌓은 물체의 총 개수를 구하려면 어떤 방법을 써야 하는가 같은 문제이다. 심괄의 해법은 "추동법으로 상행을 삼고 하행은 별도로 하광下廣 (c)에서 상광上廣(a)을 뺀 나머지를 높이(n)와 곱하고 6으로 나누어 상행에 집어넣는"[64] 것이다. 이를 현행의 공식으로 표기하면 다음과 같다.

$$S = ab + (a+1)(b+1) + (a+2)(b+2) + \cdots + cd$$
$$= \frac{n}{6}[(2b-d)a + (2d+b)c] + \frac{n}{6}(c-a)$$

여기서 $\frac{n}{6}[(2b-d)a + (2d+b)c]$은 맨 위층의 폭과 길이가 각각 a, b이고 바닥층의 폭과 길이가 각각 c, d로 높이가 n인 추동(직사각뿔대)의 체적을 나타낸다.(69쪽 참조)

심괄의 연구는 실제로 그 후 2~300년간 성행한 고계 등차급수에 관한 연구의 단초를 제공하였다. 이 연구는 모두 타적 문제와 밀접히 연관되어 있다. 바로 청대의 수학자 고관광顧觀光(1799~1862)이 말한 것처럼 "타적술은 양휘와 주세걸의 두 저서에 상세하지만 창시의 공은 단연 심괄에게 돌려야 할 것이다."[65]

남송의 수학자 양휘의 저작 중에서 검토된 타적 문제는 그 유형이 심괄보다 약간 풍부하다. 그가 편찬한 『상해구장산법』과 『산법통변본말』에

---

64) 用芻童法爲上行, 下行別列下廣, 以上廣減之, 餘者以高乘之, 六而一, 幷入上行.
65) 顧觀光, 『九數存古』, 권5, "堆垛之術詳於楊氏朱氏二書, 而創始之功, 斷推沈氏."

서는 전부 4종류의 타적 유형을 다루었다. 그는 이 문제들을 상응하는 체적 문제 뒤에 두고 '비류比類' 문제로서 제기하였다.[66]

① '과자타果子垜'는 '추동'의 뒤에 부기되어 있고 심괄의 추동(직사각뿔대)타垜와 같다.

$$S = ab + (a+1)(b+1) + (a+2)(b+2) + \cdots + cd$$
$$= \frac{n}{6}[(2b-d)a + (2d+b)c] + \frac{n}{6}(c-a)$$

② 마찬가지로 과자타라는 이름으로 '방추'의 뒤에 부기되어 있는 비류 문제이다.

$$S = 1^2 + 2^2 + 3^2 + \cdots + n^2$$
$$= \frac{n}{3}(n+1)(n+2)$$

③ '방타方垜'는 '방정'(정사각뿔대)의 뒤에 부기되어 있다.

$$S = a^2 + (a+1)^2 + (a+2)^2 + \cdots + b^2$$
$$= \frac{n}{3}(a^2 + b^2 + ab + \frac{b-a}{2})$$

④ '삼각타三角垜'는 '별노'(楔形, 삼각뿔)의 뒤에 부기되어 있다.

$$S = 1 + 3 + 6 + 10 + \cdots + \frac{n(n+1)}{2}$$
$$= \frac{1}{6}n(n+1)(n+2)$$

---

66) 그중 ①식은 심괄의 공식과 같다. ②식은 ①식에서 $a = b = 1$, $c = d$일 경우의 특수례이며, ③식은 $a = b$, $c = d$일 경우의 ①식의 특수례이고, ④식은 바로 $a = 1$, $b = 2$, $c = n$, $d = n+1$인 경우의 ①식의 특수례이다.

2) 곽수경 등의 『수시력』에서의 평·입·정 삼차술

타적 문제 이외에도 보간법(內揷法)의 계산 문제와 고계 등차급수 연구 또한 그 관계가 밀접하다. 전술한 바와 같이 보간법 계산 문제는 중국 고대의 역법에서 일월오성의 방위의 추산과 불가분의 관계에 있었다.

가령 태양의 시운동視運動을 시간에 대한 2차함수로 나타낸다면, 태양의 행로가 등간격의 시각을 기준으로 2계 등차급수의 형식을 취함을 증명하는 것은 그다지 어렵지 않다. 또 만약 태양의 운동이 3차함수라면 그 행로는 3계 등차급수의 형식이 될 것이다. 앞에서 서술하였듯이 유작과 일행一行은 각각 등간격과 부등간격의 2차 보간 공식을 도출해 내었는데, 이는 모두 태양의 운동을 2차함수로 간주하여 처리한 것이다. 그러나 결과는 그다지 실제와 부합하지 않았다. 사실상 태양의 운행은 결코 2차함수로 나타낼 수 없고 보다 고차의 함수를 필요로 한다. 일행은 비록 이 점에 주의하였지만 당시의 수학 수준의 한계로 결국 정확한 고차차高次差 보간 공식을 도출하는 데 성공하지 못했다.

이 문제는 13세기에 이르러서야 비로소 왕순王恂(1235~1281), 곽수경 등에 의해 천재적으로 해결된다. 그들은 최고의 역법으로 이름 높은 『수시력』을 편정編定하면서 바로 3차차次差의 보간법을 채택하고 이로써 일월의 방위표를 편제하였다. 이것은 『수시력』의 그 유명한 '오대창조五大創造'의 하나이다.

『수시력』은 동지에서 춘분(定春分)까지의 일수 88.91일을 6단으로 균분하여 매 단마다 각각 14.82일(이후 l로 표시)이 되도록 하였다. 각각 l, $2l$, $3l$, ..., $6l$의 일수가 되는 시점마다 태양의 운행 도수를 관측하고 그

값에서 각각 l, $2l$, $3l$, ……, $6l$도度[67]를 빼어 이른바 '적차積差'를 산출한다. 즉

$$nl\text{일간의 적차} = nl\text{일간 실제로 운행한 도수} - nl\text{도}$$

가 된다. 다음, 순차적으로 뒤의 적차에서 앞의 적차를 빼 제1계차 '일차一差'($\triangle$)의 각 수치를 구한다. 다시 순차적으로 뒤의 일차에서 앞의 일차를 빼 '이차二差'($\triangle^2$)의 각 수치를 구한다. 같은 방식으로 재차 '삼차三差'($\triangle^3$)의 각 수치를 구한다. 그러면 곧 '사차四差'($\triangle^4$)가 모두 0이 된다. 『수시력』중 한자로 되어 있는 도표를 아라비아 숫자로 바꿔 세로짜기로 표기하면 다음과 같다.

	積日	積差	一差($\triangle$)	二差($\triangle^2$)	三差($\triangle^3$)	四差($\triangle^4$)
初段(0)	0					
			7058.0250			
제1단(l)	14.82	7058.0250		−1139.6580		
			5918.3670		−61.3548	
제2단($2l$)	29.64	12976.3920		−1201.0128		0
			4717.3542		−61.3548	
제3단($3l$)	44.46	17693.7462		−1262.3676		0
			3454.9866		−61.3548	
제4단($4l$)	59.28	21148.7328		−1323.7224		0
			2131.2642		−61.3548	
제5단($5l$)	74.10	23279.9970		−1385.0772		
			746.1870			
제6단($6l$)	88.92	24026.1840				

[주] 『授時曆』은 1度를 10000분으로 환산해서 표기한다. 표 중에서 보자면 10000.00이 1도이다.

그러나 곽수경 등은 실제로는 3차차의 공식을 이용하고 위의 각 수치에 근거하여 계산을 진행하지 않았다. 그들은 다시 적차를 일수(적일)로

---

67) 태양은 매일 평균 1도를 운행한다. 따라서 nl일간 nl도 이동한다.

나누어 이를 '일평차日平差'라고 불렀다. 그들은 일평차에 관한 신표를 열거하고 이로써 계산을 진행하였다. 일평차를 이용하면 단지 2차차 공식만으로도 족하기 때문이다.(아래 표에서 보듯 일평차에 관한 표에서는 三差의 값이 0이다.) 이것이 가능한 이유는 간단하다. x일의 적차를 $F(x)$라고 가정할 때, 위의 표에서 사차四差의 값이 0이므로 따라서 $F(x)$는 3차함수 $d + ax + bx^2 + cx^3$로 나타낼 수 있다. 또한 동지 당시의 적차가 0이기 때문에(즉 $x = 0$일 때 $F(x) = 0$), 곧 3차함수 중의 상수항 d 또한 0이 될 수밖에 없다. 다시 말하면 일평차 $\dfrac{F(x)}{x}$는 2차함수 즉 $\dfrac{F(x)}{x} = a + bx + cx^2$으로 나타낼 수 있다. 일평차의 각 단계별 계차를 열거하면 다음 표와 같다.

	日平差=(積差/積日)	一差($\triangle$)	二差($\triangle^2$)	三差($\triangle^3$)
동지 당시	[513.32]			
		[−37.07]		
제1단	476.25		[−1.38]	
		−38.45		0
제2단	437.80		−1.38	
		−39.83		0
제3단	397.97		−1.38	
		−41.21		0
제4단	356.76		−1.38	
		−42.59		0
제5단	314.17		−1.38	
		−43.97		
제6단	270.20			

동지 후 x일의 일평차를 구하고자 한다면 우선 일수 x를 단차段數 $\dfrac{x}{14.82}$로 변형하고 2차 보간 공식과 위의 일차一差와 이차二差의 수치를 이용하여 다음 식을 얻는다.

동지 후 x일의 일평차 $= \dfrac{F(x)}{x}$

$$= 513.32 + \frac{x}{14.82} \cdot (-37.07)$$

$$+ \frac{1}{2} \cdot \frac{x}{14.82} \cdot (\frac{x}{14.82} - 1) \cdot (-1.38)$$

이를 정리하면 $\dfrac{F(x)}{x} = 513.32 - 2.46x - 0.0031x^2$가 얻어진다.

여기에 일수 x를 곱하면 곧 동지 후 x일의 적차 $F(x) = 513.32x - 2.46x^2 - 0.0031x^3$가 되는데 다시 말하면 앞에서 언급한 $F(x) = ax + bx^2 + cx^3$의 계수 a, b, c가 각각

$$\begin{cases} a = 513.32 \\ b = -2.46 \\ c = -0.0031 \end{cases}$$

이 됨을 알 수 있다.

일수(x) 1, 2, 3, 4, ……를 순차적으로 식 $F(x)$에 대입하면 바로 날마다의 적차가 구해진다. 이렇게 1, 2, 3, 4, ……를 순차적으로 대입할 때 우리는 $F(1)$, $F(2)$, $F(3)$, $F(4)$, ……에서 계수 a는 1, 2, 3, 4, ……로 증가하고, 계수 b는 1^2, 2^2, 3^2, 4^2, ……로 평방으로 증가하고, 계수 c는 1^3, 2^3, 3^3, 4^3, ……로 입방으로 증가함을 어렵지 않게 발견할 수 있다. 이 때문에 곽수경 등은 a를 '정차定差', b를 '평차平差', c를 '입차立差'라고 이름 지었다. 후대 청의 수학자들이 이 '적차'를 구하는 방법을 '평平 · 입立 · 정定 삼차술三差術'이라고 호칭한 이유이다.

날마다의 적차를 추산하는 과정에서 곽수경 등은 실제로 일일이 공식에 일수를 대입하지 않고 표로 계산하는 방식을 택하였다. 즉,

$$F(0) = 0,$$
$$F(1) = a + b + c,$$
$$F(2) = 2a + 4b + 9c,$$
$$F(3) = 3a + 9b + 27c,$$
......

에 의거하여 아래와 같이 적차와 그 계차의 표를 만들 수 있다.

동지 첫날	$F(0) = 0$			
		$[\triangle F(0)]$		
제1일	$F(1) = a+b+c$		$[\triangle^2 F(0)]$	
		$a+3b+7c$		$[\triangle^3 F(0)]$
제2일	$F(2) = 2a+4b+9c$		$2b+12c$	
		$a+5b+19c$		$6c$
제3일	$F(3) = 3a+9b+27c$		$2b+18c$	
		$a+7b+37c$		$6c$
제4일	$F(4) = 4a+16b+64c$		$2b+24c$	
		$a+9b+61c$		
제5일	$F(5) = 5a+25b+125c$			

따라서 이 표에 의거하여 다음을 구할 수 있다.

$$\triangle^3 F(0) = 6c = -0.0186,$$
$$\begin{aligned} \triangle^2 F(0) &= \triangle^2 F(1) - \triangle^3 F(0) \\ &= 2b + 6c \\ &= -4.9386, \end{aligned}$$
$$\begin{aligned} \triangle F(0) &= \triangle F(1) - \triangle^2 F(0) \\ &= F(1) - F(0) \\ &= a + b + c \\ &= 510.8569 \end{aligned}$$

$F(0)$, $\triangle F(0)$, $\triangle^2 F(0)$, $\triangle^3 F(0)$가 구해지면 손쉽게 날마다의 적차를 축차적으로 구할 수 있다. 다시 말하면 다음의 표가 주어졌을 때,

	積差	一差	二差	三差
동지 첫날	$F(0) = 0$			
		$\triangle F(0)$ $= 510.8569$		
제1일			$\triangle^2 F(0)$ $= -4.9386$	
				$\triangle^3 F(0)$ $= -0.0186$
제2일				

이미 알고 있는 계차階差로부터 각 단계별 계차의 계산 원리에 따라 손쉽게 일별 적차를 다음과 같이 산출할 수 있기 때문이다.

	積差	一差	二差	三差
동지 첫날	0			
		510.8569		
제1일	510.8569		-4.9386	
		505.9183		-0.0186
제2일	1016.7752		-4.9572	
				-0.0186
제3일	1517.7363		-4.9758	
		……		-0.0186
……	……	……		

이것이 바로 『수시력』에서 최종적으로 얻은 적차표로 이른바 '수시력 입성授時曆立成'이다. 입성이란 수표數表를 말한다.

결론적으로 곽수경 등은 2차차의 공식으로 평·입·정 삼차(즉 a, b, c 의 산출)를 산출하고, 이로써 재차 동지 첫날의 각 단계별 계차(差分)를 구한 후 마지막으로 날마다의 적차를 축차적으로 산출하였다. 비록 명확하게 3차차의 보간법이 제시된 것은 아니지만, 일련의 수표 계산 과정을 통해 알 수 있듯이 그들은 3차함수의 보간법 원리를 충분히 장악하고 있었다 고 보이며, 따라서 이를 임의의 고차함수의 보간법으로 확장하는 것도 그다지 어려운 일은 아니었을 것이다.

3) 주세걸의 타적초차

송원 수학자들의 타적초차垜積招差에 대한 연구에 있어 주세걸이 『사원옥감』 중에서 이루어낸 성취가 가장 중요하다. 어떤 의미에서 보자면 주세걸이야말로 송원 수학자들의 이 방면의 연구를 최종적으로 완성시킨 인물이다. 주세걸의 연구 성과는 각각 동서同書의 「교초형단茭草形段」(7문제), 「여상초수如像招數」(5문제), 「과타첩장果垜疊藏」(20문제) 세 문門에 걸쳐 기술되어 있다.

주세걸의 『사원옥감』은 천원술과 사원술을 중심으로 다룬 책이고 따라서 언뜻 타적초차 문제의 서술은 상세하지도 않고 조리의 일관성도 결한 듯이 보인다. 그러나 문제를 하나하나 천착해 들어가 재배열해 비교해 보면 그 체계적 일관성이 명료히 드러난다.

타적술은 앞에서 서술한 바와 같이 고계 등차급수의 합을 구하는 구화求和 문제라고 할 수 있다. 주세걸이 제시한 많은 구화 문제는 일련의 중요한 공식으로 귀결된다. 이 일련의 공식들을 현행 수식 기호를 이용하여 표기하면 다음과 같다.

$$1+2+3+4+\cdots+n = \sum_{r=1}^{n} r = \frac{1}{2!}n(n+1) \qquad \text{(茭草積)}$$

$$1+3+6+10+\cdots+\frac{1}{2}n(n+1) = \sum_{r=1}^{n}\frac{1}{2}r(r+1)$$
$$= \frac{1}{3!}n(n+1)(n+2) \qquad \text{(三角垜)}$$

$$1 + 4 + 10 + 20 + \cdots + \frac{1}{3!} n(n+1)(n+2)$$
$$= \sum_{r=1}^{n} \frac{1}{3!} r(r+1)(r+2) = \frac{1}{4!} n(n+1)(n+2)(n+3)$$

(撒星形垛 혹은 三角落一形垛)

$$1 + 5 + 15 + 35 + \cdots + \frac{1}{4!} n(n+1)(n+2)(n+3)$$
$$= \sum_{r=1}^{n} \frac{1}{4!} r(r+1)(r+2)(r+3) = \frac{1}{5!} n(n+1)(n+2)(n+3)(n+4)$$

(三角撒星形垛 혹은 撒星更落一形垛)

$$1 + 6 + 21 + 56 + \cdots + \frac{1}{5!} n(n+1)(n+2)(n+3)(n+4)$$
$$= \sum_{r=1}^{n} \frac{1}{5!} r(r+1)(r+2)(r+3)(r+4)$$
$$= \frac{1}{6!} n(n+1)(n+2)(n+3)(n+4)(n+5) \qquad \text{(三角撒星更落一形垛)}$$

이상의 일련의 공식들은 총괄하면 다음과 같이 하나의 공식으로 귀납된다.

$$\sum_{r=1}^{n} \frac{1}{p!} r(r+1)(r+2) \cdots (r+p-1)$$
$$= \frac{1}{(p+1)!} n(n+1)(n+2) \cdots (n+p-1)(n+p)$$

p의 값이 각각 1, 2, 3, 4, ……일 경우 순서대로 앞의 일련의 공식이 얻어진다. 편의상 우리는 이 유형의 구화求和 공식을 통칭하여 '삼각타三角垛' 공식이라고 부르고자 한다.

주목해야 할 점은 이 일련의 공식에서 직전 공식(전식)의 결과(합)가 바로 직후 공식(후식)의 일반항이 된다는 사실이다. 타적이 갖는 의미로 볼 때 후식의 제 r 항(즉 그 일반항)은 바로 전식의 앞의 r 항까지의 합이 되며,

따라서 전식이 나타내는 타적을 제r층까지 계산한 각 층을 '한 층으로 이어서'(落爲一層) 이를 후식이 나타내는 타적의 제r층으로 삼는 것이다. 예를 들어 $p=3$의 공식(즉 撒星形垜)에서 제2항(=4)은 $p=2$의 공식(三角垜)의 앞의 두 항(=1+3)을 '한 층으로 이어서' 이루어지며, 제3항(=10)은 $p=2$의 공식의 앞의 세 항(=1+3+6)을 '한 층으로 이어서' 이루어진다. 이것이 아마도 주세걸이 후식을 전식의 '낙일형타落一形垜'라고 호칭한 이유일 것이다. 즉, 다음과 같다.

· 삼각타($p=2$)는 교초적($p=1$)의 낙일형타로 부름.
· 살성형타($p=3$)는 또는 삼각락일형타로 호칭.
· 삼각살성형타($p=4$)는 또는 살성경락일형타로 호칭.
· $p=5$일 경우는 곧바로 삼각살성경락일형타라고 호칭.

삼각타 유형 이외에도 다음에 서술하는 일련의 공식도 그 자체가 하나의 유형을 이룬다. 이를 개괄하면 다음과 같은 공식으로 통합할 수 있다.

$$\sum_{r=1}^{n} r\frac{1}{p!}r(r+1)(r+2)\cdots(r+p-1)$$
$$= \frac{1}{(p+2)!}n(n+1)(n+2)\cdots(n+p)[(p+1)\cdot n+1]$$

이 유형은 삼각타 공식의 매 항에 대해 항수 r을 곱한 후 그 합을 구한 문제이다. p의 값이 1, 2, 3, 4일 때 각각 다음과 같은 식이 얻어진다.

$p=1$일 때 $1\cdot1+2\cdot2+3\cdot3+\cdots+n\cdot n$
$$= \sum_{r=1}^{n} r\cdot r = \frac{1}{3!}n(n+1)(2n+1) \qquad \text{(四角垜)}$$

$p=2$일 때 $1 \cdot 1 + 2 \cdot 3 + 3 \cdot 6 + \cdots + n \cdot \dfrac{1}{2} n(n+1)$

$$= \sum_{r=1}^{n} r \cdot \frac{1}{2!} r(r+1) = \frac{1}{4!} n(n+1)(n+2)(3n+1) \qquad \text{(嵐峯形垜)}$$

$p=3$일 때 $1 \cdot 1 + 2 \cdot 4 + 3 \cdot 10 + \cdots + n \cdot \dfrac{1}{3!} n(n+1)(n+2)$

$$= \sum_{r=1}^{n} r \cdot \frac{1}{3!} r(r+1)(r+2) = \frac{1}{5!} n(n+1)(n+2)(n+3)(4n+1)$$

(三角嵐峯形垜 혹은 嵐峯更落一形垜)

우리는 이 유형을 '남봉형嵐峯形' 공식이라고 부르겠다.

이상에서 서술한 두 유형 이외에도 주세걸은 삼각타 공식의 각항에 순차적으로 다른 등차급수의 각항을 곱한 급수의 합을 구하는 문제 등 몇 가지 유형을 달리하는 급수의 구화求和 문제를 다루었지만, 여기서는 지면의 제약상 더 이상 상론하지 않겠다.

마지막으로 우리는 주세걸의 초차법[68] 방면의 성취에 대해 거론하고 자 한다. 초차법에 대한 서술은 『사원옥감』에서 가장 빛나는 내용 중의 하나이다. 주세걸은 삼각타의 일련의 공식을 장악함으로써 전인미답의 성취를 이룩하였다고 할 수 있다.

『사원옥감』 권중의 「여상초수如像招數」문門은 전체가 5문제로 구성되어 있는데 모두 초차법과 관련된 문제이다. 여기서 주세걸은 중국수학사상 나아가 세계수학사상에서 처음으로 4차차를 포함한 정확한 초차 공식을 만들어 내었다.

---

68) 招差法은 현행 용어로는 '逐差法'(calculus of finite differences)이라고도 한다. 보간법 은 초차법을 함수의 補間値를 구하는 문제에 구체적으로 응용한 것이라고 할 수 있 다. 이하 서술하는 招差 공식에서 n값이 정수가 아니라 소수일 경우가 바로 보간법 의 계산 공식이 된다.

「여상초수」문의 마지막 문제에 붙여진 주세걸의 자주自注에는 그가 스스로 제기한 새로운 문제와 그에 대한 해법이 기술되어 있다. 이 일문일답을 통해 우리는 주세걸의 초차법의 전모를 명확하게 파악할 수 있다. 자주 중의 문제는 다음과 같다. "입방立方 단위로 병사를 모집(招兵)한다. 처음에는 방면 3척(첫날 3^3명)으로 모집하고 다음에는 방면을 날마다 1척씩 늘려 간다(둘째 날 4^3, 셋째 날 5^3, ……). 지금 15일간 모집하였는데 한 사람당 날마다 250문文의 돈을 지불하였다. 묻는다. 모집된 병사 및 지불한 금액은 각각 얼마인가?"[69] 함수 $f(n)$이 n일간 모집한 병사의 총수라고 가정할 때, 문제의 조건 상 다음과 같은 계차의 표를 만들 수 있다.

	一差[上差]△	二差△^{2}	三差△^{3}	四差△^{4}
$f(0)=0$				
	$f(1)-f(0)=3^3=27$			
$f(1)=3^3$		37		
	$f(2)-f(1)=4^3=64$		24	
$f(2)=3^3+4^3$		61		6
	$f(3)-f(2)=5^3=125$		30	
$f(3)=3^3+4^3+5^3$		91		6
	$f(4)-f(3)=6^3=216$		36	
$f(4)=3^3+4^3+5^3+6^3$		127		……
	$f(5)-f(4)=7^3=343$		……	
$f(5)=3^3+4^3+5^3+6^3+7^3$		……		
……	……			

주세걸의 해법은 다음과 같다. "먼저 상차(즉 $\triangle f(0)$) 27, 이차($\triangle^2 f(0)$) 37, 삼차($\triangle^3 f(0)$) 24, 사차($\triangle^4 f(0)$) 6을 구한다. 병사의 총수를 구하려면 지금 모집한 일수(n)를 상적上積으로 한다. 또 일수에서 1을 뺀 값을 교초저

---

69) 依立方招兵. 初招方面三尺, 次招方面轉多一尺. …… 今招一十五方, 每人日支錢二百五十文. 問. 招兵及支錢各幾何.

자爲草底子로 한 교초타爲草垜의 적積 $\left[\dfrac{1}{2!}n(n-1)\right]$ 을 이적二積으로 한다. 또 일

수에서 2를 뺀 값을 삼각저자三角底子로 한 삼각타의 적 $\left[\dfrac{1}{3!}n(n-1)(n-2)\right]$

을 삼적三積이라고 한다. 또 일수에서 3을 뺀 값을 삼각락일저자三角落一底子

로 한 타적 $\left[\dfrac{1}{4!}n(n-1)(n-2)(n-3)\right]$ 을 하적下積이라고 한다. 각 차差를

각 적積에 곱해 이 넷을 합하면 곧 모집한 병사의 총수이다."[70] 주세걸의

이상과 같은 해법을 현행 수학기호로 표기하면 다음과 같다.

$$f(n) = n\triangle + \frac{1}{2!}n(n-1)\triangle^2 + \frac{1}{3!}n(n-1)(n-2)\triangle^3$$
$$+ \frac{1}{4!}n(n-1)(n-2)(n-3)\triangle^4$$

이 공식은 현재 흔히 쓰이는 뉴턴 공식과 정확하게 일치한다.

주세걸은 상기 공식의 각항의 계수가 일련의 삼각타(전술한 제1유형)의

적積임을 분명하게 밝혔다. 이 사실이 특히 중요한 이유는 이로써 주세걸

이 그의 공식을 얼마든지 임의의 고차차高次差 초차招差 공식으로 확장할

수 있었을 것으로 추정할 수 있기 때문이다. 그가 임의의 고차 초차법에

대해 완벽한 이해에 도달했다고 판단하는 근거이다. 덧붙여 초차술招差術

을 이용하면 어떤 유형의 고계 등차급수의 구화 문제도 해결할 수 있음을

밝혀 둔다.

이로써 주세걸은 중국 고대 수학자들, 특히 원대의 왕순과 곽수경 등

이 『수시력』에서 응용한 초차법을 더욱 완벽하고 새로운 수준으로 끌어

---

70) 求得上差二十七, 二差三十七, 三差二十四, 下差六. 求兵者, 今招爲上積. 又今招減一爲爲草
底子積爲二積. 又今招減二爲三角底子積爲三積. 又今招減三爲三角落一積爲下積. 以各差乘
各積, 四位並之, 即招兵數也.

올렸다. 어떤 의미에서 보자면 주세걸은 중국 고대 수학자들의 이 방면의 연구를 최종적으로 완성했다고 할 수 있다.

유럽의 경우, 영국의 천문학자 그레고리가 가장 먼저 초차법에 대한 최초의 해설을 가했고 뉴턴의 저작(1676~1678년)을 통해서 비로소 초차법의 일반 공식이 세상에 알려졌다. 주세걸의 성과는 유럽의 수학자들보다 거의 4백 년 가까이 이르다.

5. 기타 방면의 성취

1) 대연구일술

대연구일술大衍求一術은 현대의 이른바 연립일차합동식의 해를 구하는 문제이다. 이 유형의 문제는 중국 고대 수학에서 꽤 오래된 유래를 갖고 있다. 전술하였듯이(136쪽) 최초의 기재는 『손자산경』 중의 이른바 '손자문제' 즉 "지금 그 수를 알지 못하는 물건이 있다. 셋씩 세면 둘이 남고 다섯씩 세면 셋이 남고 일곱씩 세면 둘이 남는다. 물건의 개수는 얼마인가?"[71]라는 문제이다.

현대 수학기호로 표기하자면, m_i씩 셀 때 나머지가 $r_i (i = 1, 2, 3, \cdots\cdots)$라고 가정하면 문제는 이하의 각 일차합동식

---

71) 今有物不知其數. 三三數之賸二, 五五數之賸三, 七七數之賸二. 問物幾何.

$$\begin{cases} N \equiv r_1 \pmod{m_1} \\ N \equiv r_2 \pmod{m_2} \\ N \equiv r_3 \pmod{m_3} \\ \cdots \qquad \cdots \end{cases}$$

을 동시에 만족시키는 모든 N 중에서 최소 정수해를 구하는 것과 같다. 여기서 가령 이들 m_i가 쌍으로 서로소(pairwise relatively prime)일 경우라면 또한 a_i로 하여금

$$a_i \frac{M}{m_i} \equiv 1 \pmod{m_i}$$

를 만족시키는 일련의 수치 $a_1, a_2, a_3, \cdots$를 구할 수 있다. 단 $M = m_1 \cdot m_2 \cdot m_3, \cdots$로 모든 m_i의 적積을 의미한다. 이때 문제의 해답은 다음과 같다. 단 θ는 N을 최소의 양수로 만들기 위한 양의 정수이다.

$$N = \left[r_1 a_1 \frac{M}{m_1} + r_2 a_2 \frac{M}{m_2} + r_3 a_3 \frac{M}{m_3} + \cdots \right] + \theta M$$

앞에서도 이미 언급하였듯이 이 유형의 문제는 중국 고대 역법에서 '상원적년上元積年'을 추산하는 문제와 밀접한 연관이 있다. 하지만 유감스럽게도 한말 이후 남송시대에 이르기까지 역대로 저명한 역법은 모두 상원적년의 수치만을 제시하였을 뿐 그 계산법을 전혀 서술하지 않았다. 현전하는 자료에 근거해 보자면 이 계산법에 대해 체계적으로 서술한 사람은 진구소가 효시이다. 진구소는 그의 저서 『수서구장』의 제1, 2 양 권 중에서 이 계산법에 대해 자세하게 소개하였다. 그는 또한 이 산법을 상원적년 추산 이외의 각종 수학 문제에도 응용하였다.

한편 상기의 서술에서 전 해법 중의 관건은

$$a_i \frac{M}{m_i} \equiv 1 \ (\mathrm{mod} \ m_i)$$

를 만족시키는 a_i를 구하는 것이다. 손자 문제의 경우처럼 수치가 간단할 경우에는 단순한 추측과 시행착오로도 이 a_i값을 구할 수 있다. 그러나 비교적 복잡한 수치의 경우라면 단지 추측에 의존하는 것만으로는 충분 치 않다. 진구소는 이름하여 대연구일술이라는 방법을 제시하였는데, 이 방법은 최대공약수를 구하는 유클리드 호제법과 극히 유사하다.

진구소의 방법을 현행 기호법으로 서술하면 대략 다음과 같다.

우선 $\frac{M}{m_i}$에서 연속적으로 m_i를 빼 나가 최종적으로 나머지 G가 $G < m_i$를 만족시키도록 한다. 이 경우의 G는 당연히 $G \equiv \frac{M}{m_i} (\mathrm{mod} \ m_i)$ 를 만족한다.

진구소가 전개한 주식籌式은 다음과 같다. 먼저 G를 우상右上에 두고, m_i를 우하右下에, 좌상左上에는 1을 둔다. 좌하左下는 비워 둔다.(다음 표 참 조) 전 계산의 주식은 이 상하좌우로 사분한 공간에서 진행된다.

진구소의 대연구일술 산법의 구체적 계산 과정은 다음과 같다. "먼저 우상(G)으로 우하(m_i)를 나누어, 얻어진 상수商數(Q_1)와 좌상의 1을 상생相 生(相乘)하여 좌하에 넣는다.(이와 동시에 m_i를 G로 나눈 나머지 R_1으로 고친다.) 그런 다음 우상과 우하에서 작은 수로 큰 수를 나누고 이(互除)를 반복한 다.(단 매번 새로운 나머지로 이전 치를 대신한다.) 얻어진 상수를 그때마다 곱해 좌행에 넣는다. 우상의 수치가 1이 되면 계산을 멈춘다. 이때 좌상의 값이 곧 승률乘率(즉 a_i)이 된다."[72]

매번 호제互除를 행할 때 얻어진 상商을 순서대로 Q_1, Q_2, Q_3, ……,

Q_n, 나머지를 R_1, R_2, R_3, ……, R_n 이라고 했을 때, 좌행상하에 누차적으로 얻어진 값을 k_1, k_2, k_3, ……, k_n 이라고 하자. 그러면 각 단계별로 상하좌우 사분한 공간에서 일어나는 주식의 변화는 다음과 같다.

$$\begin{array}{|cc|}\hline 1 & G \\ 0 & m_i \\ \hline \end{array} \quad \begin{array}{|cc|}\hline 1 & G \\ k_1 & R_1 \\ \hline \end{array} \quad \begin{array}{|cc|}\hline k_2 & R_2 \\ k_1 & R_1 \\ \hline \end{array} \quad \begin{array}{|cc|}\hline k_2 & R_2 \\ k_3 & R_3 \\ \hline \end{array} \quad \cdots \quad \begin{array}{|cc|}\hline k_n & R_n \\ k_{n-1} & R_{n-1} \\ \hline \end{array}$$

위의 주식에서 좌우 양행의 누차적인 변화를 현행 기호법으로 기술하면 이하의 좌우 양단의 등식과 같다.

$$
\begin{aligned}
m_i &= GQ_1 + R_1, & k_1 &= Q_1 \\
G &= R_1 Q_2 + R_2, & k_2 &= Q_2 k_1 + 1 \\
R_1 &= R_2 Q_3 + R_3, & k_3 &= Q_3 k_2 + k_1 \\
R_2 &= R_3 Q_4 + R_4, & k_4 &= Q_4 k_3 + k_2 \\
R_3 &= R_4 Q_5 + R_5, & k_5 &= Q_5 k_4 + k_3 \\
&\cdots\cdots & &\cdots\cdots \\
R_{n-2} &= R_{n-1} Q_n + R_n (=1) & k_n &= Q_n k_{n-1} + k_{n-2}
\end{aligned}
$$

마지막으로 얻어진 k_n 이 곧 구하는 a_i값이다.[73]

실례를 하나 들어 위의 일련의 등식으로 표현된 구일술求一術을 보다 구체적으로 이해해 보면, 합동식 $a_1 \cdot 2970 \equiv 1 \pmod{83}$의 경우[74] $G = 2970 - 35 \cdot 83 = 65$, $m_i = 83$이므로, 양단 계산식은 다음과 같게 된다.

---

72) 先以右上除右下, 所得商數與左上一相生, 入左下. 然後乃以右行上下以少除多, 遞互除之. 所得商數卽遞互累乘, 歸左行上下. 須使右上末後奇一而止. 乃驗左上所得以爲乘率.

73) 단 조건상 n은 반드시 짝수여야 한다. 만약 R_{n-1}이 홀수차에서 이미 1이 되었을 경우, 秦九韶는 1로 R_{n-1}을 나누어 商이 $R_{n-1} - 1$이 되도록 하였다. 그러면 n번째 R_n의 값이 여전히 1로 유지된다.

74) 秦九韶, 『數書九章』, 제2권, 「分粜推原」, 제1문.

$$83 = 1 \cdot 65 + 18, \qquad k_1 = 1$$
$$65 = 3 \cdot 18 + 18, \qquad k_2 = 3 \cdot 1 + 1 = 4$$
$$18 = 1 \cdot 11 + 7, \qquad k_3 = 1 \cdot 4 + 1 = 5$$
$$11 = 1 \cdot 7 + 4, \qquad k_4 = 1 \cdot 5 + 4 = 9$$
$$7 = 1 \cdot 4 + 3, \qquad k_5 = 1 \cdot 9 + 5 = 14$$
$$4 = 1 \cdot 3 + 1, \qquad k_6 = 1 \cdot 14 + 9 = 23$$

마지막의 $R_6 = 1$일 때 $k_6 = 23$이 되는데, 이 23이 즉 구하는 a_1의 값이다. 우리는 손쉽게 $23 \cdot 2970 \equiv 1 \,(\mathrm{mod}\ m_i)$이 성립함을 검산할 수 있다.

여기서 $k_n = a_i$가 합동식 $k_n \cdot \dfrac{M}{m_i} \equiv 1 \,(\mathrm{mod}\ m_i)$을 만족시키는 것을 증명하는 것은 그다지 어렵지 않다. 가령 $l_2 = Q_2$, $l_3 = Q_3 l_2 + 1$, $l_4 = Q_4 l_3 + l_2$, ……, $l_n = Q_n l_{n-1} + l_{n-2}$라고 할 때 상술한 양단 등식으로 이하의 식을 얻을 수 있다.

$$R_1 = m_i - k_1 G$$
$$R_2 = G - Q_2 R_1 = G - Q_2 (m_i - k_1 G)$$
$$\quad = k_2 G - l_2 m_i$$
$$R_3 = R_1 - Q_3 R_2 = (m_i - k_1 G) - Q_3 (k_2 G - l_2 m_i)$$
$$\quad = l_3 m_i - k_3 G$$
$$\cdots\cdots$$
$$R_{n-1} = l_{n-1} m_i - k_{n-1} G$$
$$R_n = k_n G - l_n m_i$$

한편 $R_n = 1$일 때 마지막 등식은 $k_n G - l_n m_i = 1$이 되고 따라서 다음 합동식을 얻는다.

$$k_n G \equiv 1 \,(\mathrm{mod}\, m_i)$$

또한 주어진 조건에 따라 G는 $G \equiv \dfrac{M}{m_i}$을 만족시키기 때문에

$$k_n \cdot \frac{M}{m_i} \equiv 1 \ (\mathrm{mod}\, m_i)$$

이 성립함을 알 수 있다.

진구소는 k_n 을 구함에 있어 우상의 나머지가 1이 될 때까지(奇一而止) 호제를 진행하는 점을 이유로 이 계산법을 '구일술'이라고 불렀다. 또한 그는 더 나아가 이 산법을 『역경』「계사전」의 대연지수大衍之數에 견강부회하여 대연구일술이라고 호칭했다.

앞에서 언급하였듯이 역법의 역원曆元 계산의 경우는 각 m_i 가 일월오행 등 각종 천체의 운행 주기(회귀년, 삭망월 등)를 의미하기 때문에 일반적으로 정수가 될 수 없다. 진구소는 『수서구장』에서 m_i 의 조건에 따라 이를 '원수元數', '수수收數', '통수通數', '복수復數'의 네 종류로 분류하였다. 원수는 일반적인 양의 정수를 가리키고, 수수는 소수를 말하며, 통수는 분수의 경우이고, 복수는 0으로 끝나는 숫자 즉 10의 배수를 의미한다. 원수를 제외한 세 종류의 경우, 진구소는 이를 다시 원수로 변형하여 계산을 진행하였다.

또한 m_i 가 쌍으로 서로소가 아닐 경우에 대해서 진구소는 "일위一位를 약約하지 않고 중위衆位를 약約한다"[75]거나 "홀수를 약約하고 짝수는 약約하지 않는다"[76]라고 하는 과정을 덧붙였다. 비록 당시 중국에 소수素數나 양의 정수의 소인수분해 등과 같은 개념이 부재하였지만 진구소는 위와 같은 일정한 계산법을 도입함으로써 이 방면의 결함을 보완하였다.

원대의 『수시력』은 역원의 계산에서 단지 근거近距만을 취하고 상원적

---

75) 不約一位約衆位.
76) 約奇不約偶.

년의 추산을 폐기하였다. 명대에 반행된『대통력大統曆』은 기본적으로『수시력』을 그대로 연용한 역법으로 역시 상원적년을 부활시키지 않았다. 이는 역법 계산에 있어서 일종의 중요한 개량임에 틀림없지만 이로써 역원 계산의 필요에 의해 발전해 온 대연구일술도 점차로 잊혀 갔다.

청 중엽에 이르러 많은 수학자들이 고대 수학을 연찬研鑽하게 되면서 다시금 새롭게 이 산법이 '발굴'되게 된다.

유럽의 경우는 18~19세기가 되어서야 비로소 오일러(L. Euler, 1709~1783)와 가우스(C. F. Gauss, 1777~1855) 등이 연립일차합동식에 대한 연구를 진행하였다. 진구소의 이 방면의 연구는 유럽보다 500년 이상 앞선다.

2) 종횡도

종횡도는 송원시대 산서의 비교적 특수한 내용 중의 하나이다.

종횡도(마방진, 즉 가로세로 및 대각선의 각 수의 합이 같은 도형)는 그 유래가 고대로 상당히 거슬러 올라간다. 앞에서『수술기유』를 소개하면서 이미 삼행(3×3) 마방진인 구궁도九宮圖에 대해 서술하였다. 양휘는『속고적기산법續古摘奇算法』에서 이 삼행 마방진 이외에도 사행(4×4), 오행(5×5), 나아가 십행(10×10)까지의 마방진을 다루었다. 이하에서는 그중 칠행(7×7, 양휘는 衍數圖라고 칭했는데 衍數란 49를 가리킨다)과 구행(9×9), 십행의 마방진을 하나씩 열거함으로써 그 개략을 살펴보고자 한다.

연수도衍數圖(가로세로 및 대각선의 합이 175)

46	8	16	20	29	7	49
3	40	35	36	18	41	2
44	12	33	23	19	38	6
28	26	11	25	39	24	22
5	37	31	27	17	13	45
48	9	15	14	32	10	47
1	43	34	30	21	42	4

구구도九九圖(가로세로 및 대각선의 합이 369)

31	76	13	36	81	18	29	74	11
22	40	58	27	45	63	20	38	56
67	4	49	72	9	54	65	2	47
30	75	12	32	77	14	34	79	16
21	39	57	23	41	59	25	43	61
66	3	48	68	5	50	70	7	52
35	80	17	28	73	10	33	78	15
26	44	62	19	37	55	24	42	60
71	8	53	64	1	46	69	6	51

백자도百子圖(가로세로 및 대각선의 합이 505)

1	20	21	40	41	60	61	80	81	100
99	82	79	62	59	42	39	22	19	2
3	18	23	38	43	58	63	78	83	98
97	84	77	64	57	44	37	24	17	4
5	16	25	36	45	56	65	76	85	96
95	86	75	66	55	46	35	26	15	6
14	7	34	27	54	47	74	67	94	87
88	93	68	73	48	53	28	33	8	13
12	9	32	29	52	49	72	69	92	89
91	90	71	70	51	50	31	30	11	10

주의할 필요가 있는 것은 위에서 열거한 칠행 마방진이 이른바 '중심

마방진[77]이라는 점이다. 원대에 서역에서 전래한 것으로 1956년 서안에서 발견된 철판 위에 새긴 육행(6×6)의 마방진(다음 절 참조)도 역시 중심 마방진이다.

마방진이란 n^2개의 연속하는 자연수를 n^2개의 격자 속에 가로세로 및 대각선상의 숫자의 합이 모두 같아지도록 배치하는 것으로, 자연히 그 교묘함이 돋보인다. 단 북송시대 이래로 사람들이 삼행 마방진으로 구성된 이른바 '낙서洛書'를 신비화함으로써 수학의 탄생과 낙서가 밀접하게 연관된 것으로 여기기 시작하였는데, 이는 대단히 잘못된 것이다. 명청시대의 일부 수학 저작, 예를 들어 『산법통종』이나 『수리정온數理精蘊』(1723년) 같은 서적은 낙서를 수학의 기원으로 여기는 오류를 범하였다.

3) 『수시력』에서의 구면삼각법 사상

주지하다시피 고대 그리스, 인도 그리고 아랍 국가의 천문학자들은 상당히 이른 시기부터 구면삼각법을 응용하여 기하학적 천문 계산을 행하였다. 이 중 인도천문학은 수당시기에 처음으로 중국에 전해졌지만[78] 이러한 이질적인 계산법은 전혀 중국 천문학자의 주목을 끌지 못하였다.

중국 고대의 『구장산술』에는 현弦과 시矢, 호弧의 상관관계에 대한 약간의 지식이 보인다. 「구고」장에 실린 "지금 원형 목재가 벽에 매립되어 있는데 그 크기를 알지 못한다. 톱으로 자르니 깊이(矢)가 1촌이고 톱으로 잘린 길이(弦)가 1척이다. 묻는다. 직경은 얼마인가?"[79]와 같은 문제가 그

---

77) 역주: 중심을 기준으로 행렬의 수를 줄여 나가도 역시 마방진의 특성을 유지하는 마방진
78) 역주: 『開元占經』 所收의 『九執曆』.

것이다. 그러나 현과 시, 그리고 호의 상관 관계식을 처음으로 도출한 사람은 송대의 과학자 심괄이다. 가령 현행 기호법에 의거해서 표기하면 다음과 같다. [그림5-4]에서 원의 직경을 d, 반경을 r, 현弦AB$=c$, 시矢CD $= V$, 호弧ADB$= s$라고 할 때 심괄이 산출한 공식은 다음 식에 해당한다.

$$\begin{cases} c = 2\sqrt{r^2 - (r - V)^2} = 2\sqrt{dV - V^2}, \\ s = c + \dfrac{2V^2}{d} \end{cases}$$

심괄은 이 계산법을 '회원술會圓術'이라고 불렀다. 단 제2공식은 근사 공식이다.[80)

왕순과 곽수경 등이 편찬한 『수시력』에서도 '적도적도赤道積度', '적도 내외도赤道內外度'를 추산할 때 심괄의 회원술을 이용하였는데, 이들은 이 계산 과정에서 또 다른 새로운 관계식을 도출하였다. 이 신법의 발견이

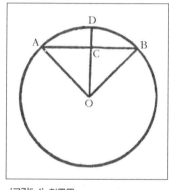

[그림5-4] 割圓圖

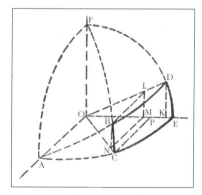

[그림5-5] 赤道積度와 赤道內外度

---

79) 今有圓材埋在壁中, 不知大小. 以鋸鋸之, 深一寸, 鋸道長一尺. 問. 徑幾何.
80) 역주: 위에서 언급한 『九章算術』「句股」장에 실린 문제의 해법은 沈括의 제1공식에 해당한다.

갖는 수학적인 의미는 다름 아니라 구면삼각법으로 통하는 길을 열었다는 점에 있다.

이른바 적도적도와 적도내외도의 추산이란 바로 태양의 위치의 황경黃經을 이미 알고 있을 때 그 적경赤經과 적위赤緯의 도수를 구하는 것을 의미한다. [그림5-5]에서 보자면 호弧AD는 황도黃道의 상한호象限弧를 가리키고, 호AE는 적도赤道의 상한호를 나타내며, 호DE는 '황적대거黃赤大距'를 의미한다. 만약 태양의 위치가 호AD 선상에서 B점에 이르렀다고 가정하면,

> 호BD는 황도적도
>
> 호CE는 적도적도
>
> 호CB는 적도내외도

가 된다.

우선 황적대거 즉 호ED에서 시矢KE에 대한 계산을 예로 하여 회원술이 어떻게 응용되었는지를 설명해 보자. 호DE$=s$, 주천周天의 직경(2OE)$=d$, 반경(OE)$=r$, 시KE$=V$(正矢versine에 해당), DK$=P$(正弦sine에 해당), OK$=q$(餘弦cosine에 해당)라고 할 때, 이를 회원술의 공식에 적용하면 다음과 같다.

$$
\begin{cases}
P = \sqrt{r^2 - (r - V)^2} = \sqrt{dV - V^2}, \\
s = P + \dfrac{V^2}{d}
\end{cases}
$$

P를 소거하면 $V^4 + (d^2 - 2ds)V^2 - d^3 V + d^2 s^2 = 0$을 얻는데, 이를 풀면 V의 값을 구할 수 있다. 이를 $q = r - V$와 $P = \sqrt{dV - V^2}$ 에 대입하면 바로 q, P를 구할 수 있다.

『수시력』에서 적도적도와 적도내외도를 구하는 것은 호BD를 알고 있

을 때 호CE와 BC의 도수를 구하는 것에 해당한다.

[그림5-5]에서 보듯 점B에서 OD에 수선垂線BL을 긋고 회원술을 이용하여 같은 방법으로 호BD의 시lLD= V_1, 반현半弦LB= P_1, 여현餘弦OL= q_1 을 구할 수 있다.

또 점L에서 OE에 수선LM을 긋고 점B에서 OC에 수선BN을 그은 후 MN을 이으면 즉 MN=LB= P_1 이 된다. 여기서 호BC의 반현BN= P_2, 여현ON= q_2, 시lNC= V_2 라고 하면 직각삼각형의 상사相似 $\triangle$ OML ∞ $\triangle$ OKD 로부터 $BN = LM = \dfrac{OL}{OD} \cdot DK$ 임을 알 수 있다. 즉,

$$P_2 = \frac{q_1 P}{r} \qquad \text{①}$$

마찬가지로 $OM = \dfrac{OL}{OD} \cdot OK$, $ON = \sqrt{OM^2 + MN^2}$ 에서[81] $q_2 = \sqrt{(\dfrac{q_1 q}{r})^2 + P_1^2}$, NC=OC−ON에서 $V_2 = r - q_2$ 를 얻을 수 있다.

호BC의 시 V_2 및 반현 P_2 로부터 재차 회원술에 의해

호BC=태양이 점B에 있을 때의 적도내외도= $P_2 + \dfrac{V_2^2}{d}$

가 구해진다.

적도적도(호CE)를 구하는 방법도 대동소이하다. 점C에서 OE에 수선CP를 그으면 즉 직각삼각형의 상사 $\triangle$ OPC ∞ $\triangle$ OMN가 성립한다.

호CE의 반현CP= P_3, 여현OP= q_3, 시lPE= V_3 라고 하면 즉 CP =

---

81) 역주: ∠OMN이 직각.

$\dfrac{OC}{ON} \cdot MN$으로부터 다음을 알 수 있다.

$$P_3 = \dfrac{rP_1}{\sqrt{(\dfrac{q_1 q}{r})^2 + P_1^2}} \qquad ②$$

역시 $OP = \dfrac{OC}{ON} \cdot OM$으로부터 다음을 알 수 있다.

$$q_3 = \dfrac{qq_1}{\sqrt{(\dfrac{q_1 q}{r})^2 + P_1^2}} \qquad ③$$

또 PE=OE−OP로부터 $V_3 = r - q_3$임을 알 수 있다.

P_3와 V_3로부터 회원술에 의해

$$호CE = 태양이\ 점B에\ 있을\ 때의\ 적도적도 = P_3 + \dfrac{V_3^2}{d}$$

이 구해진다.

적도내외도 및 적도적도를 구하는 계산법은 실질적으로 구면삼각법에서의 직각삼각형의 해법과 흡사하다. 가령 c로 황경의 호AB의 호도弧度, b로 적경의 호AC, a로 적위의 호CB, α로 황적교각黃赤交角 ∠EOD를 나타낸다고 하자. 그러면 반경r로 상술한 ①, ②, ③ 세 식의 양변을 나눔으로써 이하의 구면삼각 공식을 얻을 수 있다.

$$\sin a = \sin c \sin \alpha$$
$$\cos b = \dfrac{\cos c}{\sqrt{\sin^2 c \cos^2 \alpha + \cos^2 c}}$$

$$\sin b = \frac{\sin c \cos \alpha}{\sqrt{\sin^2 c \cos^2 \alpha + \cos^2 c}}$$

왕순, 곽수경 등은 비록 새로운 계산법을 도입하였지만 단 회원술 자체의 오차와 원주율 $\pi = 3$에 기인한 오차가 작지 않았고 따라서 추산 결과는 충분히 만족스럽지 않았다. 또 그들이 모처럼 도입한 구면삼각법이라는 새로운 산법도 이후로 지속적으로 발전하지 못했다. 중국 천문학사상 구면삼각법의 전면적 도입은 시대를 한참 내려간 17세기에 이르러 서양 수학이 전래한 이후의 일이다.(상세한 내용은 후술)

6. 송원시대 중외수학 지식의 교류

한당의 뒤를 이어 송원시대에 이르면, 중외수학 지식의 교류에 또 많은 진전이 이루어진다. 특히 13세기가 되면 몽고인의 서진西進 영향으로 중국과 이슬람 국가 간의 문화 교류가 현저하게 증대되었다.

원의 세조 쿠빌라이는 1271년에 경성 안에 회회사천대回回司天臺를 설립할 것을 명하였다. 이슬람 국가의 천문학자 자말 알딘(Jamāl al-Dīn, 중국명 扎馬魯丁)은 바로 이 기관에 근무하였는데, 그는 그간 몇 종류의 천문의기를 제작하였고 회회력법回回曆法의 일종인 『만년력萬年曆』 또한 편찬하였다. 『원비서감지元秘書監志』 권7 「회회서적回回書籍」의 기재記載에 의하면 당시 이슬람 국가의 천문학 저서도 중국에 전래되었다고 한다. 『올홀렬적사벽산법단수兀忽列的四擘算法段數』 15부, 『한리련굴윤해산법단목罕里連窟允解算法段目』 3부, 『살유나한답석아제반산법단목병의식撒唯那罕答昔牙諸般算法單目并

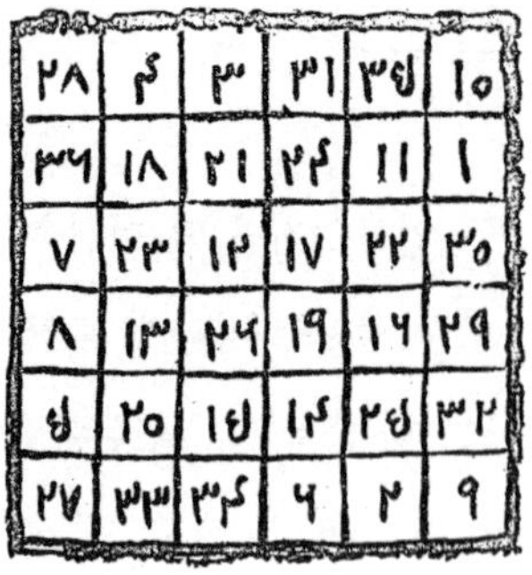

(鐵板刻文)

28	4	3	31	35	10
36	18	21	24	11	1
7	23	12	17	22	30
8	13	26	19	16	29
5	20	15	14	25	32
27	33	34	6	2	9

(번역)

[그림5-6] 西安 出土 '縱橫圖' 鐵板 拓片

儀式』17부, 『아사필아제반산법阿些必牙諸般算法』8부 등이 그것이다.[82] 단 이 서적들은 중국어로 번역되지 않았고 원서도 또한 일찍이 산일散佚되었다.

당시의 아라비아 숫자 역시 중국에 전래되었다. 1956년 겨울, 서안 근교의 구舊 안서왕부安西王府 유지遺址를 발굴 중에 다섯 장의 철판鐵板이 발견되었는데, 윗면에는 모두 아라비아 숫자로 된 6행(6×6) 종횡도(마방진)가 새겨져 있었다.([그림5-6]) 당시의 일종의 미신·습관에 따르면 철판은 진마피사鎭魔避邪에 쓰이는 용품이었다. 윗면에 새겨진 숫자는 이른바 '동東 아라비아 숫자'와 매우 흡사하다.

당시 서방 이슬람 국가에서 통용되던 '토반산법土盤算法'도 중국에 전래되었다. 이 산법은 죽제 혹은 철제의 봉을 이용하여 사반沙盤이나 토반土盤 상에서 필산을 행하는 방식을 말한다. 명대의 학자 당순지唐順之의 시구에 "사서암역서번력沙書暗譯西蕃曆"이라고 있는데 여기서 '사서沙書'가 가리키는 것이 바로 이 사반산법沙盤算法이다.

명대의 수학자 오경이 편찬한 『구장산법비류대전九章算法比類大全』(1450

---

82) 역주: 兀忽列은 유클리드 혹은 알콰리즈미(al-Khwarizmi)의 音譯일 가능성이 있으며, 罕答昔牙는 아라비아어 幾何學의 音譯일 것으로 추정된다.

년)에는 격자산格子算의 일종인 '사산寫算' 이 소개되어 있다. 오경의 설명은 이렇 다. "사산은 먼저 격자의 눈금을 그려 둘 필요가 있다. 실수實數(披乘數)를 위에 가로로 두고, 법수法數(乘數)를 오른쪽에 세로로 적는다. 법실法實을 서로 외우고 (결과를) 격자 안에 적어 넣는다."[83] [그림5-7]은 문제 "1석石당 가격이 45관貫 678문文9분分이다. 지금 425석石이 있다. 전체의 가격은 얼마인가?"[84]라는 단순 한 곱셈 문제를 사산으로 구하는 도식

[그림5-7] 吳敬의 '寫算'圖

이다. 명 말의 정대위가 편찬한 『산법통종』에서는 이 격자 산법을 '포지 금鋪地錦'이라고 불렀다. 이 격자산 또한 이슬람 국가에서 전래한 것이 다.[85]

서방의 이슬람 국가 수학 지식이 중국에 전래함과 동시에 중국의 수 학 지식도 자연히 상호 접촉과 교류 과정 중에 서방에 전해지기도 하였 다. 몽고인은 그들이 바그다드를 점령하였을 때 저명한 천문학자 나시르 알 딘 투시(Nasīr al-Dīn Tūsī)의 건의를 받아들여 마라게(Maragheh, 현 이란 북서부 에 위치)에 천문대를 세웠다. 이 마라게천문대는 사방에서 저명한 학자들 을 초빙하였는데, 당시 몽고의 수장이었던 훌라구(중국명 旭烈兀) 칸이 중국

---

83) 寫算先要畵置格眼. 將實數置於上橫, 爲法數於右直寫. 法實相呼, 塡寫格內.

84) 已知每石價爲四十五貫六百七十八文九分. 今有四百二十五石. 求共價若干.

85) 역주: 후술할 알 카시의 『산술의 열쇠』에 소개된 방법과 완전히 일치한다고 알려져 있다.

에서 인솔해 간 네 명의 천문학자들도 여기에 포함되어 있었다. 이 천문학자들은 당연히 중국의 수학에 대해 정통했을 것이다.

이슬람 국가의 수학 저작 중에는 일부 중국의 고산서에 실린 문제와 극히 유사한 문제들이 보인다. 예를 들면 『손자산경』의 '물부지기수物不知其數' 문제와 『장구건산경』의 '백계百鷄 문제' 등이 있다. 15세기의 이슬람 수학자 알 카시가 저술한 『산술의 열쇠』에서 서술한 제법, 개평방, 개립방 등은 중국 고대의 산법과 그 방식이 매우 흡사하다.(개방시에 '法'을 一退, 再退하는 것 등) 특히 고차개방에서의 '구렴법求廉法', 개방이 딱 떨어지지 않을 때의 '명분법命分法' 및 이항정리의 계수표(즉 賈憲의 '開方作法本源圖) 등은 더더욱 중국 송원수학의 내용과 완전히 일치한다. 이러한 수학 지식은 중국 송원시대의 산서 이외에 다른 어느 나라에서도 먼저 제기된 적이 없는 것들이다.

송원의 산서는 이슬람 국가로의 서전西傳 이외에도 동쪽의 조선과 일본에 심대한 영향을 미쳤다. 조선은 『양휘산법』, 주세걸의 『산학계몽』, 안지재安止齋의 『상명산법』 등의 저작을 번인飜印하였다. 이 중 『산학계몽』은 후대에 중국 내에서 일단 실전되었고, 현재 입수할 수 있는 『산학계몽』은 조선의 번각본에 근거해서 청 말에 재차 중간된 것이다.[86] 일본에서도 번각 이외에 일부 훈해訓解를 덧붙인 주석 및 번역서가 출간되었다.

---

86) 역주: 이 『算學啓蒙』은 金始振 重刊本(1660년)으로, 실은 阮元과 교류했던 金正喜가 『산학계몽』이 중국에 없음을 알고 귀국 후 이를 贈送한 것으로 알려져 있다. 단 阮元은 이를 착각했는지 羅士琳本에 붙인 자신의 서문에는 "琉璃廠의 書肆에서 얻었다"라고 썼다.

1. 주산珠算 탄생의 시대 배경

앞에서 우리는 송원시대의 중국 고대 수학이 이룩한 거대한 발전 정황을 살펴보았다. 이는 모두 산주算籌(산가지)로 포산하는 주산籌算의 기초 위에서 얻어진 성과들이다. 그러나 유의해야 할 점은 이러한 커다란 발전이 지속적으로 더 높은 수준으로 진전하지 못했다는 사실이다. 수많은 소중한 성과들, 예를 들어 천원술과 사원술, 초차술 그리고 고계 등차급수의 구화 등은 도리어 빠르게 쇠퇴하였고 심지어는 사실상 실전되기까지 하였다. 15세기의 명대의 수학자들은 천원술과 사원술에 대해 전혀 이해불능 상태에 있었다. 명대 전 기간과 청 초에 이르는 약 4백 년간의 기간 중 천원술, 사원술은 사실상 거의 '절학絶學' 상태였다고 할 수 있다.

왜 이런 현상이 생겼을까? 물론 원인은 다기에 걸쳐 존재한다. 그러나 가장 중요한 이유 중의 하나는 이러한 발전이 사회적 실제 수요로부터 유리되었다는 점일 것이다. 천원술을 예로 들어 보더라도 당시 생산 활동에 실제로 이를 응용하는 경우는 극히 드물었다. 원대의 색목인 출신 과학자 사극십沙克什(瞻思라고도 한다)이 저술한 『하방통의河防通議』(1321년)에는 일부 천원술을 응용한 실례가 들어 있다. 또 왕순, 곽수경 등이 편찬한 『수시력』에도 천원술이 일부 쓰인 것이 사실이다. 그러나 『하방통의』의 경우는 이차방정식에 응용한 것에 불과하고, 『수시력』은 일단 편찬된 이후에는 명대의 흠천감欽天監 관원들조차 『수시력』의 '입성立成'(각종 數表)에 의거하여 추산을 진행할 따름으로 그 입법立法의 근원에 대해서는 이해하지 못하는 경우가 대부분이었다. 이야의 『측원해경』과 『익고연단』의 문제만 보더라도 대다수는 미리 답을 알고 있는 사람들이 '편조編造'해 낸 것들이다. 당시 사회경제 각 방면의 수요를 감안할 때 설령 다른 과학발전의 필요를 포함하더라도 실제적인 의미를 갖는 문제를 찾기는 쉽지 않다. 사차 혹은 그 이상의 고차방정식의 해법을 필요로 하는 문제들은 당시에는 모두 실제 생활과 생산 활동에서 생겨난 것들이 아니다. 고차연립방정식의 해법이라면 더더욱 아무런 실질적인 의미를 찾기 어렵다.

고계 등차급수의 구화 문제 및 초차법의 경우도 상황은 이와 대동소이하다.

사회적 생산 활동 상의 수요로부터도 유리되었고, 또한 내용도 간심艱深해서 이해하기 힘들다는 사실이야말로 이러한 성취를 사라지게 만든 주요한 원인일 것이다. 천원술과 사원술에 관한 문제는 절대 다수가 직각삼각형의 각 선분 간의 관계를 조건으로 하여 '편조'된 것이다. 이 같은 근본적인 결함이 천원술과 사원술을 급속히 그리고 부단히 발전할 수 없는 운명으로 결정지었다.

그렇다면 당시의 사회적 실제 수요는 대체 무엇이며, 당시의 사회적 생산 활동의 수학에 대한 요구 수준은 과연 어떠하였을까?

명대는 건국 초기로부터 쇠망해 가는 16세기 말에 이르기까지의 약 250여 년간에 걸쳐 그 사회경제적 조건이 비록 기복은 있었다고는 해도 거시적으로 보자면 부단히 발전, 상승하는 추세에 있었다. 각종 수공업 및 상업, 해외무역 모두 크게 발전하였다. 이러한 발전, 특히 상업과 무역에서의 급속한 발전은 날로 번중繁重해지고 날로 복잡화해 가는 수학적 계산을 요구하였다. 대량 계산(절대 다수는 가감승제의 사칙연산 문제이다)의 부담은 계산 과정을 보다 신속히 그리고 간편히 처리할 필요성을 증대시켰다. 그러나 고대로부터 전승되어 온 주산籌算은 본질적으로 이러한 요구에 부응하기에 적절하지 못했다. 이로써 주산籌算에 대한 철저한 개혁이 필요해졌다. 우선 주산籌算의 승제법乘除法은 상하 3층으로 배열할 필요가 있어 대단히 불편하였다. 그리고 주산籌算의 가감법 또한 부단히 산주의 배열 형식을 변화시켜야 하기 때문에 신속하게 계산하기에 어려움이 있었다. 송대에 들어 이미 실제로 산주로 포산하지 않고 필사筆寫로 주식籌式을 적는 방식이 도입되지만 그렇다고 해서 주산籌算의 방법상의 기본 특징이 변화한 것은 아니었다.

이러한 요구에 부응하여 탄생한 새로운 계산 도구와 그 계산법이 바로 주판과 주산珠算이다.

주판(算盤)의 출현은 중국수학사 상의 일대 사건이다. 계산 도구가 완전히 일신되었다. 주판은 휴대가 편리하고 사용법이 극히 간단한 계산 도구로 극히 최근까지도 중국인들에게 널리 애용되었다. 동시에 주판은 조선과 일본 등 아시아 국가에 전파되어 이들 국가에서도 널리 사용되었다.[1] 주산珠算은 중국 내외로 큰 영향을 미쳤다.

물론 주산珠算은 주산籌算의 기초 위에서 변화한 것이다. 그렇다면 주

---

[1] 역주: 단 조선의 수학자들은 말기 최근세에 이르기까지 의식적으로 주판을 거부하고 算籌를 이용한 籌算을 고집하였다. 한국에 주판이 보급된 것은 사실상 식민지 시대에 일본을 통해서였다. 일본의 주판과 중국의 주판은 주판알의 모양과 개수가 다르다. 흔히 중국식은 梁上二珠, 梁下五珠이고 알이 둥근 모양인 데 반해, 일본식은 이를 梁上一珠, 梁下四珠로 개량한 것이 일반적이고 알 모양도 菱形이다.

산籌算에서 주산珠算으로 변화하기 위해 필요한 조건은 무엇일까? 구체적인 변화 과정은 또 어떠하였을까? 아래에서 우리는 세 부분으로 나누어 이에 관해 서술하고자 한다.

2. 당 말기 이래의 승제간첩산법乘除簡捷算法

주산籌算의 개혁에 관한 한 일찍이 8세기경 만당晩唐시기에 이미 그 변화가 시작되었다고 할 수 있다. 이는 당대 중엽의 사회경제적 발전과 떼려야 뗄 수 없는 관계에 있다. 이 개혁은 주요하게는 승제법의 개량으로 나타났다.

전술한 것처럼 중국 고대의 주산籌算에서 승제법의 포산은 상중하 3단으로 배열해야 할 필요가 있다. 만당 이래의 수학자들은 일종의 생략산법인 '승제첩법乘除捷法'을 찾으려고 노력하였는데, 요는 삼층 산주의 포산이 필요한 승제법을 단지 일층 산주만을 사용하여 재빨리 결과를 얻고자 한 것이다.

현전하는 『하후양산경』[2]에 들어 있는 일부 예제에는 다위수多位數의 승제를 단위수單位數의 승제로 바꾸는 계산 방식이 이용되고 있다. 이것이 바로 삼층 산법을 일층 산법으로 바꾸는 좋은 예라고 할 수 있다. 일부 예를 들자면 승수乘數가 35일 때 5를 먼저 곱하고 나중에 다시 7을 곱한다든지, 12로 나눌 경우 먼저 반으로 줄이고 나서 6으로 나눈다든지, 근을 량으로 바꿀 경우(1斤=16兩) 먼저 두 배하고 나중에 8을 곱한다든지, 량을

---

2) 현전본 『夏侯陽算經』은 전술하였듯이 晩唐시기 즉 8세기 중엽 혹은 말엽의 저작이다.

수鉄로 바꿀 때(1兩=24鉄) 먼저 3을 곱하고 나중에 8을 곱하는 것이다.

승수의 수위首位가 1일 때는 또한 '덧셈으로 곱셈을 대신하는' 것이 가능하다. 예로 승수가 14라면 '신외첨사身外添四'법을 쓰면 되고, 승수가 144라면 '신외첨사사身外添四四'법을 쓸 수 있다. 또 승수가 102일 경우는 '격위가이隔位加二'로 계산한다. 마찬가지로 제법의 제수의 수위가 1일 때는 뺄셈으로 나눗셈을 대신할 수 있다. 예로 제수가 12라면 같은 방식으로 '신외감이身外減二'법으로 계산을 진행한다.

승제법의 승수와 제수의 수위가 1이 아닌 경우라면 각종의 변통의 방법을 동원하여 첫자리를 1로 만들어 계산한다. 이처럼 '1로 만드는' 방법을 '구일求一' 혹은 '득일得一'이라고 불렀다. 『신당서』 「예문지」에는 "강본江本 『일위산법一位算法』 이권二卷, 진종운陳從運 『득일산경得一算經』 칠권七卷" 등의 산서가 기재되어 있는데 이미 실전되었다. 그러나 『송서宋書』 「율력지」에 "진종운이 지은 『득일산경』은 그 술術이 인因과 절折로 이루어져 있고 손익損益의 도를 취해 변통하니 모두 그 수가 합당하다"[3]라는 해설이 있다. 여기서 "인과 절로 이루어져 있고 손익의 도를 취하는" 것이야말로 구일 혹은 득일 산법의 주요한 내용임을 알 수 있다.

북송시대의 과학자 심괄은 그의 저서 『몽계필담』에서 산술에 대해 "간단하면 즉 쓰고 번잡하면 즉 바꾸어서 한 법을 고집하지 않는다"[4]라고 주장하였는데 이는 주산籌算에 대한 개혁 방향, 즉 번잡한 것을 간략화하는 필연적 추세를 일찍이 아주 적절하게 간파한 것이다.

주산籌算의 승제법에 대한 개혁은 송원시대 전 시기를 거쳐 꾸준히 진

---

3) 『宋書』, 「律曆志」, "陳從運著得一算經, 其術以因折而成, 取損益之道, 且變而通之, 皆合於數."(역주: 因은 한 자릿수 곱셈을 말한다.)
4) 見簡卽用, 見繁卽變, 不膠一法.

행되었다. 현전하는 남송의 양휘의 저서에는 이와 관련한 일부 재료가 포함되어 있다. 예를 들어『승제통변산보乘除通變算寶』권중에는 '덧셈으로 곱셈을 대신하는' 법과 '뺄셈으로 나눗셈을 대신하는' 법에 대한 체계적인 서술이 보인다. 즉 '가일위加一位'(乘數가 11, 12, ……, 19), '가이위加二位'(乘數가 111, 112, ……, 199), '중가重加'(247＝13×19처럼 乘數가 분해 가능한 경우), '격위가隔位加'(101, 102, ……, 109) 등과 '감일위減一位', '감이위減二位', '중감重減', '격위감隔位減'의 방법 외에 '구일대승求一代乘' 산법을 위해 여덟 구의 가결歌訣이 기록되어 있다. 이 여덟 구의 가결을 통해 우리는 구일대승 산법에 대한 개괄적인 이해를 얻을 수 있다. 이 여덟 구의 가결은 이렇다. "5·6·7·8·9는 두 배로 한다. 2·3은 반으로 나누고 4를 만나면 두 번 절반한다. 승수를 배로 하거나 반으로 줄였다면 피승수는 반대로 한다. 덧셈으로 곱셈을 대신하지만 결과는 정확하다."[5] 가결 중의 "배절본종법倍折本從法, 실즉반기유實卽反其有"에서 '법法'은 승수乘數를 말하고 '실實'은 피승수被乘數를 가리킨다. 양휘는 자신이 이 두 구에 붙인 주석에서 "법을 배로 하면 반드시 실을 절반하고 실을 배로 하면 반드시 법을 반으로 줄인다"[6]라고 하였다. 즉 이 말은 즉 승수에 2를 곱하면 피승수를 2로 나누고 역으로도 마찬가지라는 의미다. 가결의 전체적 의미는, 승수의 수위가 5·6·7·8·9일 때는 승수를 배로 하면 첫 자릿수가 1이 되고, 승수의 수위가 2·3일 때는 반으로 줄이면 첫 자릿수가 1이 되며, 4의 경우는 두 번 연속으로 반으로 줄이면 첫 자릿수가 1이 된다. 그런 다음 다시 가일위나 가이위 등의 생략산법을 이용하여 계산을 행한다. 이와 동시에 만약 처음에 승수

---

5) 五六七八九, 倍之數不走. 二三須當半, 遇四兩折扭. 倍折本從法, 實卽反其有. 用加以代乘, 斯數足可守.
6) 倍法必折實, 倍實必折法.

를 배로 했다면 피승수를 반드시 반으로 줄여야 하고 반대로 처음에 반으로 줄였다면 피승수를 반드시 배로 해야 한다는 것이다.

양휘의 책에는 승법乘法의 '구일求一' 가결 이외에 제법除法의 '구일' 가결도 실려 있다. 그러나 14세기 중엽에 '귀제歸除'법이 탄생한 이후로 이 나눗셈의 구일법은 곧 도태되었다.

3. 13~14세기의 민간수학과 주산籌算 구결의 형성

앞에서 우리는 양휘의 저작에 가결歌訣이 이미 등장한 것을 보았다. 실제로 다수의 산법을 가결화한 것은 바로 13~14세기 중국 민간수학의 현저한 특징 중의 하나이다. 이 가결은 주산籌算에서 주산珠算으로 변해 가는 과정에서 중요한 역할을 하였다.

남송 초년에 영계榮棨가 『구장산술』을 번각하였을 때 그는 서문(1148년)에서 다음과 같이 말하였다.[7] "정강靖康 이래로, …… 어떤 자는 문답을 숨겨서 중인衆人을 속이고 어떤 자는 가단歌彖을 덧붙여 자신을 뻐기니 만세의 사람을 이롭게 하는 마음은 저버리고 일시의 영리營利의 도구로 삼았다."[8] 이 말은 우리에게 남송 이래의 가결 중시 기풍이 얼마나 성행하였는지를 잘 알려 준다. 양휘 이외에도 원대의 주세걸, 정거丁巨, 가형賈亨 그리고 명대의 유사륭劉仕隆, 오경, 정대위 등의 저작에는 모두 각종 산법에 대한 가결이 상당수 실려 있고 나아가 경우에 따라서는 시가詩歌의 형

---

7) 역주: 현전하는 楊輝의 『詳解九章算法』에 鮑澣之의 서문과 함께 실려 있다.
8) 自靖康以來, …… 或隱問答以欺衆, 或添歌彖以衒己, 乖萬世益人之心, 爲一時射利之具.

식으로 수학 문제를 만들기까지 하였다. 주세걸의 『사원옥감』 「혹문가단
或問歌彖」 문問은 전체가 12문제로 구성되어 있는데 그중 제1문과 제4문과
같은 경우가 그렇다.9)

今有方池一所, 每面丈四方停. 葭生兩岸長其形, 出水三十寸整.
東岸蒲生一種, 水上一尺無零. 葭蒲稍接水齊平, 借問三般怎定. (제1문)

我有一壺酒, 携着游春走. 遇務添一倍, 逢店飲斗九.
店務經四處, 沒了壺中酒. 借問此壺中, 當元多少酒. (제4문)

시가 형식은 단지 문제에만 국한되지 않는다. 산법의 알고리즘도 일
부는 가결의 형식을 취한다. 예로 원대의 『상명산법』의 '수축修築'에 관한
가결은 다음과 같다.

算中有法築長城, 上下將來半折平.
高以乘之長又續, 此爲城積甚分明.
三因其積五而一, 是壤求堅法竝行.
穿地四因於壤積10), 法中仍用五歸成.

또 「장량전무丈量田畝」의 가결은 이렇다.

---

9) 역주: 이하 인용된 원문은 이른바 數學詩歌가 갖는 형식미를 살펴보는 것이므로 번
   잡함을 피하고자 번역은 굳이 덧붙이지 않았다.
10) '壤'은 굳히기 전의 虛土, '堅'은 굳힌 후의 實土를 말한다. 『九章算術』 「商功」장의 제1
    문 이후에는 "穿地四爲壤五爲堅三", "以壤求穿四之, 求堅三之, 皆五而一"라는 설명이 부
    기되어 있는데 가결 중의 후반 4구가 가리키는 것이 바로 '壤求堅'(5 : 3), '壤求穿'(5 :
    4)의 비례 계산법이다.

古者量田較闊長, 全憑繩尺以牽量.

一形雖有一般法, 惟有方田法易詳.

若見喎斜幷凹曲, 直須裨補取爲方.

却將乘實爲田積, 二四除之畝法强.

비교적 중요한 가결로는 '화영가化零歌'와 '귀제가결歸除歌訣'을 들 수 있다. 중국의 도량형 제도에서는 아주 이른 시기부터 16량을 1근으로 정했기 때문에 화물의 근당 가격을 갖고 량당 가격을 구하는 것은 일상에서 다반사로 부딪치는 흔한 계산 문제였다. 남송시대에 이르면 양휘가 『일용산법日用算法』(1262년)을 편찬하여 이 계산을 간단히 하기 위해 새로운 가결을 만들었다. 바로 '화영가'이다.(전8구)

一求隔位六二五, 二位退位一二五, 三求一八七五記, 四求改曰二十五, 五求三一二五是, 六求兩價三七五, 七求四三七五置, 八求轉身變作五.

주세걸은 『산학계몽』에서 '근하류법斤下留法'이란 이름 하에 이를 15구로 확장하였다.

一退六二五, 二留一二五, 三留一八七五, 四留二五, 五留三一二五, 六留三七五, 七留四三七五, 八留單五, 九留五六二五, 十留六二五, 十一留六八七五, 十二留七五, 十三留八一二五, 十四留八七五, 十五留九三七五.

이 가결의 의미는 $\frac{1}{16} = 0.0625$, $\frac{2}{16} = 0.125$, $\frac{3}{16} = 0.1875$, ……처럼 각 소수점 이하 숫자를 노래로 외우는 것이다. 이로써 근당 가격을

알면 화영가를 외움으로써 량당 가격을 손쉽게 산출할 수 있다. 예를 들어 근당 가격이 56전이라면 즉 '오류삼일이오五留三一二五'와 '육류삼칠오六留三七五'를 소리 내 외운 후 3.125+0.375=3.5를 계산하면 이 값이 바로 매 량당 가격이 된다. 또 2근7량을 근으로 환산하는 경우도 '칠류사삼칠오七留四三七五'를 소리 내 외우고 계산하면 바로 2+0.4375=2.4375근이 됨을 알 수 있다.

이처럼 복잡한 승제법을 가법으로 대체하는 것이 가능해졌다. 일체의 정황을 고려할 필요 없이 단지 기계적으로 계산하면 답이 구해진다. 따라서 현재에도 중국에서는 보통 사람들이 쓰는 상투어(口頭禪)에 "상관 말고 일퇴육이오 그냥 해"[11]라는 말이 있을 정도로 화영가는 가결이 생긴 이후로 근당 가격에서 량당 가격을 구하는 기본 방법이 되었다.

귀제가결은 주산籌算에서 주산珠算으로 변화하는 데 있어 대단히 중요한 의미를 갖는 가결이다. 일반적으로 주산籌算에서는 제법을 달리 '상제商除'라고도 호칭한다. 이는 나눗셈의 경우 반복적으로 어림짐작(商議)해야 정확한 상商(몫)의 값을 구할 수 있기 때문이다. 그러나 귀제가결이 생긴 이후로는 상제 또한 일퇴육이오一退六二五의 화영가처럼 구결을 소리 내 외우면 바로 상수를 구할 수 있게 되었다.

현재도 (중국인이라면) 많은 사람들이 "이일첨작오二一添作五, 봉이진일십逢二進一十"과 같은 '구귀가결九歸歌訣'을 알고 있을 것이다. 이하에서는 구귀가결의 발전사를 간단히 서술하고자 한다.

북송시대 심괄이 저술한 『몽계필담』에는 일종의 '증성增成' 산법이 기술되어 있다. 즉 '구제자증일九除者增一', '팔제자증이八除者增二'와 같은 유형

---

11) 管他許多, 一退六二五, 幹下去就是.

의 산법이다. 이는 바로 후대의 '구일하가일九一下加一', '구이하가이九二下加二'와 같은 구결의 전신에 해당하는데 단 이 중성법은 제수가 다위수多位數일 경우 그다지 편리하지 않은 결점이 있었다.

　양휘는『승제통변산보』에서 '구귀九歸' 첩법을 서술하고 당시까지 전해 온 4구의 이른바 '고결古訣'의 기초 위에서 다시 32구의 새로운 구결口訣을 첨주添注하였다. 전래된 고결은 "귀수구성십歸數求成十, 귀제자상가歸除自上加, 반이위오계半而爲五計, 정위퇴무차定位退無差"이고 양휘가 새로 만든 32구 신주新注는 다음과 같다.

　　歸數求成十: [九歸] 遇九成十.[12) [八歸] 遇八成十. [七歸] 遇七成十. [六歸] 遇六
　　　　成十. [五歸] 遇五成十. [四歸] 遇四成十. [三歸] 遇三成十. [二歸] 遇二成十.
　　歸除自上加: [九歸] 見一下一,[13) 見二下二, 見三下三, 見四下四. [八歸] 見一下
　　　　二, 見二下四, 見三下六. [七歸] 見一下三, 見二下六, 見三下十二, 卽九.[14)
　　　　[六歸] 見一下四, 見二下十二, 卽八. [五歸] 見一作二,[15) 見二作四. [四歸]
　　　　見一下十二, 卽六.[16) [三歸] 見一下二十一, 卽七.[17)
　　半而爲五計: [九歸] 見四五作五. [八歸] 見四作五. [七歸] 見三五作五. [六歸] 見
　　　　三作五. [五歸] 見二五作五. [四歸] 見二作五. [三歸] 見一五作五. [二歸]
　　　　見一作五.
　　定位退無差: 商除於斗上定石者, 今石上定斗. 商除於人上得文者, 今人上定
　　　　十.[18)

---

12) 즉 주세걸의 가결로는 逢九進一十에 해당한다. 이하 같은 방식으로 類推할 것.
13) 즉 주세걸의 가결로는 九一下加一에 해당한다. 이하 같은 방식으로 類推할 것.
14) 본래는 당연히 見三下九가 되어야 하지만 또 遇七成十이기 때문에 見三下十二가 되었
　　다. 사실상 주세걸의 가결의 七三四十二와 같다.
15) 즉 주세걸의 가결로는 五一倍作二에 해당한다. 이하 같은 방식으로 類推할 것.
16) 즉 주세걸의 가결로는 四一二十二.
17) 즉 주세걸의 가결로는 三一三十一.
18) 즉 다시 말해서 피제수를 상술한 口訣에 의거해 계산을 완료한 이후에 얻은 결과에

양휘의 구결은 비록 후대의 구귀가결과 완전히 일치하지는 않지만 그 래도 이미 상당 부분 유사하다. 이 구결은 단 여전히 제수가 한 자릿수의 나눗셈에만 적용 가능하다. 제수가 두 자릿수의 경우에 대해 양휘는 또 다시 특수한 구결을 만들었다. 예를 들어 제수가 83이라면 그의 '팔십삼 귀八十三歸'의 구결은 "견일하십칠見一下十七, 견이하삼십사見二下三十四, 견삼 하오십일見三下五十一, ……"이 된다. 양휘는 이처럼 제수가 두 자릿수인 제 법을 '천제穿除' 혹은 '비귀飛歸'라고 불렀다.[19]

한편 원대의 주세걸의 『산학계몽』에는 36구의 귀제가결이 기재되어 있다.

一歸如一進, 見一進成十. 二一添作五, 逢二進成十. 三一三十一, 三二六十二,
逢三進成十. 四一二十二, 四二添作五, 四三七十二, 逢四進成十. 五歸添一倍,

대해 다시 한 번 退位해야 정확한 商數를 구할 수 있다는 의미.

19) 역주: 양휘의 가결의 내용을 간단히 설명하면, ① 귀수가 十이 됨을 구한다(歸數求成 十)는 피제수의 첫 자릿수와 제수가 같은 경우, 예를 들어 567을 5로 나눌 경우에 初商이 1이 된다는 의미이다. ② 귀제는 스스로 위에 더한다(歸除自上加)는 일반적인 제법의 가결로 첫 번째 구귀 즉 9로 나누는 경우를 예로 들면 각각 見一下一은 $\frac{10}{9}=1+\frac{1}{9}$, 見二下二는 $\frac{20}{9}=2+\frac{2}{9}$, 見三下三은 $\frac{30}{9}=3+\frac{3}{9}$, 見四下四는 $\frac{40}{9}=4+\frac{4}{9}$를 의미한다. 나머지도 같은 방식으로 유추할 수 있다. 단 칠귀 즉 7로 나누는 제법의 見三下十二, 即九와 같은 경우는 $\frac{30}{7}=3+1+\frac{2}{7}=3+\frac{9}{7}$의 의미로 일 단 3을 初商으로 하면 나머지가 $1+\frac{2}{7}$이 남게 되므로 이를 十二로 표현한 것이다. 이는 피제수의 首位의 숫자와 初商을 일단 같게 하는 가결의 성격상 불가피하게 발생하는 현상이다. 나머지도 마찬가지다. ③ 반으로 나누어 五로 계산한다(半而爲五 計)는 초상이 5가 되는 경우로 $\frac{45}{9}=5, \frac{40}{8}=5, \frac{35}{7}=5, ……$를 의미하고, ④ 자리를 정해 퇴위해도 차가 없다(定位退無差)는 1석=10두, 1인=10문과 같이 10의 배수로 이루어진 단위를 변경할 경우 자릿수를 옮기는 가결이다.

逢五進成十. 六一下加四, 六二三十二, 六三添作五, 六四六十四, 六五八十二,

逢六進成十. 七一下加三, 七二下加六, 七三四十二, 七四五十五, 七五七十一,

七六八十四, 逢七進成十. 八一下加二, 八二下加四, 八三下加六, 八四添作五,

八五六十二, 八六七十四, 八七八十六, 逢八進一十. 九歸隨身下,[20] 逢九進成十.

이 가결은 현대에 흔히 사용되는 주산珠算의 구귀가결과 완전히 일치
한다.[21]

주세걸에 이르면 제수가 두 자릿수라도 굳이 천제나 비귀를 쓸 필요
가 없어진다. 제수의 자릿수가 얼마이든 관계없이 먼저 수위首位의 숫자
에 해당하는 구귀가결로써 초상初商을 구한 후(예를 들어 제수가 325라면 삼귀로,
4267이라면 사귀로 계산한다), 제수의 나머지 숫자와 초상을 곱해 피제수에서
뺀다. 이러한 제법除法은 이치 상 현행 주산珠算의 나눗셈과 완전히 같다.
다만 여전히 산주로 계산하는 점이 다를 뿐이다.

주산珠算의 귀제법에는 이상에서 살펴본 구귀가결 이외에도 "일一을
보아 무제無除면(나누어지지 않으면) 구일九一로 만든다"[22]로 시작하는 '당귀

---

20) 즉 "九一下加一, 九二下加二, ……"(역주: $\frac{10}{9} = 1 + \frac{1}{9}$, $\frac{20}{9} = 2 + \frac{2}{9}$, ……)를 의미한다.

21) 역주: 양휘의 가결에 비해 보다 일반화된 형식이다. 일귀는 一進과 같고 一을 보면
나아가 十을 이룬다(一歸如一進, 見一進成十)는 一歸 즉 제수가 1이고 피제수가 10,
100, 1000, ……의 경우 단지 進位와 退位만을 행함을 의미하고, 二歸 즉 2로 나눌
경우 二一은 五를 첨작한다(二一添作五)는 $\frac{10}{2} = 5$, 二를 만나면 나아가 十을 이룬다
(逢二進成十)는 $\frac{20}{2} = 10$을 의미한다. 이하 逢n進成十(一十)은 모두 같은 의미다. 三歸
의 三一三十一은 $\frac{10}{3} = 3 + \frac{1}{3}$, 三二六十二는 $\frac{20}{3} = 6 + \frac{2}{3}$, ……로 이하 모두 간단히
그 의미를 유추할 수 있다. 오귀는 두 배를 덧붙인다(五歸添一倍)의 경우는 $\frac{10}{5} = 2$에
대해 표현을 달리했을 뿐이지만 여기서 一倍는 중국어 용법에서는 두 배에 해당함에
주의가 필요하다. 중국어로 二倍는 세 배에 해당하고 三倍는 네 배의 관계에 있다.

가결撞歸歌訣'이라든지 "일귀는 일一을 빌려 일一이 오고 이귀는 이二를 빌려 이二가 온다"23)와 같은 '기일가결起一歌訣'24)이 있다. 하지만 이런 가결은 주세걸의『산학계몽』에는 보이지 않는다. 그 후 14세기 중엽의『정거산법』에 "이귀의 당귀는 구십이, 삼귀의 당귀는 구십삼"25)과 같은 구결이 처음 등장하는데 안지재26)가 저술한『상명산법』에서야 비로소 "이二를 보아도 무제면 구이九二, 삼三을 보아도 무제면 구삼九三, ……"27)류의 가결이 보인다. 이는 현행의 상용가결과 완전히 같다.

---

22) 見一無除作九一.(역주: 당귀법은 제수가 다위수인 경우 제2위 숫자의 대소로 인해 그 대로 歸除를 적용할 수 없는 경우에 이용하는 口訣이다. 歌訣은 '見n無除作九n'의 형식으로 제수와 피제수의 首位가 모두 n으로 같지만 제2위의 대소로 인해 減積이 불가능할 경우 자릿수를 낮춰 9를 초상으로 얻고 n×9를 피제수에서 빼면 n만큼 피제수의 제2위에 더해 주어야 함을 표현한 것이다. 실례로 37125÷375를 당귀법으로 계산하면 ① 먼저 "見三無除作九三"라고 외우고 9를 初商으로 정한 후, 3을 9로 바꾸고 7에 3을 더해 10125를 얻는다. 이하 減積에서 "七九除六三" 즉 제수의 제2위 수(7)와 9를 곱해서 6300을 감해 3825를 얻고, 다시 "五九除四五" 즉 제수의 제3위 수(5)와 9를 곱해 450을 제한다. 결과로 3375를 얻는다. 이를 다시 375로 나누어야 하는데 이 또한 당귀법의 대상이다. ② 다시 "見三無除作九三"라고 외우고 9를 次商으로 정한 후 같은 방식으로 제수의 나머지 자릿수의 곱을 뺀다. ③ 나누어떨어지고 결과로 99를 얻는다.)

23) 一歸借一來一, 二歸借二來二.

24) 역주: 起一歌訣을 실례로 설명하면 예를 들어 131428÷2987의 경우, 제수의 首位 2로써 初商을 5라고 어림짐작했다고 치자. 그러나 감적 과정에서 5가 너무 크다는 것을 알게 되어 초상 5에서 1을 빼 4로 고치면 피제수에 2×1000만큼 환원해야 한다. 가결은 즉 제수의 首位의 숫자가 1일 경우는 1을 환원하고 2일 경우는 2를 환원하고, ……, 9일 경우는 9를 환원함을 의미한다.

25) 二歸撞歸九十二, 三歸撞歸九十三.

26) 역주:『詳明算法』의 저자에 관해서는 분명하지 않다. 조선의 동활자본 서문에는 단지 '安止'라는 두 자만이 보인다. 程大位의『算法統宗』에는 "元儒 安止齋何平子 作"이라고 하였는데, 따라서 혹자는 하평자를 저자로 보고 혹자는 안지재를 저자로 보기도 한다. 혹은 두 사람의 공저라고 하기도 하고 안지재를 하평자의 호로 보기도 하는 등 학자 간의 견해가 일치하지 않는다. 원저자는 하평자를 저자로 보았는데 역자는 같은 총서의『조선수학사』의 예를 따라 안지재로 고쳤다.

27) 見二無除作九二, 見三無除作九三.

4. 주산珠算의 탄생

귀제가결이 당귀결撞歸訣 및 기일결起一訣을 포함하여 최종적으로 완비된 점은 주산籌算에서 주산珠算으로 변화해 가는 과정에서 볼 때 관건이 되는 일보전진이었다. 청 초의 수학자 매문정梅文鼎(1633~1721)은 「고산기고古算器攷」에서 "귀제가결은 가장 간결하고 교묘해서 이로써 주판을 갖고 다니게 되었다"[28]라고 하였는데 일리가 있는 주장이다. 귀제가결이 최종적인 형태로 완성된 이후로는 주산籌算의 승법乘法은 매 자릿수에 대해 구구가결을 외우면 그만이고, 주산籌算의 제법除法 역시 매 자릿수에 대해 귀제가결에 의거해 외우면 된다. 이는 부단히 산주의 배열을 바꿔 가야 하는 주산籌算이라는 계산 도구를 점점 더 불편하고 느리게 느끼게 만들었다. 입으로 "이일첨작오"라고 외우고 나서 원래 놓여 있던 1을 5로 바꾸려면 일일이 네 개의 산주를 첨입添入해야 하기 때문이다. 손이 입을 따라오지 못하니 머릿속으로 하는 계산은 더 말할 것도 없다. 주산籌算은 이로써 개량하지 않으면 안 되는 한계에 도달하였다.

이리하여 사람들은 한 알 한 알의 계산 구슬로써 한 가지 한 가지로 된 산주를 대체하였고, 나아가 이 산주算珠를 막대에 꿰어 손가락으로 팅겨서 산주의 더하고 빼기를 대신하였다. 더 나아가 양상梁上과 양하梁下를 구별하여 양상의 1주를 5로 삼았다. 이 점도 주산籌算과 서로 유사하다. 결국 주판은 산주를 모방한 것이고 산주기수법의 일부 제도를 그대로 계승하였다. 다시 말하면 주판은 고대 주산籌算의 기초 위에서 변화한 것이다.

그렇다면 주판은 도대체 언제 만들어졌을까? 또 누가 이를 만들었을

---

28) 歸除歌括訣, 最爲簡妙, 此珠盤所持以行也.

까? 이 두 문제에 대해 우리는 현재도 여전히 정확한 답을 알 수 없다. 아니 역으로 이는 주산珠算이 어느 특정인의 창조물이 아니라 하나의 시대의 산물임을 설명하는 좋은 근거일지도 모른다. 광대한 인간 군상의 일상적 수요로부터 추동되어 점차 조금씩 개량을 거친 후 마지막으로 완성된 것이리라.

일련의 유관 문헌의 연구를 통해서 개략적이지만 단정할 수 있는 사실은 아무리 늦어도 15세기 초엽이 되면 주산珠算은 이미 당시 사회 속에서 광범히 이용되었다는 점이다.

주판에 관한 가장 이른 문헌 상의 기재는 원 말의 14세기 중엽에까지 거슬러 올라간다. 도종의陶宗儀가 펴낸 『남촌철경록南村輟耕錄』(1366년) 권29의 「정주井珠」의 항목에는 이런 구절이 보인다. "무릇 남녀 하인을 고용하는 경우, 처음 와서는 튕기지 않아도 저절로 움직이는 '뇌반주擂盤珠'와 같으나, 조금 지나면 튕겨야만 움직이는 '산반주算盤珠'(주판알)와 같아지고, 오래되면 종일 굳어 있어 튕겨도 전혀 움직이지 않는 '불정주佛頂珠'(부처 머리 모양)처럼 된다. 이는 비록 이언俚諺에 불과하지만 실제 사정을 잘 말해 준다."[29] 현재도 일반적으로 능동적이지 못한 사람에 대해 관례적인 구두선口頭禪으로 "사람이 꼭 주판알 같아서 시켜야만(튕겨야만) 움직인다"[30]라고 한다. 도종의가 언급한 것은 현재의 주판과 대단히 흡사하게 보인다. 그러나 『철경록』에는 주산籌算에 관한 언급도 보인다. 따라서 앞에서 언급한 산반주가 과연 주산珠算의 주판알인지의 여부는 반드시 확정적이지는 않다.

---

29) 凡納婢僕, 初來時, 曰擂盤珠, 言不撥自動, 稍久, 曰算盤珠, 言撥之則動, 旣久, 曰佛頂珠, 言終日凝然, 雖撥亦不動. 此雖俗諺, 實切事情.
30) 某某是屬算盤珠的, 撥一撥, 動一動.

현전하는 산학서 중 가장 먼저 주산珠算에 대해 체계적인 소개를 하고, 또 주판의 생김새와 형식을 그림으로 보여 주고, 나아가 가감법의 구결을 수록한 책으로 명대 만력 원년(1573)에 서심로徐心魯가 교정校訂한『반주산법盤珠算法』이 있다. 그러나 이 이전에 오경이 편찬한『구장산법비류대전』과 왕문소王文素가 저술한『산학보감算學寶鑑』(1524년)에도 주산珠算이 아니면 나올 수 없는 산법이 일부 기술되어 있다. 이 두 저작에는 모두 이른바 '기오결起五訣'(혹은 作五訣이라고 불린다)과 '파오결破五訣'이 들어 있다. 이 중 특히 파오결은 더욱 분명한 주산珠算의 산법이다. 파오결이란 "무일無一은 오五를 깨면 사四를 밑에 돌려주고, 무이無二는 오五를 깨면 삼三을 밑에 돌려준다. ……"[31]라는 가결로 5에서 1을 빼거나 2를 뺄 경우이다. 그런데 주산籌算의 규정에 "오五는 홑으로 늘어놓지 않는다"[32]란 것이 있다. 즉 5는 반드시 ㅌ나 ⦀⦀로 표시해야 하고 하나의 산주算籌로 5를 나타내지 않는다는 규정이다. 따라서 1을 빼든 2를 빼든 그만큼 산주를 들어내면 그만이다. 그러나 주산珠算에서는 양상梁上의 1주가 양하梁下의 숫자와 무관하게 그 자체로 5를 의미하기 때문에 무일無一 즉 양하에 1이 없는 경우에 5에서 1을 뺄 경우 양하에 4를 환원해야 할 필요가 생긴다. 무이無二의 경우는 양하에 2가 없기 때문에 5에서 2를 빼면 양하에 3을 환원해야 한다. 이로써 알 수 있듯이 위의 구결은 주산珠算의 구결일 가능성이 대단히 크다. 그러나 어찌되었건 오경이나 왕문소 두 사람의 저작에 정식으로 주산珠算에 대해 언급하지 않은 사실은 변함이 없다.

명 말에 이르면 상술한 서심로의『반주산법』외에 주산珠算의 산법을

---

31) 無一卽破五下還四, 無二去五下還三, …….

32) 五不單張.

강술講述한 산서로 가상천柯尙遷의 『수학통궤數學通軌』(1578년), 주재육朱載堉의 『산학신설算學新說』(1584년), 정대위의 『산법통종』, 『산법찬요算法纂要』(1598년), 황용음黃龍吟의 『산법지남算法指南』(1604년) 등이 있다. 이 중 정대위의 『산법통종』은 그 후로 번각본이 끊이지 않고 가장 널리 전파되었으며 또한 그 영향력이 가장 컸다.

5. 정대위와 그의 『산법통종』

정대위는 자를 여사汝思, 호를 빈거賓渠라고 한다. 안휘安徽 휴녕休寧 사람이다. 스무 살이 넘어서부터 양자강 하류 일대를 무대로 상업에 종사하였는데 평소에 수학에 대해 깊은 흥미를 갖고 있었다고 한다. 그는 다수의 산서를 수집하고 이름난 선생을 찾아다녔다. 수십 년간의 노력을 쌓은 결과, 마침내 1592년 그가 60세가 되던 해에 『직지산법통종直指算法統宗』을 완성하였다. 그는 「서직지산법통종후書直指算法統宗後」에서 자신이 이 책을 저술하게 된 경과를 상세히 기록하였다. 그는 이렇게 말했다. "나는 어려서부터 이 학문(즉 수학)을 배우길 좋아하였고 약관의 나이에 오초吳楚지방을 상유商游하면서 명사明師를 두루 찾아다녔다. 문의를 궁구窮究하고 성법成法에 이르기까지 상세히 공부한 후 돌아와 솔수率水의 상류 지역에서 깊이 연구하기를 어언 이십여 년, 어느 날 황연히 얻은 바가 있었다. 그리하여 제가諸家의 법을 모아 참조하고 일득一得한 작은 지식을 덧붙여 이를 책으로 편찬하였다. 무릇 전법前法의 아직 펴지 못한 바는 밝히고 아직 갖추지 못한 것은 보완하였다. 또 번무繁蕪한 것은 없애고 소략한 것은

상세히 하였다. 그리고 와류訛謬가 있으면 정
정訂正하였고, 차서次序를 구별하고 구두句讀
를 정리하였다."[33] 정대위는 이 책을 위해서
말 그대로 적지 않은 심혈을 기울였다고 할
수 있다.

『산법통종』은 응용수학서에 해당한다.
이 책은 주산珠算을 주요한 계산 도구로 삼고
전체 595문제를 다룬다. 문제의 절대 다수는
유사류의 『구장통명산법九章通明算法』(1424년)이
나 오경의 『구장산법비류대전』 등 다른 수
학서에서 뽑아낸 것으로, 문제의 전반적인
편성은 여전히 『구장산술』의 형식을 따랐으
며 분량은 전 17권으로 이루어져 있다.

[그림6-1] 程大位 像
(康熙 55년 刻本 『算法統宗』
에서 인용)

제1, 제2 양 권은 내용이 「선현격언先賢格
言」,「산법제강算法提綱」에서 「대수大數」,「소수小數」에 이르며 또 도량형과
전무장량田畝丈量의 제도, 주판의 정위법定位法 및 주산珠算에서의 가감승제
가결歌訣 등을 다룬다. 이 모두冒頭의 양 권은 산서의 나머지 부분을 이해
하는 데 필요한 기초 지식을 먼저 분명하게 제시한다. 이러한 서술 방법
은 원대의 주세걸이 저술한 『산학계몽』과 많이 흡사하다. 여기서 반드시
언급해야 할 점은 책 속에 인용된 주산珠算의 가감승제 가결이 이미 거의
완벽하다는 사실이다. 이 구결들은 현재에 이르기까지 전혀 새로운 변화

---

33) 予幼耽習是學, 弱冠商游吳楚, 遍訪明師, 繹其文義, 審至成法, 歸而覃思於率水之上, 餘二十
   年, 一旦恍然若有所得. 於是乎參會諸家之法, 附以一得之愚, 纂集成編. 諸凡前法未發者明之,
   未備者補之. 繁蕪者刪之, 疏略者詳之. 而又爲之訂其訛謬, 別其序次, 淸其句讀.

없이 그대로 이어져 왔고, 명청시대에서 지금에 이르기까지 수백 년간에 걸쳐 광범위하게 유행하였다.

제3권에서 제12권까지는 각 장이 모두 『구장산술』의 장 이름으로 명명되어 있다. 각 장의 분권分卷 편제는 다음과 같다.

권3: 「방전일장方田一章」. 이 장의 모두에서 정대위는 일종의 작금의 측량용 줄자와 유사한 도구를 소개한다. 이름 하여 '장량보차丈量步車'라고 하였다.

권4: 「속포이장粟布二章」(『구장산술』에서는 '粟米'라고 한다).

권5: 「쇠분삼장衰分三章」.

권6~권7: 「소광사장少廣四章」. 이 장에서는 개평방과 개립방, 그리고 이를 일반 2, 3차방정식의 해법으로 확장한 대종개평방, 대종개립방 등의 산법을 다룬다. 이 장에는 또 오경의 산서에 실려 있던 개방작법본원도도 전재되어 있다. 단 본서에는 사차 이상의 고차멱의 개방 문제가 단 한 문제도 실려 있지 않다. 이 본원도本源圖에 관해 정대위는 "이 그림은 비록 오경의 『구장九章』에 실려 있지만 평방에서 육차방정식에까지 어떻게 기능하는지에 대해 설명도 없고 주석도 분명하지 않다"[34]라고 언급하였으니 이미 이 시기에 이르면 단지 '증승개방법'만이 실전된 것이 아니라 '본원도'를 이용하여 개방을 진행하는 방법 또한 알고 있는 자가 드물게 되었음을 알 수 있다.

권8: 「상공오장商功五章」.

권9: 「균수육장均輸六章」.

권10: 「영뉵칠장盈朒七章」(『구장산술』에서는 '盈不足'이라고 한다).

---

34) 此圖雖吳氏九章內有, 自平方至五乘方, 却不云如何作用, 注釋不明.

권11: 「방정팔장方程八章」. 이 장에서는 이원, 삼원일차방정식 문제를 다룬다. 정대위는 이를 '이색二色', '삼색三色', '사색四色' 등으로 이름 붙였다. 그는 '방정'이 갖는 의의를 해석하면서 "반드시 행렬로 배열할 필요가 있다"[35]고 주장하였는데, 이로써 보자면 이러한 일차연립방정식의 문제는 아마도 주판을 이용해서 풀지 않은 것으로 추정된다.

권12: 「구고구장句股九章」.

권13~16까지는 각 권에 걸쳐 이른바 '난제難題'를 약간 수록하였다. 이 난제는 모두 유사류나 오경의 산서에서 뽑아 온 것이다. 정대위 본인도 언급하였듯이 이 난제들은 모두 "어려워 보이지만 실은 전혀 어렵지 않다. 단지 그 표현을 교묘히 비틀어 놓아서 산사算師로 하여금 일시적으로 미혹되어 손쓸 바를 모르게 했을 뿐"[36]에 불과하다.

권17에는 26종의 '잡법雜法'을 부록으로 수록하였다. 그중에 서방 이슬람 국가에서 전래한 '포지금鋪地錦' 승법乘法이 소개되어 있다. 이 외에도 '일장금一掌金'법(주판을 이용하지 않는 일종의 속산 기법) 및 각종 마방진(즉 종횡도) 등이 실려 있다.

『산법통종』의 말미에는 「산경원류算經源流」라는 명목으로 송원 이래의 각종 산서의 목록이 전 51종에 걸쳐 나열되어 있다. 이 중에서 현전하는 산서는 단지 15종에 불과하다. 이 서목은 송원시대에서 명대에 이르는 이 기간 내에 이루어진 중국수학 발전의 정황을 이해하는 데 도움을 준다.

중국 고대 수학의 전체적인 발전 과정에서 볼 때 『산법통종』은 매우 중요한 의미를 갖는 저작이다. 유포와 전승의 공간적 넓이와 시간적 길이

---

35) 必需佈置行列.
36) 似難而實非難. 惟其詞語巧捏, 使算師一時迷惑莫知措手.

그리고 깊이로 말하자면 어떤 다른 수학 저작도 이와 비견할 만한 것이 없다. 1716년(강희 55)에 저자의 후손이 『산법통종』의 신각본을 출판하면서 붙인 서문에는 다음과 같은 언급이 보인다. "(『산법통종』이 萬曆 壬辰年[1592] 출간된 이래) 세상을 풍미한 지 오늘로 벌써 백수십여 년이 지났다. 국내에 계산에 종사하는 사람들이라면 집에 한 권 소장하지 않은 사람이 없고, 마치 과거시험을 준비하는 학생에게 사서오경이 의미하는 것처럼 모두들 이를 으뜸으로 받들었다."[37] 이 말은 결코 지나친 과장이나 허풍이 아니다.

『산법통종』의 성서成書와 그 광범한 유포는 주산籌算에서 주산珠算으로의 변화가 사실상 완성되었음을 상징하는 사건이다. 이 이후로 주산珠算은 주류의 중심적 계산 도구가 되었고 고대의 주산籌算은 점차 실전失傳되고 사람들의 기억 속에서 사라져 갔다. 후대에 이르면 일반인들은 주산珠算은 알아도 주산籌算은 알지 못하게 되어 주산珠算이 실은 주산籌算에서 변화·발전해 온 것이라는 사실을 알지 못했다. 이러한 상황은 18세기 중엽에 이르기까지 그대로였고, 청대의 고증학자들이 고대 수학에 대해 깊이 있는 연구를 진행한 이후에야 비로소 주산籌算이 주산珠算으로 변화한 역사적 경과를 이해하기 시작하였다.

---

37) 風行宇內, 近今蓋已百有數十餘年. 海內握算持籌之士, 莫不家藏一編, 若業制擧者之於四子書, 五經義, 翕然奉以爲宗.

제7장 서양 수학의 제1차 전래

1. 서양 수학의 제1차 전래 개관

명의 만력萬曆연간(1573~1620)에는 중국의 국내 경제가 크게 발전하여 일부 지역의 특정 업종에서 자본주의 맹아적 생산방식이 출현하였다. 그러나 명 말의 통치자에 의한 잔혹한 착취와 명말청초에 걸쳐 부단히 발생한 전쟁 등으로 인해 사회경제는 단지 지속적인 발전이 불가능했을 뿐만 아니라 오히려 상당히 긴 기간에 걸친 정체 상황을 노정露呈하였다. 당시의 유럽은 이에 반해 15~16세기에 걸쳐 점차적으로 봉건사회에서 자본주의사회로 전환되었고, 17세기에 이르면 이러한 전환은 대부분의 지역에서 완성되었다.

자본주의적인 발전은 주지하다시피 원료와 시장 및 노동력을 약탈하는 침략 행위와 무관하지 않다. 1580년대에 이르면 자본주의 발전이 비교적 빠른 서양 국가들은 이미 원동遠東지역과 중국에까지 진출해 있었다. 그중에는 해적과 다름없는 상인들 이외에 적지 않은 선교사의 선견대도 파견되어 있었다. 이 과정에서 수학을 포함한 서양의 과학 지식 일부가 선교사의 중국 진출과 더불어 중국인에게 전해졌다.

당시 중국에 온 선교사들은 대다수가 '예수회'에 소속된 인물이었다. 예수회는 16세기 남유럽의 일부 국가를 중심으로 하여 종교개혁에 대항하는 가톨릭 보수 세력에 의해 1540년에 창립된 선교 조직이다. 예수회는 르네상스 이래의 일체의 새로운 사조를 적대시하고, 로마 등지에 '신학원'을 설립하여 여기서 배출된 학문적 조예를 갖춘 회원들을 전 세계 각지로 파견하여 선교활동에 종사시켰다. 선교 사명을 완수하기 위해서 이들은 때로는 수단과 방법을 가리지 않았는데, 예를 들어 파라과이에서처럼 토착인의 저항을 무력으로 진압하고 교회가 관리하는 독재정권을 세우기도 하였다. 그러나 당시의 중국은 상대적으로 강대한 국가였고 무력에 의한 정복은 불가능하였기에 예수회는 과학과 기술을 이용한 선교 방침으로 중국의 문을 두드렸다.

1582년(明 萬曆 10), 이탈리아인 예수회 선교사 마테오 리치(Matteo Ricci, 1552~1610, 중국명 利瑪竇)가 마카오에 도착하였다. 그는 중국에 진출한 최초의 서양 선교사 중 한 사람으로 광주廣州에 도착한 이후 유럽에서 가져온 해시계, 자명종, 프리즘 등을 당지의 관료에서 선물하여 환심을 사는 데 성공하였다. 이후로 그는 점차 중국 내지로 향하였고 여러 지역에서 선교 활동에 종사하였다. 마테오 리치의 성공 이래로 16세기에서 18세기에 걸친 약 200년간 지속적으로 중국에서 활동한 선교사는 수백 명에 달한다. 이들은 대다수가 중국식 이름을 갖고 있었다.

마테오 리치가 중국에 도착하였을 때, 명의 공식력인 『대통력』과 『회회력回回曆』은 이미 역법과 실제 천상의 운행이 상당 정도 어긋나 있었다. 일월식에 관한 예보는 특히나 심각하여 실제와 부합하지 않는 정도가 심했다. 또한 동시에 변방의 외환을 효과적으로 방비하기 위해서는 대포의 개량에 관한 신기술이 필수적으로 요구되었다. 역법의 개수改修와 신식 대포의 주조 및 이용이야말로 바로 당시 중국에 절실하게 필요한 급무였던 셈이다. 당시의 일부 지식인들은 국가의 위기를 극복할 수 있는 부국 강병책을 바랐고 이런 관점에서 그들은 서양의 과학과 기술에 대해 흥미를 보였다. 선교사들도 이 점을 적극 이용하여 우선 역법의 개량과 편제에 집중하였는데, 상층 지식인과의 연계를 통하여 마침내 황제의 신임을 획득하여 이를 수단으로 삼아 재차 기독교 선교와 서양 세력 확충이라는 목적을 이루고자 노력하였다.

서양 수학의 중국 전래의 제1단계는 바로 이처럼 개력을 중심으로 진행되었다. 이 첫 단계는 시기적으로 마테오 리치의 중국 도착(1582년)을 기점으로 하여 청 옹정雍正연간(18세기 초엽)에 이르기까지 전후 약 150여 년간에 해당한다. 이 단계에 전개된 서양 수학 지식 동전사東傳史를 주요한 내용을 중심으로 세분하면 ① 명 말 서양 수학 전래 초기의 『기하원본幾何原本』과 『동문산지』(1613년) 양 서적의 번역, ② 명말청초에 전래한 서양 역법에 관한 수학 지식, ③ 매문정에 의한 서양 수학 연구, ④ 강희제(본명 愛新覺羅玄燁, 1654~1722)와 『수리정온』의 편찬을 들 수 있다. 또한 전래된 수학을 내용으로 분류하면 유클리드 기하학을 비롯하여 필산에 의한 산법과 삼각법(평면과 구면을 포괄)과 로가리즘(對數)이 가장 중요하다.

2. 『기하원본』과 『동문산지』의 편역

1) 서광계와 『기하원본』

『기하원본』과 『동문산지』는 가장 먼저 중국어로 번역된 서양 수학 저

작이다. 이 두 저작은 모두 앞에서 언급한 예수회 선교사 마테오 리치에
의해 소개되었다. 『기하원본』은 "태서泰西 이마두利瑪竇 구역口譯, 오송吳淞
서광계徐光啓 필수筆受"라고 표제되어 있고, 『동문산지』는 "서해西海 이마두
利瑪竇 수授, 절서浙西 이지조李之藻 연演"으로 되어 있다. 앞에서 이미 언급
하였듯이 서양의 과학기술이 처음으로 중국에 전해졌을 때 일부 중국인
지식인들은 부국강병의 염원에서 출발하여 서양 전래의 과학기술 지식에
농후한 흥미를 보였는데, 서광계(1562~1633)와 이지조(1565~1630)는 이러한
인물 중의 대표적인 두 사람이다.

먼저 서광계와 『기하원본』의 번역 작업에 대해 소개하면 다음과 같다.
서광계는 자字가 자선子先이고 호는 현호玄扈라고 한다. 오송吳淞 즉 지

[그림7-1] 서광계 상(徐文定公墨蹟에서 채록)

금의 상해 사람이다. 그는 만력
말년부터 천계天啓 및 숭정崇禎에
이르기까지 활동한 관료로, 관직
은 문연각대학사文淵閣大學士(재상에
해당)에까지 올랐다. 그는 천문 역
법에 정통하였으며 명 말에 진행
된 개력 작업을 책임진 주요 관료
였다. 그는 농학에도 상당한 연구
를 하였는데 옛사람들의 각종 농
서에 근거하면서 그 기반 위에 자
신의 견해를 덧붙인 유명한 『농
정전서農政全書』를 편찬하기도 하
였다. 『농정전서』는 전체 60여 권

으로 합계 60여 만 자의 대형 농서이다. 명 말에 만주족이 동북 관외 지역에서 번번이 전란을 일으키자 서광계는 누차 군사軍事를 논하는 상소를 올리고 더불어 통주通州에서 신병을 훈련시켰으며 서양식 대포를 채택할 것을 주장하였다. 그는 애국적 과학자였다고 할 수 있다.

서광계는 그가 아직 입경하여 관료가 되기 전에 상해, 광동, 광서 등지에서 서생을 가르친 적이 있다. 이 기간 중 그는 다양한 서적을 섭렵하였는데, 광동에서는 초보적이지만 최초로 서양의 선교사와 접촉할 기회를 얻어 그들이 전하는 서양 문화에 대해 처음으로 접하게 된다. 1600년에는 남경에서 처음으로 마테오 리치와 서로 알게 된다. 이후 두 사람은 북경에서 장기간에 걸쳐 빈번히 왕래하게 되었다.

그와 마테오 리치 두 사람은 『기하원본』을 같이 번역하였는데 1607년에 전前 6권을 완역하였다.

『기하원본』의 저본은 잘 알려진 바와 같이 고대 그리스의 위대한 수학 저작 『원론』(Elementa Euclidis)이다. 저자는 기원전 4세기에 활약한 그리스의 수학자 유클리드(에우클레이데스; Eukleides)로 알려져 있고 따라서 흔히 '유클리드의 원론'이라고 부른다. 『원론』은 전체 13권으로 구성되어 있는데, 권1에서 권6까지는 평면기하학을 다루고 권7에서 권10까지는 수론, 권11에서 권13까지는 입체기하학을 다룬다. 판본에 따라서는 전 15권본도 존재하지만 뒷부분의 2권은 후세의 수학자가 덧붙인 것으로, 권14는 권13의 보유補遺이고 권15는 3세기경에 첨부된 내용으로 그다지 가치가 높지 않다.

『원론』은 중세에 아랍어 번역본을 통해 유럽에 전해졌고, 10세기에 이르면 또 아랍어본이 라틴어로 번역되어 전 유럽 각지로 전파되었다.

이후 『원론』은 서양 각국의 필수적인 수학 교재로 중시되었고 오늘날에 이르기까지 『원론』의 주요한 내용은 여전히 세계 각지의 중학교 수학 교학에서 필수적인 부분을 점한다. 일반적인 평면기하학과 입체기하학의 교재는 그 주요한 내용이 여전히 『원론』의 체계를 따르고 있다.

서광계와 마테오 리치가 번역한 유클리드 『원론』의 저본은 크리스토프 클라비우스(Christoph Clavius, 1538~1612)가 편찬한 15권 주석본이다.[1] 클라비우스는 독일인으로 오랫동안 콜레지오 로마노(Collegio Romano)에서 수학 교수로 재직했으며 리치의 스승이기도 하다. 클라비우스의 저작은 전부 라틴어로 저술되었다. '클라비우스'는 라틴어 못(clavus)과 철자가 유사한 탓인지 리치와 서광계는 한자 못(釘)과 발음이 같은 정丁을 성으로 취하여 '정선생丁先生'이라고 존칭하였다. 클라비우스는 당대 유럽에서 내로라할 수학자 겸 천문학자였다. 리치를 비롯해 그 후에 중국에 온 선교사들이 지참해 오고 또 소개한 수학 및 천문학 저작들도 상당수는 클라비우스가 저술한 책이었다.[2]

서광계와 리치가 번역한 『기하원본』은 완역이 아니라 전前 6권까지의 부분 번역이다. 당시 서광계는 전체를 번역하고자 했지만 리치는 그렇게 하고자 하지 않았다. 리치는 「역기하원본인譯幾何原本引」에서 "태사太史(서광계를 가리킨다)는 의지가 여전히 굳세어 마저 마치기를 절실히 원했지만 나

---

1) 즉 Christoph Clavius의 *Euclidis Elementorum Libri XV*를 말한다. 이 책은 현재 북경 도서관에 소장되어 있다.(역주: 마테오 리치가 소장했던 클라비우스의 『원론주해』는 예수회 장서 목록인 『北堂藏書目錄』[*Catalogue de la Bibliothèque du Pé-T'ang*, 1949년에 위와 같이 기록되어 있지만, 이는 단지 『유클리드 원론서』라는 통칭명에 불과하다. 정확한 제명은 *Commentaria in Euclidis Elementa Geometrica*로. 굳이 번역하자면 『유클리드 기하학원론주해』가 된다. 흔히 『원론주해』로 불린다.)
2) 『北堂藏書目錄』을 참조할 것. 북당장서는 현재 모두 북경도서관에 이관되었다.

는 '여기서 멈추고 먼저 이를 전하여 동지들로 하여금 이를 배우게 합시다. 과연 유용하다면 그 후에 천천히 나머지를 도모합시다'라고 하였다. 태사도 '알겠습니다. 만약 이 책이 유용하다면 마무리하는 것이 내가 아닌들 어떠하겠습니까'라고 하여 결국 번역을 포기하고 인쇄에 부쳤다"[3]라고 앞의 6권까지만 먼저 간행한 경위를 설명하였다. 그러나 서광계는 나중에 「제기하원본재교본題幾何原本再校本」에서 "대업을 이어서 완성하는 것이 언제가 될지 모르겠고 누가 할지 모르겠다"[4]고 탄식하였다. 그는 줄곧 완역하지 못한 것을 유감으로 여겼던 것이다.

『기하원본』은 중국사상 최초로 라틴어 수학 저작을 중국어로 번역한 작품이다. 번역에 즈음하여 아마도 대역對譯에 적합한 단어를 찾는 것이 쉽지 않았을 것으로, 상당수의 번역어가 당시 새로 조어된 어휘이다. 이러한 과정이 세심하고 정밀한 연구를 필요로 하고, 또 고심에 고심을 거듭했을 것은 의심할 여지가 없다. 이 번역서에 보이는 수많은 조어는 꽤 타당한 역어가 대다수로, 비단 중국에서 오늘날에 이르기까지 일관되게 통용되고 있을 뿐만 아니라 일본, 조선 등지에도 심대한 영향을 미쳤다. 예를 들어 점, 선, 직선, 곡선, 평행선, 각, 직각, 예각, 둔각, 삼각형, 사변형 등등의 어휘는 모두 이 책에서 제일 먼저 조어된 것들이다. 그중에는 일부 후대에 바뀐 경우도 극히 일부지만 존재하는데, 예를 들어 '등변삼각형'을 서광계는 당시에 '평변삼각형平邊三角形'이라고 하였고, '비比'는 당시에는 '비례比例'로, 그리고 '비례'는 '유리적비례有理的比例'라고 한 것 등을 들 수 있다.

---

3) 太史意方銳, 欲竟之, 余曰, 止, 請先傳此, 使同志習之. 果以爲用也, 而後徐計其餘. 太史曰, 然. 是書也, 苟爲用, 竟之何必在我, 遂輟譯而梓.
4) 續成大業, 未知何日, 未知何人.

『기하원본』은 엄격한 논리 체계로 구성되어 있고 그 서술 방식은 중국의 전통적『구장산술』의 체계와 완전히 다르다.『기하원본』은 소수의 공리와 공준에서 출발하여 연역적 논리에 의해 논술이 전개된다. 반면『구장산술』의 경우는 3~5개의 예제를 먼저 제시한 후 재차 일반적 해법을 전개하는 귀납적 방식을 채택하였다. 서광계는『기하원본』이 중국 전통과 확연히 구별되는 이러한 특징을 비교적 분명하게 인식하고 있었다. 그는 「각기하원본서刻幾何原本序」에서 이렇게 서술하였다. "(원본은) 자명한 것에서 출발하여 점점 미세하게 들어가며 처음에는 의심스럽지만 결과적으로 진리를 획득한다. 무릇 쓸모없는 것에서 쓰임을 얻고 어떤 활용도 근거하는 바이다.(공리나 공준은 얼핏 보기에는 쓸모없이 보이지만 실로 모든 추론이 의거하는 바라는 의미) 실로 만상의 형유形圍이고 백가의 학해學海라고 할 수 있다."5) 또 특히 「기하원본잡의幾何原本雜議」에서는 나아가 이러한 주장도 하였다. "이 책은 네 가지 불필요한 것이 있다. 의심할 필요가 없으며 따져볼 필요가 없고 시험 삼아 해볼 필요가 없고 고칠 필요가 없다. 또 네 가지 할 수 없는 것이 있다. 벗어날 수 없으며 반박할 수 없고 줄일 수 없고 앞뒤 순서를 바꿀 수 없다. 세 가지 도달함과 세 가지 능함이 있다. 지극히 회삽해 보이지만 실은 지극히 분명하다. 고로 능히 그 분명함으로써 다른 것의 회삽함을 밝힐 수 있다. 지극히 번잡해 보이지만 실은 지극히 간명하다. 고로 능히 그 간명함으로써 다른 것의 번잡함을 덜수 있다. 지극히 어려워 보이지만 실은 지극히 쉽다. 고로 능히 그 쉬움으로써 다른 것의 어려움을 풀 수 있다. 쉬움은 간명함에서 생기며 간명함은 분명함에서 생긴다. 그 묘한 바를 종합하자면 한마디로 분명함에 있을

---

5) 由顯入微, 從疑得信. 蓋不用爲用, 衆用所基. 眞可謂萬象之形圍, 百家之學海.

따름이다."6) 그는 『기하원본』의 교묘함을 '명明'(밝음) 한 글자로 총괄하였는데, 사실상 논리적 추론의 특징을 지적한 것에 지나지 않는다. 따라서 그에 따르면 "기하의 학문은 통하면 전부 통하고 막히면 전부 막힌다."7) 또 그는 "이 책의 이익됨은 능히 리를 배우는 자로 하여금 그 부기浮氣를 없애 주고 마음을 정精하게 연마시킨다. 일을 배우는 자에게는 규칙을 정함에 도움이 되며 그 생각의 섬세함을 증진시킨다. 고로 세상에 이를 마땅히 배울 필요가 없는 사람은 없다"8)라고도 하였다. 따라서 그가 보기에 당대의 사람들 중에 이 책의 가치를 이해한 자가 비록 드물더라도 "장래에는 결국 모든 사람들이 반드시 배우게 될 것"9)이라고 여겼다. 그는 기하학이 갖는 이런 의미에서의 중요성을 충분히 인식하고 있었고, 면적이나 체적 등의 계산 문제를 숙지하는 것 이외에 사람으로 하여금 논리적 사유 능력을 증진시키는 훈련으로 삼았다.

『기하원본』이 간행된 이후 설령 "모든 사람이 필히 배우는" 지경에까지 도달하지는 못했지만 당시 혹은 그 이후의 많은 수학자에게는 분명히 일정 정도의 영향을 미쳤음은 틀림없다. 『기하원본』과 『동문산지』가 함께 수학 지식을 준비하고 서양 역법을 학습하는 데 필독서가 되었기 때문이다. 선교사들이 이 두 책을 번역하고자 뜻을 세운 소이도 그 목적은 개력을 추동함에 있었다.

---

6) 此書有四不必. 不必疑, 不必揣, 不必試, 不必改. 有四不可得. 欲脫之不可得, 欲駁之不可得, 欲減之不可得, 欲前後更置之不可得. 有三至、三能. 似至晦, 實至明. 故能以其明, 明他物之至晦. 似至繁, 實至簡. 故能以其簡, 簡他物之至繁. 似至難, 實至易. 故能以其易, 易他物之至難. 易生於簡, 簡生於明. 綜其妙在明而已.

7) 通卽全通, 蔽卽全蔽.

8) 此書爲益, 能令學理者祛其浮氣, 練其精心. 學事者資其定法, 發其巧思. 故擧世無一人不當學.

9) 竊百年之後, 必人人習之.

청의 강희연간에 어제御製로 편찬된 수학의 백과전서 『수리정온』에도 『기하원본』이라는 같은 이름의 책이 들어 있다. 그러나 이 책은 18세기 프랑스의 기하학 교본을 번역한 것으로 유클리드의 『원론』과는 성격과 체계가 전혀 다르다.10)

결국 만청晩淸에 이르러서야 『기하원본』의 나머지 9권의 번역이 이선 란李善蘭(1811~1882)에 의해 완성된다. 청 말 1905년에 과거가 폐지되고 학당이 흥성한 이후, 기하학은 학교의 필수 과목이 되었다. 이때가 되어서야 비로소 서광계가 기대했던 "모든 사람들이 반드시 배우는" 정황이 이루어졌다. 그러나 물론 이 시기의 기하학이 이미 『기하원본』과 형식면에서 크게 달라진 사실은 굳이 언급할 필요조차 없을 것이다.

명말청초의 비슷한 시기에 서광계와 리치가 『기하원본』 전前 6권을 번역한 것 이외에 『숭정역서崇禎曆書』에도 『기하요법幾何要法』이란 책이 포함되어 있다.11) 이 외에도 『숭정역서』에 수록된 『측량전의測量全義』(1631년) 와 『대측大測』(1631년)에는 자주 『기하원본』을 인용하지만 경우에 따라서는 역출譯出된 범위를 넘어 『원론』 제9권, 제13권에 보이는 명제를 인용하기도 한다. 여기까지가 기하학이 처음으로 중국에 전해진 시기에 대한 대략

---

10) 역주 『數理精蘊』 所收의 『幾何原本』은 프랑스인 예수회 신부 겸 수학자인 Ignace-Gaston Pardies(1636~1673)가 저술한 *Elemens de Geometrie*(1671년 초판)가 저본이다. 만 주어본과 한문본이 존재한다. 루이 14세에 의해 중국에 파견되어 '왕의 수학자'(les mathématiciens du Roi)로 불렸던 프랑스인 예수회 선교사 중에서 강희제에게 만주 어로 유클리드의 『原論』을 進講했던 부베(Joachim Bouvet, 1656~1730, 중국명 白晉, 프랑스인, 1687年 來華)나 제르비용(Jean-François Gerbillon, 1654~1707, 중국명 張 誠, 프랑스인, 1687年 來華)이 역자로 알려져 있다.

11) 이 책은 이탈리아인 예수회 선교사 줄리오 알레니(Giulio Aleni, 1582~1649, 중국명 艾儒略)가 譯述한 것이다. 내용적으로는 각종 평면상의 작도 문제를 주로 다루고 『기 하원본』과 전혀 성격을 달리한다. 단 원을 方形으로 바꾸는 '改圓爲方'의 작도 문제는 『기하원본』에는 실려 있지 않다.

적인 개괄이다.

2) 이지조와 『동문산지』

『기하원본』과 비슷한 시기에 함께 번역된 서양 수학 서적으로『동문산지』가 있다.『동문산지』는 전체 11권으로 이루어져 있고 마테오 리치와이지조가 함께 번역하였다.

이지조는 자字를 진지振之 또는 아존我存이라고 하며 호는 양암涼庵이다. 인화仁和(현 杭州市) 사람이다. 남경에서 리치를 알게 되었고 서광계와도우정이 깊었다. 후에 서광계의 추천으로 개력 사업에 참가하였다. 명 말개력 사업의 중요한 책임자 중의 한 사람이다.

『동문산지』에는 당시 서양 수학의 산술과 관련된 지식이 소개되었다.이 책은 주로 클라비우스의『실용산술개론』[12]의 번역으로 구성되어 있지만, 일부 중국 전통 수학서로부터의 직접적인 인용도 포함되어 있다. 중국에는 알려져 있지만 서양 수학에 없는 내용을 보완한 것이다. 전체는전편前編, 통편通編, 별편別編 3부로 나뉘어 있다. 이지조는 자서自序에서 각편에 대해 "전편은 핵심을 거론한 것으로 이것만으로 과반 이상의 내용을 포함한다. 통편은 실례를 들어 이속俚俗에 통용될 수 있게 하였고, 중간중간『구장』을 취하여 보완하였으나 원서의 범위를 넘어서지는 않는다.별편은 측원술로, 미완의 부분은 동지同志의 보완을 기대한다"[13]라고 설

---

12) Christoph Clavius, *Epitome Arithmeticae Practicae*. 앞에서 언급한 『北堂藏書目錄』에
   의하면 1585년에 간행된 로마 刊本이다. 현재 북경도서관에 소장되어 있다.

13) 前編, 擧要則思已過半. 通編, 稍演其例以通俚俗, 間取九章補綴而卒不出原書之範圍. 別編則
   測圜諸術, 存之以俟同志.

명하였다. 구체적으로 보자면, 전편에서는 필산의 정위법과 가감승제 사칙연산을 소개하였고, 통편은 전체의 중심 내용으로 도합 8권 18장으로 구성되어 있는데 분수, 비례, 급수의 총합, '영부족盈不足', '방정方程', '개방開方', '대종개방帶從開方' 등의 산법을 다룬다. 어떤 이는 이 책의 부분적 내용이 이지조가 "서양의 계산법으로 『구장』을 풀어낸 것"이라고 추정하였지만 이는 틀린 말이다. 『동문산지』의 전편과 통편 두 부분을 클라비우스의 원 저작과 대비시켜 보면, 전편은 그 내용과 순서가 서로 완전히 같고, 통편의 경우는 순서는 완전히 일치하지만, 단지 이지조가 중국 고대 전통 수학 저작에 근거하여 많은 계산 문제와 계산법을 집어넣었다는 점에서 차이가 있다. 별편은 각본刻本에는 포함된 적이 없고 사본만이 존재하며 따라서 널리 유통되지 못했다.

  『동문산지』의 간행이 갖는 가장 중요한 의미는 무엇보다도 서양의 필산에 대해 체계적으로 소개했다는 점일 것이다. 이지조는 전편의 「정위제일定位第一」에서 제일 먼저 당시 서양의 기수법을 소개하였다. 원문을 인용하면 다음과 같다. "여기서 필산으로 주산을 대신한다. 일一에서 시작하여 구九로 끝나는데 그 얻어진 바에 따라 적는다. 열이 차면 십十으로 적지 않고 왼쪽에 일一로 써 한 자리 나아가고, 본 자리에는 ○이라고 적는다. …… 십에서 백으로 나아가고, 백에서 천으로, 천에서 만으로 모두 이와 같다."14)

  필산은 '주산籌算' 혹은 '주산珠算'과는 전혀 다른 계산법이다. 기수법은 물론이고 계산 방법에서도 상당한 차이를 갖는다. 『동문산지』에서는 1,

---

14) 玆以書代珠. 始於一, 究於九, 隨其所得而書. 識之滿一十, 則不書十而書一於左, 進位, 乃作○於本位. …… 由十進百, 由百進千, 由千進萬, 皆仿此.

2, 3, ……, 0과 같은 아라비아 숫자를 채택하지는 않았고 여전히 一, 二, 三, ……, ○과 같이 한자로 적어 계산을 진행하였다.

『동문산지』에 소개된 필산의 가감법(덧셈뺄셈)은 현행의 덧셈뺄셈 계산법과 전혀 다르지 않다. 덧셈뺄셈은 모두 끝의 1 자릿수에서 기산起算하여, 오른쪽에서 왼쪽으로 작은 자리에서 큰 자리로 축차적으로 진행해 간다. [그림7-2]는 덧셈의 일례로, 즉 710654＋8907＋56789＋880＝777230의 계산 과정을 보여 준다. 이 계산식은 현행의 통상적인 가감법 방식과 완전히 동등하다. 차이가 있다면 다만 표기에 사용된 숫자가 다를 뿐이다.

곱셈 또한 끝의 1자릿수에서 기산하며 오른쪽에서 왼쪽으로, 작은 자리에서 큰 자리로 축차적으로 진행된다. 그런데 승수乘數도 가장 낮은 자리로부터 계산을 시작한다. 이는 중국의 전통적인 주산籌算에서의 계산 방식이 제일 큰 자릿수에서 기산하여 큰 자리에서 작은 자리로 진행되는 것과 정반대이다. [그림7-3]은 394×38＝14972에 대한 곱셈의 계산 과정을

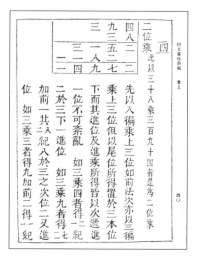

[그림7-2] 『同文算指』의 덧셈 계산 예   [그림7-3] 『同文算指』의 곱셈 계산 예

나타낸다.

나눗셈의 경우, 『동문산지』는 이른바 '범선법'이라고 불리는 방법을 소개한다. 이 방법은 본서 제1장 2. 3)(34쪽)에서 이미 소개한 바 있다. 범선법은 현행의 통상적인 필산 나눗셈과는 크게 다르다. 현행의 나눗셈과 유사한 방식은 청 강희연간에 편찬된 어제『수리정온』을 통해 처음으로 중국에 소개된다.

『동문산지』에서는 가감승제의 필산 사칙연산과 동시에 '험산驗算' 방법 또한 소개하였다. 험산이란 즉 계산이 완료된 후에 계산 결과가 정확한지의 여부를 검사하는 검산법을 말한다. 이러한 검산법은 중국 고대 전통 수학에는 결여된 부분이다. 검산법으로는 '뺄셈으로 덧셈을 검산'(以減試加), '덧셈으로 뺄셈을 검산'(以加試減), '나눗셈으로 곱셈을 검산'(以除試乘), '곱셈으로 나눗셈을 검산'(以乘試除)이라는 기본적인 역산법逆算法 이외에도 이른바 '구감九減'과 '칠감七減'의 방법이 소개되어 있다. 여기서 구감법이란 즉 '기구법棄九法'15)을 말한다. 기구법은 일찍이 10세기경의 인도 수학서에 보이는데, 『동문산지』를 통해 처음으로 중국에 소개되었다.

『동문산지』에 소개된 분수의 계산 방법은 분모를 위에, 분자를 밑에 표기하는 점에서 현행 표기법과 정반대이다. 예를 들어 4/7, 3/5, 25/48과 같은 분수를 『동문산지』에서는 다음과 같이 표기하였다.

---

15) 역주: 棄九法이란 서양의 The method of casting out nines의 역어로, '九去法'이라고도 한다. 逆算보다 빠른 검산법으로 각 숫자를 더한 후 9의 배수를 버린 나머지로 검산하는 방식이다. 예를 들어 3162+2183=5345의 경우, 3+1+6+2=9+3=3, 2+1+8+3=9+5=5이므로 더하면 8을 얻는다. 한편 5+3+4+5=9+8=8로 좌우변의 합이 8로 같다. 단 이 방식은 9의 배수만큼 틀렸을 경우 검산으로 오류가 확인되지 않는다.

七
四

五
三

四八
二五

이러한 표기법은 물론 중국 고대의 전통적 관습과도 다를 뿐 아니라 당시 서양의 표기법과도 다르다. 사실상 이 표기법은 쓰기에 편리한 점도 없을 뿐더러 사람들이 읽기에 쉽게 익숙해지지도 않았다. 그럼에도 불구하고 이 분수의 표기법은 청 말에 이르러서야 비로소 현행의 방식으로 변화하였다. 따라서 이 시기의 산서를 읽을 경우, 분수에 대해서는 특히 주의해야 한다. 그렇지 않으면 4/7를 7/4로 읽을지도 모른다.

『동문산지』에서 소개된 분수나 비례 계산 등에 관한 각종 계산법은 내용만으로 보자면 중국 고대 전통 수학이 성취한 범위를 전혀 넘어서지 못하였고 따라서 새로운 점이 전혀 없다.

오히려 역으로 『동문산지』에는 중국 고대 수학에 포함되어 있지만 서양 수학에는 없는 계산법이 이지조에 의해 다수 편입되었다. 예를 들면, 연립일차방정식의 해법인 방정술方程術(正負術을 포함), 이차방정식의 수치해법인 대종개방법, 그리고 이를 확장한 고차개방법(이지조가 든 예는 8차방의 개방법에 이른다) 등등은 모두 당시의 서양 수학에는 알려져 있지 않은 내용이었다.

『동문산지』에는 이 외에도 등차급수(책에서는 遞加法이라고 호칭)와 등비급수(倍加法)의 합을 구하는 공식이 소개되어 있지만, 이 또한 중국 고대 전통 수학에서 예부터 잘 알려진 내용이다.

이상 총괄해서 보자면 필산이라는 새로운 형식을 제외하면 『동문산지』에 소개된 대다수의 계산법은 모두 중국 전통 수학에서 일찍이 알고 있던 내용이라고 할 수 있다. 이지조가 중산中算에 근거하여 이렇듯 서산

西算에 부족한 일부 내용을 보완하였다는 점은 바로 중산이 서산을 초월한 바가 있었다는 사실을 명시적으로 표현한다. 비록 명대의 몇백 년간을 거치면서 중국 고대 수학이 일시적으로 일정 정도 정체 혹은 퇴보하였다는 사실을 인정하더라도, 마테오 리치가 가져온 서양 수학과 비교할 때 적어도 부분적으로는, 특히 대수 방면에서는 여전히 현저하게 앞서 있었다고 할 수 있다.

3. 역법 개혁과 각종 역서에 보이는 수학 지식

1) 명말청초의 개력 개황

앞에서 서술하였듯이 서양 수학의 수입은 그 첫 단계로 역법의 개수가 중심이 되어 진행되었다. 당시 번역된 서적은 직접적인 포교에 필요한 천주교 교리서를 제외하면 대다수가 서양의 천문역법과 수학에 관련한 저작이었다. 일부 서양 수학의 지식은 이 역법에 관한 저술을 통해서 전래되었다. 아래에서는 먼저 당시 개력을 둘러싼 일반적인 정황을 서술하고 이어서 각종 역서曆書를 통해 전래된 수학 지식에 대해 설명하고자 한다.

명대에 반행된 역법은 『대통력』이라고 한다. 『대통력』은 편력에 있어 천문 정수定數 및 계산 방법을 원대에 곽수경 등이 편찬한 『수시력』을 큰 변화 없이 거의 그대로 연용하였다.16) 『수시력』은 주지하다시피 관측과

---

16) 역주: 歲實消長法을 폐지한 것과 역원을 변경한 것을 제외하면 완전히 같다고 알려져 있다.

예보의 정도精度에 있어 중국 역법사상 굴지의 선력善曆임에 틀림없지만, 장기간 수정 없이 습용하게 되면 오차가 점차 누적되는 현상을 피할 수 없다. 때문에 명 말에 이르면 『대통력』에 의거해 추보한 결과가 이미 실제 천상과 부합하지 않게 되었을 뿐만 아니라 일월식의 예보와 관련한 추산의 오차도 더욱 확연해졌다. 결과적으로 역법의 개수는 명 말의 국가적 중대 사업이 되었다. 그러나 당시 진정으로 천문역법에 정통한 인물이 많지 않았고, 사천감司天監의 관원이라고 해도 대부분은 기존의 계산법을 묵수할 뿐 개력에 필요한 능력을 결여하였다.

명대에는 『대통력』 이외에 이슬람 기원의 『회회력』도 편력되었다. 『회회력』은 사천감의 회회과回回科에서 관장하였는데, 13세기 원대에 이슬람 국가로부터 전래한 역법에 근거한 것으로 이 또한 명 말에는 그 오차가 매우 분명해져 있었다.

이 시기에 중국에 온 서양 선교사들은 이 사실을 정확히 인식하였고 결국 개력을 통하여 상층 지식인들과 관계를 맺고 나아가 황제의 신임을 획득하고자 방침을 정하였다. 이렇듯 개력에 대한 건의는 그들의 중국 선교를 둘러싼 제반 활동의 중심 고리로 변모하였다. 마테오 리치는 자신의 과학 지식에 한계가 있음을 잘 알았고 따라서 역법에 밝은 선교사를 더 많이 중국에 파견해 줄 것을 요청하였다. 이 시기 전후로 중국에 온 선교사 중 역산학에 통달한 것으로 유명했던 자는 다음과 같다.

· 롱고바르디(Nicoló Longobardi, 1559~1654, 중국명 龍華民, 이탈리아인, 1597年 來華)
· 테렌츠(Johann Terrenz Schreck, 1576~1630, 중국명 鄧玉函, 스위스인, 1621年 來華)
· 아담 샬(Johann Adam Schall von Bell, 1591~1666, 중국명 湯若望, 독일인, 1622年

來華)

· 로(Giacomo Rho, 1593~1638, 중국명 羅雅谷, 이탈리아인, 1624年 來華)

이하는 청 초에 중국에 도착한 선교사이다.

· 스모굴레츠키(Jan Mikołaj Smogulecki, 1610~1656, 중국명 穆尼閣, 폴란드인, 1646 年 來華)

· 페르비스트(Ferdinand Verbiest, 1623~1688, 중국명 南懷仁, 벨기에인, 1659年 來華)

명대에 최초로 공식적인 개력의 의론이 제출된 것은 만력연간의 일이다. 『명사明史』의 기록에 의하면 "만력 경술庚戌(1610) 11월 삭朔에 일식이 있었다. 그러나 역관의 추산에 오차가 적지 않았고 조정에서 장차 개수改修할 것을 의론하였다."[17] 당시 어떤 이는 서양 역법을 채용할 것을 주장하였지만 반대하는 자도 있어 개력의 의론은 때로는 중단되고 때로는 진행되는 상태가 이어졌다. 역법에 대한 개혁 운동이 큰 폭으로 진전된 것은 숭정제 즉위 이후이다. 『서양신법역서西洋新法曆書』의 기록에 따르면 "숭정崇禎 2년(1629) 5월 초하루에 일식이 있었다. 예부는 4월 29일에 일식에 대한 세 가지 예보를 동시에 게시揭示하였다. 이 세 가지란 『대통력』, 『회회력』, 그리고 신법新法(즉 서광계 등의 서양 역법)에 의한 추산 결과였다. 실제로 확인한 결과 서광계의 추산이 정확히 맞았다. 7월 14일에 이르러 서광계로 하여금 역법을 독수督修하도록 하고 아울러 이지조를 기용하였다. 서광계는 롱고바르디, 테렌츠, 아담 샬, 로 등 선교사에게 서양역국西洋曆局에서 역법을 개수하도록 하였다."[18] 서광계는 '순서에 따라 점차적

---

17) 萬曆庚戌十一月朔, 日食. 曆官推算多謬, 朝議將修改.
18) 崇禎二年五月初一日, 日食. 禮部於四月二十九日揭三家預算日食. 三家者, 大統曆, 回回曆, 新法也. 至期驗之, 光啓推算爲合. 至七月十四日, 以徐光啓督修曆法, 幷起用李之藻. 徐擧龍

으로 만들 것'(循序漸作)과 '흐름을 좇아 근본에 거슬러 올라갈 것'(從流溯源)을 주장하였는데, 그의 견해에 따르면 "(서양에) 초승超勝하길 바란다면 반드시 (서양과) 회통會通해야 하고, 회통하기 전에 먼저 반드시 번역을 해야 하기"[19] 때문이었다. 그 결과 숭정 4년(1631)에서 7년(1634) 사이에 앞뒤로 5차례에 걸쳐 역서 137권을 진정進呈하였는데 이것이 바로 그 유명한 『숭정역서』[20]이다.

『명사』 31권에는 "숭정 7년에 위문괴魏文魁가 역관들의 교식·절기에 관한 추보가 전부 어긋났음을 상언上言하였다. 결과, 문괴에게 입경하여 측험하라는 하명이 떨어졌다. 이때 추보를 담당한 역가曆家는 넷으로, 대통과 회회 외에 별도로 서양 역법을 다루는 서국西局이 있었고 문괴는 동국東局을 관장하였는데, 사람마다 말이 서로 달라 마치 집단 소송처럼 어수선하였다"[21]라고 보이는데, 이 네 계통의 역가의 쟁변爭辯은 결국 수차례에 걸친 측험, 특히 일월식에 대한 추보를 통해 서법에 의한 계산이 상대적으로 정확한 것으로 실증됨으로써 마침내 종결되었다. 숭정 16년(1643) 8월에 이르러 명 정부는 조령詔令을 반포하고 개력을 공식화하여 서법을 채택할 것을 결정하였지만, 얼마 지나지 않아 청의 군대가 입관入關(1644년)함으로써 명은 멸망하고 말았다.

청은 입관 이후 북경에 남아 있던 선교사들에게 계속해서 역법을 펴

華民, 鄧玉函, 湯若望, 羅雅谷諸人, 入曆局修曆.
19) 欲求超勝, 必須會通, 會通之前, 先須飜譯.
20) 서광계는 1633년에 사망했다. 서광계는 죽기 전에 李天經(1579~1659)을 추천하여 개력 작업을 계승하도록 하였는데 4차와 5차 曆書 進呈은 李天經의 지휘로 上程된 것이다.
21) 七年, 魏文魁上言, 曆官所推交食節氣皆非是. 於是命魁入京測驗. 是時言曆者四家, 大統回回外, 別立西洋爲西局, 文魁爲東局, 言人人殊, 紛若聚訟焉.

제하도록 하였고, 아담 샬로 하여금 국가 천문대인 흠천감欽天監을 장관掌管하도록 명하였다.(順治 2, 1645) 이리하여 순치 2년부터 서양 역법에 의거한 새로운 역법을 반행하였다. 바로 『시헌력時憲曆』이다. 또한 선교사 아담 샬은 그해에 『숭정역서』를 재편하여 『서양신법역서』 전100권을 진정進呈하였다.

『숭정역서』와 『서양신법역서』는 당시 중국에 전해진 천문, 역법, 수학에 관한 지식을 망라한 저작으로, 이 시기의 서양 천문역법의 중국 전래 정황을 이해하는 데 필수적인 사료이다. 그 중 수학과 관련한 저작을 일부 소개하면 다음과 같다.

· 알레니: 『기하요법幾何要法』 4권
· 테렌츠: 『대측大測』 2권, 『할원팔선표割圓八線表』 6권,
　　　　　『측천약설測天約說』 2권
· 아담 샬: 『혼천의설渾天儀說』 5권, 『공역각도팔선표共譯各圖八線表』 6권
· 로: 『측량전의測量全義』 10권, 『비례규해比例規解』 1권, 『주산籌算』 1권

역국曆局에 관여하며 직접적으로 개력 작업에 참여한 선교사 외에 별도의 선교사들도 일부 서양의 과학 지식을 중국에 전하였다. 남경에서 포교활동에 종사한 폴란드인 선교사 스모굴레츠키가 대표적인 예로, 설봉조薛鳳祚(?~1680)와 방중통方中通(1633~1698) 등이 그에게 사사師事하여 서양 과학을 배웠다. 설봉조는 나아가 스모굴레츠키와 더불어 『역학회통曆學會通』(1652년, 1664년 序)이라는 총서를 편찬하였는데 그중 로가리즘(對數)을 소개한 다음 두 저작이 가장 중요하다.

· 『비례사선신표比例四線新表』 1권

· 『비례대수표比例對數表』 1권

중국에 전해진 역서를 통해 소개된 수학 지식은 『숭정역서』와 『서양신법역서』가 하나의 계통을 이루고, 『역학회통』이 또 다른 하나의 계통을 이룬다. 이 두 계통의 수학 지식이 어떠한 내용을 포함하는지에 대해서는 절을 바꿔 상세히 논하고자 한다.

서양의 역법이 중국에 전해지기 시작하면서 신법(西法)과 구법(中法) 간의 갈등과 다툼이 일상적으로 전개되었다. 이 싸움은 때로는 외국 문화 침략에 반대하는 민족주의적 반외세 투쟁과 결합하기도 하였는데, 그중 강희 초년에 일어난 '양광선楊光先 역옥曆獄'안案은 가장 극렬한 상징적 사건이었다. 양광선은 "차라리 중국에 좋은 역법이 없는 편이 낫다. 절대로 중국에 서양인을 들이면 안 된다"[22]고까지 주장하였다. 결국 그로 인해 선교사들이 전원 체포, 투옥되고 조정은 그에게 새로이 역법을 개편하도록 일임하였다. 그러나 양광선은 역법에 관한 기술적인 지식을 전혀 갖지 못했기에 추보는 누차 어긋나게 되고, 결국 선교사들이 역국에 되돌아와 추보를 재차 담당하지 않을 수 없게 되었다. 양광선의 실패는 서양 역법이 중국에서 더 이상 부정될 수 없는 공고한 지위를 확보하게 만들었고 이후 흠천감은 줄곧 외국인 선교사들에 의해 전후 200년 가까이[23] 장악되었다.

---

22) 寧可使中夏無好曆法. 不可使中夏有西洋人.

23) 역주: 마지막 서양인 監正인 포르투갈 선교사 세라(L. Serra, 중국명 高受謙)가 1837년 병으로 인해 유럽으로 귀국하기까지.

2) 각종 역서에 보이는 수학 지식

『숭정역서』, 『서양신법역서』, 『역학회통』 등의 총서에는 많은 수학과 관련된 지식이 포함되어 있다. 그 중 가장 중요한 것으로는 평면 및 구면 삼각법과 각종 계산에 필수적인 로가리즘을 들 수 있다. 이 외에도 서양의 계산척과 비례규比例規와 같은 계산 도구 등이 이 시기에 중국에 소개되었다.

(1) 평면삼각법과 구면삼각법

『숭정역서』에 수록된 저작 중 평면 및 구면삼각법과 관련된 것으로는 『대측』, 『할원팔선표割圜八線表』, 『측량전의』(모두 1631년 進呈) 등이 있다. 또한 설봉조와 스모굴레츠키가 편찬한 『천보진원天步眞原』에 수록된 『삼각산법三角算法』(1653년)에서 삼각법을 다룬다.

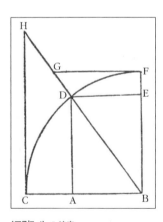

[그림7-4] 八線表

각 저작에서는 먼저 선분의 길이로 삼각함수 각각의 의미를 규정하였는데, 예를 들어 『측량전의』 제7권에는 "매 호弧와 매 각角에는 여덟 가지 선이 있다. 정현正弦(sin), 정절선正切線(tan), 정할선正割線(sec), 정시正矢(vers), 여현餘弦(cos), 여절선餘切線(cot), 여할선餘割線(cosec), 여시餘矢(covers)가 그것이다"[24]라고 설명한다. [그림7-4]에서 보자면, 먼저 B를 중심으로 하고 BC

---

24) 每弧每角有八種線. 正弦, 正切線, 正割線, 正矢, 餘弦, 餘切線, 餘割線, 餘矢.

를 반경으로 한 원을 그린다. 그러면 ∠CBD 혹은 호弧CD의 각각의 삼각함수가 전부 선분의 길이 즉 팔선八線의 길이로 표시할 수 있게 된다. 즉,

정현은 AD, 정절은 CH, 정할은 BH,

정시는 AC, 여현은 DE, 여절은 GF,

여할은 BG, 여시는 EF

의 관계에 있다. 평면삼각법의 각종 공식은 『측량전의』에 비교적 상세하게 기술되어 있다. 아래에 열거한 몇 가지 공식은 괄호 안의 주기註記를 제외하고 모두 『측량전의』에서 인용한 것이다. 물론 당시의 유럽에서도 삼각함수 부호는 아직 사용되지 않았고 모두 문자로 기술되어 있었다. 이를 현행의 기호를 이용하여 표기하면 다음과 같다.

$$
\begin{cases}
\sin\alpha \cdot \mathrm{cosec}\,\alpha = 1 \\
\cos\alpha \cdot \sec\alpha = 1 \\
\tan\alpha \cdot \cot\alpha = 1 \\
\tan\alpha = \dfrac{\sin\alpha}{\cos\alpha} \\
\cot\alpha = \dfrac{\cos\alpha}{\sin\alpha} \\
\sin^2\alpha + \cos^2\alpha = 1
\end{cases}
\qquad (\text{『大測』})
$$

$$
\frac{a}{\sin A} = \frac{b}{\sin B} = \frac{c}{\sin C}
$$

$$
\begin{cases}
c^2 = a^2 + b^2 - 2ab\cos C \\
b^2 = c^2 + a^2 - 2ac\cos B \\
a^2 = b^2 + c^2 - 2bc\cos A
\end{cases}
$$

$$
\tan\frac{A-B}{2} = \frac{a-b}{a+b}\,tan\frac{A+B}{2}
$$

$$\begin{cases} \sin(\alpha \pm \beta) = \sin\alpha\cos\beta \pm \cos\alpha\sin\beta & \text{(『大測』)} \\ \cos(\alpha \pm \beta) = \cos\alpha\cos\beta \mp \sin\alpha\sin\beta & \text{(『大測』)} \end{cases}$$

$$\begin{cases} \sin 2\alpha = 2\sin\alpha\cos\alpha & \text{(『大測』)} \\ \sin\dfrac{\alpha}{2} = \sqrt{\dfrac{1-\cos\alpha}{2}} & \text{(『大測』)} \end{cases}$$

$$\sin\alpha = \sin(60^\circ + \alpha) + \sin(60^\circ - \alpha) \quad \text{(『大測』)}$$

$$\sec\alpha = \tan\alpha + \tan\left(\frac{90^\circ - \alpha}{2}\right) \quad \text{(『大測』)}$$

『측량전의』에는 덧붙여 '할원팔선소표割圓八線小表'가 하나 수록되어 있다. 이는 소수점 이하 네 자리의 삼각함수표에 해당한다. 표는 15분 간격으로 작성되어 있는데, 팔선 중 정현과 절선切線, 할선의 세 값만이 기록되어 있다. 일부를 표시하면 다음과 같다.

度分	正弦(sin)	切線(tan)	割線(sec)
0° 0'			
15'	.0043	.0043	1.0000
30'	.0087	.0087	1.0000
45'	.0130	.0130	1.0001
1° 0'	.0174	.0174	1.0001
15'	.0218	.0218	1.0002
30'	.0261	.0262	1.0003
……	……	……	……

『숭정역서』에는 이 외에도 『할원팔선표』 6권이 수록되어 있는데, 이는 소수점 이하 다섯 자리의 삼각함수표에 해당한다. 표는 매 분 간격으로 되어 있으며 분 이하는 비례삽입법으로 계산한다. 일부를 표시하면 다음과 같다.

	正弦 (sin)	正切線 (tan)	正割線 (sec)	餘弦 (cos)	餘切線 (cot)	餘割線 (cosec)	
0'	.00000	.00000	1.00000	1.00000	0000.00000	0000.00000	60'
1'	.00029	.00029	1.00000	.99999	3437.74667	3437.74682	59'
2'	.00058	.00058	1.00000	.99999	1718.87319	1718.87348	58'
……	……	……	……	……	……	……	……

『측량전의』를 비롯해 스모굴레츠키와 설봉조의 저작에는 전부 구면
삼각법에 관한 기술이 실려 있다. 이 사실에서 우리는 이 저작들이 천문
계산 상의 필요에 부응할 목적으로 모두 구면삼각법을 상당히 중시하였
음을 추측할 수 있다. 또한 구면삼각법의 상당수의 공식도 모두 이 시기
에 중국에 전해졌다. 지면 탓에 여기서 일일이 소개하지는 않겠다.

스모굴레츠키와 설봉조의 저작에는 이 외에도 대수對數를 이용하여
삼각형의 변과 각을 계산하는 방법이 소개되어 있고 아울러 삼각함수 대
수표도 소개하였다.

(2) 대수

대수對數(Logarithm)는 영국의 수학자 네이피어(John Napier, 1550~1617)가
1614년에 공개 발표한 수학적 발명이다. 이 발명은 해석기하학, 미적분과
더불어 17세기 수학에서의 3대 중요 성과의 하나이다.

1653년 선교사 스모굴레츠키는 대수를 중국에 처음으로 전하였다. 스
모굴레츠키는 중국인 설봉조와 합편合編한 『비례대수표』에서 대수에 대
해 간단히 소개하였는데, 당시는 대수라고 하지 않고 비례수比例數 혹은
가수假數라고 명칭하였다. 『비례대수표』 제12권에는 원수原數 1~10000에
대한 소수점 이하 여섯 자리 대수표를 수록하였는데 일부를 표시하면 다
음과 같다.

原數	比例數(對數)
1	0.000000
2	0.301030
3	0.477121
4	0.602060
……	……

대수를 소개한 이유는 천문 계산을 보다 편리하게 행하기 위해서였다. 스모굴레츠키와 설봉조는 자신들이 편찬한 각종 서적에서 모두 대수 계산을 이용하였는데, "곱셈과 나눗셈을 덧셈과 뺄셈으로 대신하기"[25] 때문에 "원래의 계산법보다 6~70% 힘이 덜 들 뿐만 아니라 틀릴 염려도 없다"[26]고 주장하였다. 그들은 또한 『삼각법요三角法要』에서 삼각법 계산에 대수를 응용한 각종 구체적인 계산법을 소개하였다. 예를 들어 정현정리 $\dfrac{a}{\sin A} = \dfrac{b}{\sin B} = \dfrac{c}{\sin C}$의 경우, 이를 고쳐

$$\log b = \log a + \log \sin B - \log \sin A$$

를 이용하여 계산함과 같은 방식이다.

대수는 후대 강희제 어제 『수리정온』에 이르러 더욱 상세하게 소개되었다. 실제로 『수리정온』 이전에는 대수가 중국에 미친 영향이 그다지 크지 않았고 대수를 이용할 수 있는 사람도 그다지 많지 않았다.

(3) 비례규, 서양 주산籌算 그리고 계산척

비례규는 혹은 '갈릴레오의 컴퍼스'라고 불리는 기구로, 이탈리아의

---

25) 變乘除爲加減.
26) 比原法工力十省六七, 且無舛錯之患.

위대한 과학자 갈릴레오(Galileo Galilei, 1564~1642)가 1606년 저서를 통해 처음 소개하였다. 중국에는 선교사 로가 저술한 『비례규해比例規解』(1631년, 『숭정역서』所收)를 통해 최초로 전해졌다. 현재 북경의 고궁박물원에는 명말청초에 들어온 서양 제작의 비례규를 비롯해 그 후 중국에서 제작된 비례규가 수장되어 있다. 이들 대부분은 동제銅製이거나 상아로 만들어져 있다.

비례규의 외형은 일반적인 컴퍼스와 유사하며, 끝이 뾰족한 것과 평평한 것 두 종류가 존재한다. 두 다리에는 다양한 도수가 새겨져 있다.([그림7-6] 참조) 비례규는 삼각형의 닮은 꼴(相似)을 이용한 대응변의 비례 관계를 응용한 것으로, 이를 통해 곱셈과 나눗셈은 물론이고 비례 중항中項을 구하거나 개평방, 개립방의 계산 등 각종 계산을 행할 수 있다.

다음의 [그림7-5]에서 보듯, 7×13의 곱셈은 다음과 같은 순서에 의해 계산한다. 우선 비례규의 한쪽 다리의 10이라고 새겨진 지점을 기점으로 컴퍼스를 벌려 양쪽 다리의 10이 새겨진 지점 간의 간격이 13이 되도록 한다. 즉 컴퍼스의 두 다리가 등변인 이등변삼각형의 저변이 13이 되도록 한다. 다음으로, 양쪽 다리에서 70이라고 새겨진 지점 간의 간격을 측정한다. 그러면 이 간격이 바로 7×13=91이 된다. 이 계산은 삼각형의 닮은 꼴 원리를 이용한 대응변의 비례관계를 통해 간단히 그 정확성이 증명가능하다.

개평방, 개립방의 계산을 행할 시에는 각각 별도의 각도刻度를 응용할 필요가 있다. 따라서 일반적으로 비례규의 양 다리에는 각각 네다섯 종의 도수가 새겨져 있다.

명말청초를 거쳐 비례규가 중국에 전해진 이후 일시적이지만 서산西算을 연구하는 학자들 사이에서 비례규가 대유행하였다고 한다.

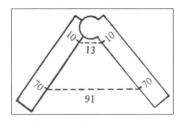

[그림7-5] 比例規를 이용한 곱셈 계산

[그림7-6] 比例規(고궁박물원 소장)

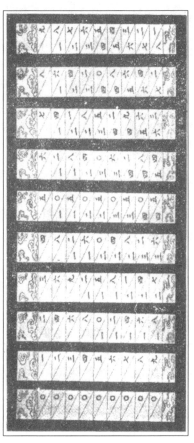

[그림7-7] 네이피어의 算籌(고궁박물원 소장)

　　명말청초에 중국에 전해진 또 다른 서양의 계산도구로 서양 산주算籌
가 있다. 이 계산 도구는 대수의 발명자인 영국인 수학자 네이피어에 의
해 처음으로 소개된 것으로 따라서 '네이피어의 막대(뼈)'라는 이름으로
알려져 있다. 이 또한 선교사 로에 의해 중국에 처음 전해졌다. 『숭정역
서』 소수의 『주산』(1628년)이 그것으로 책 속에서 네이피어 산주를 소개하

였다.

네이피어의 산주는 [그림7-7]에서 보듯 조립식 곱셈표라고 할 수 있다. 네이피어의 산주를 응용하면 곱셈과 나눗셈의 계산을 손쉽게 덧셈과 나눗셈으로 대신할 수 있다. 예를 들어 85714×1260의 경우, 계산법은 다음과 같다. 우선 8, 5, 7, 1, 4의 다섯 종류의 막대를 일렬로 늘어놓는다.(오른쪽 도표를 참조)

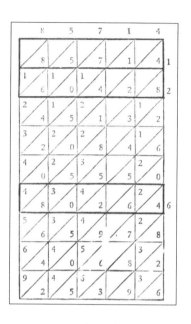

다음으로 1, 2, 6의 각 가로 행을 취한다. 이는 앞에서 서술한 포지금

鋪地錦 계산법과 기본적으로 동일하다.(차이는 격자를 그릴 필요가 없고 일일이 곱셈 계산을 할 필요가 없다는 점이다.) 각 가로 행을 사행斜行에 따라 더하면 다음을 얻는다.(아래의 도표를 참조)

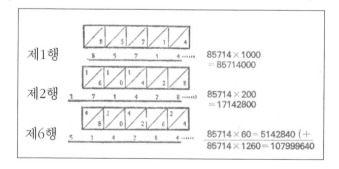

제1행   85714×1000 = 85714000

제2행   85714×200 = 17142800

제6행   85714×60 = 5142840 (+
             85714×1260 = 107999640

서양의 계산척計算尺과 계산기計算機도 역시 이 시기에 중국에 수입되었다.([그림7-8] 및 [7-9] 참조) 오늘날에도 우리는 이 도구들을 고궁박물원에서

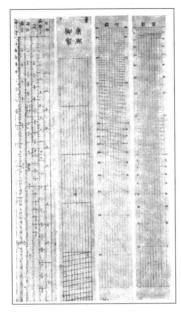
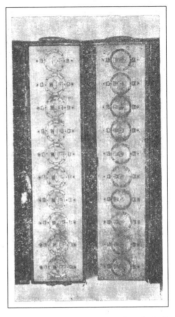

[그림7-8] 計算尺(고궁박물원 소장)　　　[그림7-9] 計算機(고궁박물원 소장)

실물로 볼 수 있다. 이 중 계산척은 '가수척假數尺'과 '정현가수척正弦假數尺',

'절선가수척切線假數尺' 등의 몇 종류가 존재하는데, 모두 오래된 계산척에

속하며 건터(Edmund Gunter, 1581~1626)의 계산척과 마찬가지로 자 위에 유표

游標나 활척滑尺이 붙어 있지 않다. 당시 전해진 계산기는 선행 연구에 의

하면 파스칼이 1642년에 발명한 것과 같은 유형에 속하며 현대 기계식

수동 계산기의 먼 조상에 해당한다.

4. 매문정과 그의 수학

서양 수학이 명 말(주로는 17세기 초의 40년간)에 중국에 전해진 이후 청 초에 이르러 매문정이 편찬한 각종 수학 저작이 출현하였고, 18세기에 이르러 강희제 어제『수리정온』이 간행되었다. 이 저작들은 서양 수학이 전래하기 시작한 초기 단계를 거쳐 당시의 중국인 수학자들이 드디어 전래한 서양 수학의 각종 산법을 자력으로 흡수할 능력이 생겼고, 또한 전래된 수학지식을 충분히 소화하여 이를 바탕으로 보다 진일보한 수학적 지식을 탐구하기에 이르렀음을 알려 준다.

매문정은 자를 정구定九, 호를 물암勿菴이라고 하며, 안휘安徽 선성宣城 사람이다. 명 말에 태어나 청 초에 성장기를 보냈는데 이 기간은 즉 서양 수학이 중국에 전해지기 시작한 시기와 겹친다. 그는 27살이 되어서 비로소 역산학과 수학을 배우기 시작하였는데, 33살에 과거시험에 참가했을 때 처음으로 서양의 역산학 서적을 구입하였고 42살이 되어서 처음으로 『숭정역서』를 입수했다고 한다. 매문정은 천거로『명사』「역지曆志」의 편찬 작업에 참가한 것을 제외하면 평생을 수학과 역법의 연구에 종사하였고 어떤 관직에도 나아가지 않았다. 일생 동안 80여 종의 저술을 남겼다. 매문정의 자손 중에는 수학에 정통한 인물이 많았는데, 손자인 매각성梅毂成은 강희제의 명으로 궁중에 초치되어 수학을 연찬하였고, 또한 『수리정온』의 편찬 작업에도 참가하였다.

매각성은 1761년 매문정 사후 40년을 맞이해 그의 저술을 모아『매씨총서집요梅氏叢書輯要』를 편찬하였다. 수록된 작품은 모두 매문정의 수학과 천문역법 방면의 저술로 그중 수학에 관한 것으로는 다음과 같은 저작이 있다.

① 『필산筆算』 5권. 서양의 필산을 소개.

　　부록: 『방전통법方田通法』(田畝 계산의 捷法으로 珠算용의 구결을 포함), 『고

　　산기고古算器考』(중국 고대 籌算에 대한 考釋, 단문)

② 『주산籌算』 2권. 네이피어의 산주를 소개.

③ 『도산석례度算釋例』 2권. 갈릴레오의 비례규를 소개.

④ 『소광습유少廣拾遺』 1권. 중국 고대의 고차개방법(최고 12차)을 소개.

⑤ 『방정론方程論』 6권. 중국 고대의 일차연립방정식 해법을 소개.

⑥ 『구고거우句股擧隅』 1권. 직각삼각형의 고, 구, 현, 합, 교 등을 구하

　　는 문제를 기술.

⑦ 『기하통법幾何通解』 1권. 『기하원본』 2, 3, 4, 6 권 중의 일부 문제를

　　구고정리를 이용하여 해결하는 방법을 기술.

⑧ 『평삼각거요平三角擧要』 5권. 평면삼각법을 서술.

⑨ 『방원멱적方圓冪積』 1권. 원과 방형의 포용 관계 및 구와 입방체의

　　포용 관계를 소개.

⑩ 『기하보편幾何補編』 4권. 정사면체(四等面體)와 정팔면체(八等面體) 등에

　　관한 토론을 포함. 자서에 의하면 "원서(『기하원본』)의 미비함을 보

　　완하는 것"이 목적.

⑪ 『호삼각거요弧三角擧要』 5권. 구면삼각법을 서술.

⑫ 『환중서척環中黍尺』 5권. 구면삼각법 중의 여현정리의 기하학적 증

　　명 위주.

⑬ 『참도측량塹堵測量』. 구면직각삼각형의 호각弧角 관계식의 기하학적

증명 위주.

이 외에도 매문정의 저작으로 간본이 아닌 초본이 일부 현전한다.

매문정의 저작은 당시에 중국에 전래한 서양 수학의 각 방면의 지식이 거의 완전히 섭렵되어 있을 뿐만 아니라 단순한 수용의 차원을 넘어 초보적이지만 소화 발전 단계에 이르렀다. 비록 저서의 대다수가 『기하원본』, 『동문산지』, 『숭정역서』에 수록된 내용에 근거하지만 모두 융회 관통하여 억지스럽고 생경한 흔적이 없다. 모든 저작은 전부 그 자신의 언어로 재창조된 것이라고 할 수 있다.

특히 『평삼각거요』와 『호삼각거요』 두 책은 『숭정역서』 중의 평면삼각법과 구면삼각법과 비교해도 더욱 조리 있게 서술되어 있어, 당시로는 실로 삼각법에 관한 대단히 뛰어난 입문 서적이었다. 매문정이 삼각법에 정통했음은 물론 그가 삼각법을 역법 연구의 가장 중요한 도구로 삼았음과 불가분의 관계에 있다.

매문정은 서양에서 전래한 수학에 대해 이를 체계적으로 정리, 편집하여 재서술했을 뿐만 아니라 스스로의 새로운 성과를 덧붙였다. 예를 들어 『기하보편』과 『참도측량』 중의 일부 입체기하 문제의 경우는 모두 『기하원본』 전 6권에 들어 있지 않은 문제이다. 그는 12면체와 20면체 등의 다면체의 체적을 계산하였다.

매문정의 저작은 때로 중국 고대 수학에까지 그 서술이 미치지만, 시대 조건의 제약으로 인해 아쉽게도 그는 고대 십부산경을 보지 못했을 뿐만 아니라 송대의 진구소, 주세걸 등의 저작도 입수하지 못했다.

매문정은 중국의 전통 서적이 세로쓰기임을 감안하여 서양의 산식 또한 세로쓰기로 고쳤는데 이런 수정은 사실 불필요한 것이었다.

매문정은 명말청초에 걸친 자신의 삶을 통해 한편으로는 서양에서 전래한 수학을 이어받고 또 한편으로는 전래한 수학 지식에 대해 깊게 연구하고 이를 소화·발전시킨 선례를 열었다. 가히 서양 수학 수용사에 있어 관건적 인물이라고 할 수 있다. 그의 연구 성과는 그 후의 『수리정온』의 편찬에 커다란 영향을 미쳤다. 그의 저작에 대해 건가乾嘉연간의 완원은 『주인전』에서 다음과 같이 논하였다. "그 논산論算의 문장은 분명함을 중시하고 수고스러움을 사양하지 않았다. 대체로 평이한 서술로 지극히 난해한 문제를 해결하였으며 천근淺近한 말로 보이면서 심오한 이치에 도달하였다. …… 이것이 그 마음씀씀이가 뛰어난 이유이다."[27]

말 그대로 매문정은 간명하고 알기 쉬운 문필로 일반인이 볼 때 지극히 난해한 수학 문제를 해설하였으며, 이 점이야 말로 그가 이룩한 위대한 업적이라고 해야 할 것이고 또 우리가 계승해야 할 점이다.

5. 강희제와 『수리정온』

강희제는 청이 입관한 이후의 두 번째 황제이다. 그는 청 왕조의 통치를 공고히 함과 동시에 당시 전쟁으로 파괴된 국민 경제를 회복·발전시키는 데 중요한 역할을 하였다. 강희제는 천문역법과 수학 등 자연과학 지식에도 깊은 흥미를 갖고 있었다. 그는 스스로도 많은 시간을 들여 수

---

27) 其論算之文, 務在顯明, 不辭勞拙. 往往以平易之語, 解極難之法, 淺近之言, 達至深之理. …… 此其用心之善也.

학을 학습하였을 뿐만 아니라 학자들로 하여금 다수의 수학 저작을 번역 시켰는데, 봉건왕조의 황제가 스스로 수학과 기타 자연과학의 학습에 노력을 들였다는 사실은 중국 역사상 극히 드문 일이었다.

당시의 서양은 프랑스의 세력이 날로 강대해져 갔다. 프랑스 왕 루이 14세는 내심 원동遠東으로 자신의 세력을 발전시키고자 하였고 포르투갈의 세력 확장에 대항하였다. 그 일환으로 그는 선교사를 중국에 파견하여 중국에서 각종 활동을 진행토록 하였다. 그중 천문역법과 수학에 밝았던 인물로는 제르비용과 부베 등이 유명하다.[28] 당시 내화來華한 선교사 중 제르비용과 부베가 수학에 정통하였기에 두 사람은 북경에 남아 궁중에서 생활하며 강희제의 수학 교사 역할을 담당하였다.

강희제가 수학을 학습한 정황에 대해서는 다음의 사료를 통해 그 대체적인 사실을 확인할 수 있다. 『정교봉포正敎奉褒』(1883년)에는 다음과 같은 구절이 있다. "강희 28년(1689) 12월 25일 황제는 선교사 서일승徐日昇(Tomás Pereira), 장성張誠, 백진白進(즉 白晉), 안다安多(Antoine Thomas) 등을 내정內廷에 불러들여 이후 매일 두 사람이 짝이 되어 양심전에서 만주어로 양법量法 등 서학西學을 강습할 것을 명하였다. 황제는 바쁜 일과에도 불구하고 학문에 전심하여 양법, 측산, 천문, 형성形性, 격치格致의 제 학문을 좋아하였다. 이후로 혹은 창춘원에 행차하거나 지방을 순행하더라도 반드시 장

---

28) 역주: 흔히 '왕의 수학자'(les mathématiciens du Roi)로 불린다. 여섯 명의 프랑스인 예수회 선교사들이 1685년 프랑스를 출발하여 도중 태국을 경유, 寧波를 거쳐 1688년 북경에 도착하였다.(한 명의 선교사는 태국에 잔류하고 다섯 명이 중국에 도착.) 프랑스는 당시 리스본 항을 출발하여 인도의 고아를 거쳐 마카오로 향하는 동인도 항로에 대한 포르투갈의 독점권(padroado)을 의도적으로 무시하였는데, 이로써 프랑스인 선교사와 포르투갈인 선교사들은 중국 선교를 둘러싸고 협력보다는 경쟁과 갈등 관계에 놓이게 된다.

성 등을 수행시켜 혹은 매일 혹은 틈틈이 서학을 수강하였다. 또한 그 내용을 만문으로 번역하여 책으로 만들 것도 명하였다. …… 장성 등은 수년에 걸쳐 서학을 강의하였고 황제는 언제고 이에 힘썼다."29)

제르비용도 그가 상부에 제출한 보고서에서 그간의 사정을 다음과 같이 서술하였다. "매일 아침 네 시에 내정에 들어가서 일몰 후에 이르러도 거처로 돌아가도록 허락을 얻지 못한다. 매일 오전 두 시간, 오후 두 시간씩 황제의 곁에서 유클리드의 기하학이나 이학理學 및 천문학을 강의하고 더불어 역법과 포술炮術을 실연하며 설명하기도 한다. 처소에 돌아온 이후에는 다시 다음 날의 준비에 밤이 깊도록 취침하지 못하는 것이 일상이다."30)

현재 북경의 고궁박물원에는 당시 교재용으로 작성된 초본抄本 수학 서적이 몇몇 보존되어 있다. 이 필사본은 모두 만문으로 쓰여 있으며 선교사들의 강의 원고에 근거하여 만들어진 것이다. 예를 들어 제르비용은 강희제에게 기하학을 강의했는데, 교재는 예수회 소속 신부인 프랑스인 파르디(Ignace-Gaston Pardies, 1636~1673)가 저술한 *Elemens de Géométrie*(1671년)에 근거하여 이를 만주어로 번역한 것으로 비례상사형比例相似形에 관한 부분, 피타고라스 정리(句股定理)에 관한 내용 등은 포함되어 있지 않다. 이외에도 한문본 『기하원본』, 『산법찬요총강算法纂要總綱』, 『차근방산법절요借根方算法節要』, 『삼각형추산법론三角形推算法論』, 『측량고원의기용법測量高遠儀器用法』, 『비례규해』, 『팔선표근八線表根』 등이 있다. 이들 저작은 모두 후일

---

29) 康熙二十八年十二月二十五日, 上召徐日昇, 張誠, 白進, 安多等至內廷, 諭以自後每日輪班至養心殿, 以淸語授講量法等西學. 上萬機之暇, 專心學問, 好量法, 測算, 天文, 形性, 格致諸學. 自是卽或臨幸暢春園及巡行省方, 必諭張誠等隨行, 或每日或間日授講西學. 并諭日進內廷將授講之學飜譯成淸文成帙. …… 張誠等授講數年, 上每勞之.

30) 劉玉衡 譯, 「張誠與尼布楚條約」, 『國聞周報』 1936年 13卷 11期.

『수리정온』을 편찬하는 데 참고자료로 사용되었다.

강희제는 유럽 선교사뿐만 아니라 중국인 수학자들, 예를 들어 매문정이나 진후요陳厚耀 등과도 내왕하며 수학에 관한 문제를 토론하곤 하였다. 후년에는 매문정의 손자인 매각성을 궁내 몽양재蒙養齋에 초치하여 수학 연구에 종사시켰다. 강희제는 궁중에서 황자황손에게 친히 기하학을 교수하기도 하였다.

어제『수리정온』의 편찬은 강희제 치세의 일대 주요 사업이었다. 강희 51년(1712)에 진후요는 강희제에게 "보산步算(역산)에 관한 제서諸書의 정본을 만들어 천하에 이롭게 할 것"31)을 건의하였다. 이에 강희제는 즉시 매각성을 주지主持로 하여 진후요, 하국종何國宗, 명안도明安圖 등과 함께 편찬 작업에 착수할 것을 명하였다. 10년 가까운 세월의 노력 끝에 강희 60년(1721)에 드디어『율력연원律曆淵源』 100권의 편찬이 완료되었다.『율력연원』은 전체 세 부분으로 구성되어 있다.

· 『역상고성曆象考成』 42권(천문역법)
· 『수리정온數理精蘊』 53권(각종 수학 지식)
· 『율려정의律呂正義』 5권(음악원리)

『율력연원』은 강희제가 붕어한 직후인 옹정 원년(1723)에 출간되었다.
『수리정온』은 명 말에 전해진 서양 수학 지식에 이후 새롭게 전해진 수학 내용을 덧붙여 함께 체계적으로 정리하고 그 기초 위에서 중국 고대 수학(당시 확보할 수 있었던 저작에 한하지만)에 대해서도 비교 차원의 연구를

---

31) 定步算諸書, 以惠天下.

진행하였다. 이 책은 당시의 모든 방면의 수학적 지식을 망라하였고 따라서 당시 수학의 발전 수준을 상징하는 수학에 관한 백과전서라고 할 수 있다. '강희어제康熙御製'를 제명題名에 관冠하여 전국에 반행된 탓에 상당히 널리 전파되었고 따라서 영향력도 대단히 컸다고 할 수 있다. 전파된 정황을 살펴보면 서광계의 『기하원본』이나 이지조의 『동문산지』보다 월등히 널리 전파되었고 이후 상당 기간 동안 수학을 학습하는 필독서의 지위를 누렸고 수학을 연구함에 필수적인 참고서적이기도 하였다.

『수리정온』은 상하편으로 구성되어 있다. 상편은 5권으로, 주요하게는 '입강명체立綱明體' 부분이다. 하편은 40권으로, '분조치용分條致用' 즉 본론에 해당한다. 이 외에도 표가 4종 8권 부록되어 있다.

『수리정온』 상편 제1권은 「수리본원數理本源」으로 수의 기원을 해석함에 있어 중국 전통적인 "하출도河出圖, 낙출서洛出書"의 수비주의적 설명을 차용하였다. 또 후면에서는 『주비산경』의 모두冒頭의 일부 문장을 인용하였다. 제2, 3, 4권은 「기하원본」이라고 이름 붙여져 있는데 내용은 주로 선교사 제르비용의 강의 원고에 기초하여 집필되었다. 명제의 증명이나 내용의 배치 순서는 유클리드의 『원론』과 크게 다를 뿐만 아니라 서광계가 번역한 『기하원본』과도 상당히 다르다. 『수리정온』에 실린 「기하원본」은 실제로는 앞에서 언급했듯이 당시 프랑스에서 유행했던 기하학 교과서를 번역한 것이다. 상편의 제5권은 「산법원본」으로 내용은 자연수의 승적乘積, 공약수, 공배수, 비례, 등차 및 등비급수 등을 다룬다. 단 소수素數나 통약불가능한 수(무리수) 등은 다루지 않는다.

『수리정온』 하편은 '수부首部', '선부線部', '면부面部', '체부體部', '말부末部'의 다섯 부분으로 나뉘어 있다. 각각의 내용은 대강 다음과 같다.

· 수부(2권): 도량형, 정위제定位制, 정수 및 분수의 사칙연산에 대해 설명한다.

· 선부(8권): 각종 비례 문제, 영부족 산법과 방정술(연립일차방정식의 해법)을 다룬다.

· 면부(10권): 각종 삼각형과 관련한 응용문제(측량 문제를 포함), 각종 직선형의 구적求積 문제, 원, 궁형弓形, 타원의 구적 문제, 원에 내접하는 정다변형 문제, 개방 및 대종개평방 문제 등을 다룬다.

· 체부(8권): 각종 입체(구, 구의 절단형, 타원체 등)와 각종 정다면체 부피에 대한 구적 문제, 각종 정다면체의 변의 길이와 외접구 및 내접구의 직경 간의 관계, 개립방 및 대종개립방 문제 등을 다룬다.

· 말부(10권): 당시 전래한 서양의 대수학 지식인 '차근방비례'를 해설한다. 이 외에 대수(로가리즘)와 갈릴레오 비례규도 소개한다.

『수리정온』에 실린 각종 산법은 기본적으로 대다수가 『동문산지』나 매문정이 편찬한 각종 산서의 범위를 넘어서지 못한다. 그러나 마지막 말부에는 이전에 볼 수 없었던 내용이 일부 포함되어 있다. 대수표를 작성하는 방법과 차근방에 관한 소개가 그것이다.

대수의 응용에 관해서는 앞에서 선교사 스모굴레츠키와 설봉조의 저작을 다루면서 이미 서술하였다. 그러나 대수표를 편제하는 방법은 『수리정온』의 기재가 제일 빠를 것이다.

『수리정온』 권38 「대수비례對數比例」장에는 다음과 같은 구절이 보인다. "1은 수의 시작이고 1로 곱하고 나누어도 수가 변하지 않는다. 고로 1의 가수假數(즉 對數)를 0으로 한다. 10의 가수는 1로 하고 100의 가수는

2, 1000의 가수는 3, 10000의 가수는 4, …… 이로 미루어 백천만억이라고 해도 단지 수를 1만큼 더해 가면 된다. 이것이 대수의 핵심이다."[32] 이 말은 즉 우선 다음과 같은 관계식을 정의한다는 의미다.

$$\log 1 = 0,$$
$$\log 10 = 1,$$
$$\log 100 = 2,$$
$$\log 1000 = 3,$$
……

그렇다면 나머지 '영수零數', 예를 들어 1~10 사이, 10~100 사이 등에서 각 수의 대수는 어떻게 계산할까? 『수리정온』에서는 세 가지 방법을 소개하고 있다. 이것이 중국에 처음으로 소개된 대수표의 작성법이다. 비록 당시 유럽에서는 이미 그레고리나 메르카토르(Nicholas Mercator, 1620~1687)에 의한 급수를 이용한 대수표 작성법이 보편화되었지만 이러한 선진적인 방법은 아쉽게도 중국에 전해지지 않았다. 『수리정온』에 소개된 세 가지 방법은 비교적 실용적인 두 방법조차 모두 반복적으로 개평방을 해 나가야 하는 대단히 번잡한 방식이었다. 중국에서 급수를 이용한 방법이 채택된 것은 후대의 대후戴煦와 이선란에 의해서였다. 단 그들은 서양 수학을 매개하지 않고 자신들의 독자적인 사고에 의거해서 연찬을 심화하여 같은 결과를 얻었다.(상세한 내용은 후술)

『수리정온』 말부에 소개된 또 다른 새로운 내용은 차근방비례로, 제31장에 보인다. 이는 당시 서양의 대수학을 의미하는데, 그 연원은 중세 아

---

32) 一爲數之始, 以之乘除, 數皆不變. 故一之假數定爲○. 而十之假數定爲一, 百之假數定爲二, 千之假數定爲三, 萬之假數定爲四, …… 推之百千萬億, 皆遍加一數.

랍권의 이슬람 수학으로까지 거슬러 올라간다. 용어는 미지수를 '근根'이라고 하고 미지수의 곱(乘方)을 '방方', 상수항을 '진수眞數'라고 호칭한다. 『수리정온』의 해석에 따르면 "차근방이란 근수와 방수를 빌려 이로써 실수를 구하는 법"[33]이다. 이는 다시 말하면 '근방을 차借함' 즉 미지수와 미지수의 각차 곱을 빌려 방정식을 세우고, 나아가 방정을 풂으로써 미지수의 값을 구하는 방법을 말한다. 이로써 분명히 알 수 있듯이 이는 중국 송원시대의 천원술과 지극히 유사하다. 따라서 이 유사함을 인식한 매각성 등은 일찍이 "천원일이 곧 차근방"[34]이라고 갈파했다.

『수리정온』에 소개된 차근방비례의 술어 및 표시 기호에 대해서는 예로써 그 대강을 설명하면 다음과 같다. 문제는 이렇다.

가령 4입방, 다多 3평방, 소少 2근根, 다多 5진수眞數가 있어 5입방, 소少 1평방, 다多 3근根, 소少 2진수眞數와 서로 더하면 얼마를 얻는가?[35]

이는 다항식의 덧셈으로, 현행 기호법으로 표시하면 다음과 같다.

$$(4x^3 + 3x^2 - 2x + 5) + (5x^3 - x^2 + 3x - 2)$$

『수리정온』에서는 위의 계산식을 다음과 같이 표기한다.

---

33) 借根方者, 假借根數方數以求實數之法也.

34) 天元一卽借根方.

35) 設如有四立方, 多三平方, 少二根, 多五眞數, 與五立方, 少一平方, 多三根, 少二眞數. 相加, 問得幾何?

四$\stackrel{立}{方}$———三$\stackrel{平}{方}$———二根———五$\stackrel{眞}{數}$

五$\stackrel{立}{方}$———$\stackrel{平}{方}$———三根———二$\stackrel{眞}{數}$

九$\stackrel{立}{方}$———二$\stackrel{平}{方}$———一根———三$\stackrel{眞}{數}$

또 다른 방정 문제의 경우,

가령 1입방, 소少 9근根이 1620척과 같다. 1근의 값은 얼마인가?[36]

이 문제는 하나의 3차방정식 $x^3 - 9x = 1620$을 푸는 것으로 그 해(根)
는 $x = 12$이다.

『수리정온』의 표기법은 다음과 같다.

一$\stackrel{立}{方}$———九根 $= -$六二○,

一根 $= --$二。

『수리정온』에 수록된 차근방비례에는 유리식, 즉 다항식의 가감승제,
개방법과 대종개방법(이항방정식 혹은 일반 방정식으로 고차방정식을 포함한 수치 해
법)과 각종 응용문제가 소개되어 있다.

차근방비례는 당시 '아이열파달阿爾熱巴達' 혹은 '아이열파랍阿爾熱巴拉'이
라고도 불렸는데 이는 모두 Algebra의 음역이다.[37]

얼마 뒤, 데카르트의 기호대수학도 중국에 전래되었고 그에 관한 최

---

36) 設如有一立方, 少九根, 與一千六百二十尺相等. 問每一根之數幾何?
37) 梅瑴成이 저술한 『赤水遺珍』에 보인다. 이 저작은 『梅氏叢書輯要』에 부록으로 실려
   있다.(역주: Algebra가 아랍수학에 기원하였기 때문에 유럽 기준으로 동쪽에서 전래
   하였다는 의미로 '東來法'이라고도 불렸다.)

초의 저술인 『아이열파랍신법阿爾熱巴拉新法』(2권, 抄本)이 현전한다.[38] 용어법은 갑甲, 을乙, 병丙, 정丁 등으로 기지수($a, b, c, \cdots\cdots$)를 나타내고 자子, 축丑, 인寅, 묘卯 등으로 미지수($x, y, z, \cdots\cdots$)를 표시하며, □로 더하기(+)를, □□로 빼기(-)를 표시하고(卦의 음효와 양효를 차용), ✚로 등호(=)를 표시하였다. 예를 들어,

亥亥□甲丙✚乙亥,

亥亥亥□□甲亥✚庚

의 경우 현행식으로 표기하면 다음과 같다.

$$zz + ac = bz,$$
$$zzz - az = k$$

---

38) 역주: Jean-François Fouquet(1663~1740, 중국명 傅聖澤)가 저술. 단 불행하게도 선교사로부터 내용을 전해들은 강희제가 기호대수학이 갖는 혁신적 성격에 대해 몰이해한 나머지 전통 수학에 비해 전혀 진보한 내용이 없다고 오판하였고, 결국 데카르트의 기호대수학 체계는 황제의 不興을 산 탓에 公刊되지 못하고 역사의 뒤안길로 사라졌다. 皇權이 과학에 과도하게 개입함으로써 생긴 부정적 사건이라고 해야 할 것이다.

제8장 청 중엽 쇄국정책 하의 수학

1. 학술 기풍의 전환

서양 수학의 제1차 전래는 명 말(16세기 말)에 시작하여 강희 말년의 『수리정온』의 편찬(1723년)에 이르기까지, 전후로 대략 1세기 반에 걸친다. 이 시기에 전래된 수학 지식은 대략 전술한 대로이다. 옹정雍正연간에 이르자 청조 정부는 관문을 굳게 걸어 닫는 정책을 택하였고 서양 수학의 전래 및 번역 작업은 정지되었다. 이로써 청대 수학사 상의 새로운 전환기로 다시 접어든다.

일찍이 명말청초에 서양 수학이 중국에 대량으로 전래되었을 때, 명청 양조의 관료 및 지식인들은 한편으로는 서양의 과학적 성취를 수용하고자 하면서도 다른 한편으로는 선교사들이 인심을 농락하여 전통적 통치 질서가 흔들리지 않을까 염려하여 선교사들의 종교 활동에 대해서는 일찍부터 경계심을 갖고 있었다. 강희 43년(1704)에 로마 교황 클레멘스 11세는 칙령 Cum Deus Optimus를 발포하여 중국의 가톨릭 신자들로 하여금 유교의 전례(조상에 대한 제사와 공자에 대한 숭배)에 참석하는 것을 금하는 결정을 내렸고, 이 금령은 곧 중국 조야를 비롯한 각지의 반발을 불렀다. 결국 강희 46년이 되자 황제는 교황의 특사 투르농(Charles-Thomas Maillard De Tournon)을 마카오로 추방하고 그곳에 감금시켰다.

당시 선교사들은 각 방면에서 운동하여 천주교를 옹호하던 황자가 황위를 계승할 것을 획책하였다. 그러나 라마승의 지원을 받던 다른 황자가 결국 즉위하여 옹정제가 되었고 그는 즉각 외국 선교사들을 마카오로 추방하여 내지에 제멋대로 들어오는 것을 금하였다. 불과 흠천감欽天監에 근무하던 몇몇 선교사만이 체재가 허용되었다. 옹정제는 또한 중국인의 출입국 또한 엄금하였는데 이러한 쇄국정책은 도광道光연간에 발발한 아편전쟁(1840년) 직후까지 지속되었다. 쇄국정책은 전후 120여 년간 지속된 셈이다. 이 기간 중에는 서양의 새로운 수학 지식은 거의 전래되지 못했고 따라서 중국인 수학자들은 기존에 전래된 수학 지식의 토대 위에서 이를 세심하게 소화하고 보다 심화시키는 것에 그들의 주의력을 집중했다.

이 시기가 갖는 수학사 상의 또 다른 중요한 성취는 중국 고대 수학에 대해 대규모적인 연구와 정리가 진행되었다는 점이다. 이는 당시 이른바 '건가학파乾嘉學派'로 불렸던 '한학가漢學家'[1]들의 고증학이 흥성한 것과 불가분의 관계에 있었다. 당시의 학자 중에는 적지 않은 사람들이 고증학적 방법을 원용하여 중국의 고산서古算書를 정리했다.

청조는 당시의 지식인을 대우함에 있어 한편으로는 고압적인 정책을 취하여 걸핏하면 문자옥文字獄을 일으켰다. 때로는 한두 글자 혹은 한두 줄 시구 때문에 구족이 멸문되는 참화가 빚어지기도 하였다. 다른 한편으로는 '사고전서관四庫全書館'을 개설하고 『사고전서』를 편찬하는 등 중국 전통 경전에 대한 대규모의 정리 사업을 벌였다. 그로써 만주족 통치자의 심의心意에 부합하지 않는 책들을 금서로 묶거나 혹은 소훼燒毁시켜 그 흔적을 지우려고 한 것이다. 즉 한편에서는 혹독한 심리적 압박을 가하면서

---

1) 역주: 宋學에 대립하는 의미.

다른 한편에서는 정책적인 회유를 행한 것이다. 고증학과 한학가의 흥륭은 바로 이러한 환경하에서 이루어졌다. 전해 내려온 각종 고서적에 대해 고증학적 연구를 진행하는 것이 일종의 학술적 기풍으로 형성되었다. 이는 수학을 포함한 일부 과학 관련 저작에 대해서도 마찬가지여서 적지 않은 학자들이 고대 과학서의 수집, 정리, 고증, 출판이라는 다양한 활동에 매진하게 되었다.

고산서에 대한 연구와 정리 그리고 전 시기에 전래한 서양의 수학 지식에 대한 흡수·소화 및 진일보한 연찬은 이리하여 이 단계의 수학사상의 양대 중심 내용이 되었다. 많은 수학자들이 이 두 종류의 활동에서 대단히 뛰어난 성취를 이룩하였는데 그중 비교적 저명한 인물을 열거하면 다음과 같다.

· 진세인陳世仁(1676~1722)

· 명안도明安圖(1692~1763)

· 이황李潢(?~1811)

· 초순焦循(1763~1820)

· 왕래汪萊(1768~1813)

· 이예李銳(1768~1817)

· 항명달項名達(1789~1850)

· 심흠배沈欽裴(?~?)

· 나사림羅士琳(1783~1853)

· 동우성董祐誠(1791~1823)

· 대후戴煦(1805~1860)

· 이선란李善蘭(1810~1882)

이들이 수학에서 성취한 정리 및 연구 활동의 내용에 대해서는 이하 분야별로 약술하고자 한다.

2. 중국 고산서의 정리

중국 고대 수학에 관한 정리·연구 활동은 네 가지 부분으로 나눌 수 있다. 즉 1) 각종 총서의 편집, 2) 『산경십서』의 정리, 3) 송원 산서의 정리, 4) 『주인전』의 편찬이 그것이다.

1) 각종 총서의 편집

강희 말년에는 『수리정온』(『律曆淵源』所收) 외에 비교적 방대한 분량의 백과전서식 총서인 『고금도서집성古今圖書集成』(1만권)이 편찬되었다. 『고금도서집성』은 옹정 4년(1726)에 완성되었는데, 무영전武英殿에서 활자본으로 간인되었고 '취진판聚珍版'이라고 불렸다. 이 총서에는 『신법역서』 중의 일부 서학 관련 역서曆書와 산서算書가 수록되어 있다. 반면 중국 고대 수학 저작에 관해서는 『주비산경』, 『수술기유』, 『사찰미산경謝察微算經』, 『몽계필담』 중의 산법 관련 부분, 『산법통종』 등 불과 다섯 종류만이 실려 있다.

청대 최대의 총서라면 응당 『사고전서』를 거론하지 않을 수 없다. 건륭 38년(1773)에 편찬이 시작되어 건륭 46년(1781) 겨울에 최초로 문연각본文淵閣

本『사고전서』가 완성되었다. 문연각본『사고전서』는 전체 3,503종, 79,337권, 36,304책이 수록되어 있다.[2] 수학에 정통한 인물 중 편찬에 참가한 자로는 대진 이외에도 진제신陳際新, 곽장발郭長發, 예정매倪廷梅 등이 있다.

『사고전서』의 '자부子部' 십육十六, 십칠十七에는 '천문산법류天文算法類'의 서적이 수록되어 있는데『사고전서총목제요四庫全書總目提要』의 기록에 따르면 전체 58종, 579권이 실려 있다.『사고전서』의 편찬은 각 성 및 지방의 장서가를 통해 광범위하게 다양한 서적을 수집, 망라했을 뿐만 아니라 동시에 명대에 편찬된『영락대전』에서 이미 실전된 고서를 초집抄輯하는 방식으로 진행되었고 따라서 이미 실전된 것으로 여겨졌던 많은 수학 저작이 다시금 세상에 모습을 드러내게 되었다. 유명한 '십부산경'과 송원시대의 진구소, 이야 등의 저작도 재발견되었다.

『사고전서』의 편찬 작업은 당시 학자들로 하여금 중국 고대 수학 저작에 대해 진일보한 연구와 정리를 가능케 하고 추동하였다고 할 수 있다.

『사고전서』의 편찬과 동시에『무영전취진판총서武英殿聚珍版叢書』의 간행도 이루어졌다. 목활자본으로 간인刊印된 이 총서는『사고전서』에서 일부 서적을 뽑아내어 편찬된 것으로, 그 후 강소江蘇, 절강浙江, 강서江西 등 각지에서 이를 모방한『취진판총서』가 우후죽순처럼 간행되었다. 이 총서에는『주비산경』,『구장산술』등 십부산경 중 7작품이 선입選入되었고, 이 외에『율력연원』100권도 포함되어 있었다.

이상 관찬본 각종 총서 이외에 민간에서 간행한 총서로는『미파사총

---

2) 『四庫全書』는 총 7부가 제작되었는데 각각의 수록 권수가 완전히 일치하지는 않는다. 이에 관해서는 李儼,『中國數學大綱』下(北京: 科學出版社, 1959), p.464를 참조할 것.(역주: 7부는 각각 北京 紫禁城 文淵閣, 京郊 圓明園 文源閣, 盛京 行宮 文溯閣, 承德 避暑山莊 文津閣[이상 內廷四閣 혹 北四閣], 鎭江 文宗閣, 揚州 文匯閣, 杭州 文瀾閣[이상 江浙三閣 혹 南三閣]이다. 문연각본 수록 권수에 대해서는 최근의 연구에 따랐다.)

서微波榭叢書』, 『지부족재총서知不足齋叢書』, 『의가당총서宜稼堂叢書』 등이 알려져 있는데, 이들 총서에도 상당수의 수학 저작이 수록되어 있다.

아래에서 이들 총서에 대해 약간의 설명을 부기하고자 한다.

2) 『산경십서』의 정리와 주석

『주비』, 『구장』 등 십부산경은 중국 한당시대 천여 년간에 걸친 수학 발전의 결정체이다. 또한 전술하였듯이 이 십부산경은 당대에 교과서로 지정되었고, 북송시대에도 관각되어 반행頒行되었으며(1084년, 단 祖冲之의 『綴術』은 이미 失傳), 이후 남송에 이르러 재차 새로운 번각본(嘉定 5, 1213)이 반포되었다. 그러나 명대에 이르자 유일하게 『주비산경』만이 전승되고 십부산경 중의 나머지 다른 저작들은 모두 사실상 실전되었다. 청 건륭연간에 『사고전서』가 편찬됨으로써 비로소 이 고산서들이 세상에 다시 모습을 드러낸 것이다.

당시 이 십부산경의 정리는 두 가지 경로로 이루어졌다. 하나는 직접 남송본을 채록한 것이고 다른 하나는 『영락대전』에서 초출抄出한 것이다.

남송본 십부산경은 실은 당시 완전히 실전된 것은 아니었다. 명말청초의 장서가인 급고각汲古閣 모진毛晋, 모의毛扆 부자는 『손자』, 『오조』, 『장구건』, 『하후양』, 『주비』, 『집고』, 『구장』(殘缺) 등 7종 산경의 남송본을 소장하고 있었다. 이 남송본은 강희연간에 각 한 부씩 초본抄本이 제작되어 황궁에 진정進呈, 황가皇家 도서관인 '천록림랑각天祿琳瑯閣' 안에 소장되어 있었지만3) 일반인이 손쉽게 이를 열람하는 것은 불가능하였다. 후일 모

---

3) 고궁박물원은 1931년에 이를 『天祿琳瑯叢書』 第一輯 第一函으로 영인 출판하였다.

씨毛氏가 소장하고 있던 남송본은 흩어져 여러 장서가의 손을 거쳤고, 도중『하후양』과『집고』가 산일散佚되어 5종만이 전하게 되었다. 현재도 이 5종 남송본은 국보로서 각각 상해도서관, 북경대학도서관 등지에 소장되어 있다.4)

대진은『사고전서』편찬에 참여하던 중『영락대전』에서『구장』, 『해도』등 7종의 산서를 발견, 초출하였다. 그는 이 7종 산서에 모씨毛氏의 영송초본影宋抄本에 기초한 다른 두 종을 보완하여『사고전서』에 편입시켰고 동시에 '취진판'으로 간인, 발행하였다. 건륭 38년(1773)에는 공계함孔繼涵(1739~1783)이 모씨의 영송초본과『영락대전』집출본輯出本 산경을 번각해『미파사총서』에 포함시켜 정식으로『산경십서』라고 이름지었다.5) 현재 통용되는 각종『산경십서』(『萬有文庫』本, 鴻寶齋 石印本 등)는 이에 근거하여 번각되거나 인쇄된 것이다.

『산경십서』각각에 대한 청 초의 전승 및 초각抄刻 현황에 대해서는 다음 페이지의 표를 참고 바란다.

『산경십서』가 새로이 세상에 모습을 드러내자 이는 즉각 당시 수학자들의 흥미를 끌었고 그 주석과 교감 작업이 분분紛紛히 이루어졌다. 그중 비교적 괜찮은 성적을 남긴 자로는 대진, 이황, 심흠배, 고관광 등을 거론할 수 있다. 대진이『사고전서』의 편찬 과정 중에 산서의 정리 및 교감을 행한 것 외에, 다른 이들도 자신들의 저작을 남겼는데 중요한 것을 일부 열거하면 다음과 같다.

---

4) 역주: 이 5종 남송본은 동 남송본『數術記遺』(1212년)와 함께 1981년 文物出版社에서『宋刻算經六種』이란 이름으로 번각되었다.
5) 역주: '十部算經'과 '算經十書'라는 용어를 구별해서 사용해야 하는 이유이다.

판본 서명	남송 刻本 (1213年)[6]	毛氏 汲古閣 影宋抄本 (1684年)	『四庫全書』本 (1773年)	孔繼涵 刻 『算經十書』本 (1773年)
九章算術	상해도서관 소장. 前5권(殘缺)	고궁박물원 소장	『永樂大典』抄出本	戴震 校本[7]
周髀算經	상해도서관 소장	고궁박물원 소장	『永樂大典』抄出本	戴震 校本
孫子算經	상해도서관 소장	고궁박물원 소장	『永樂大典』抄出本	戴震 校本
張丘建算經	상해도서관 소장	고궁박물원 소장	毛氏 影宋抄本	戴震 校本
五曹算經	북경대학도서관 소장	고궁박물원 소장	『永樂大典』抄出本	戴震 校本
夏侯陽算經	失傳됨	고궁박물원 소장	『永樂大典』抄出本	戴震 校本
緝古算經	失傳됨	고궁박물원 소장	毛氏 影宋抄本	戴震 校本
五經算經	조기 散佚	없음	『永樂大典』抄出本	戴震 校本
海島算經	조기 散佚	없음	『永樂大典』抄出本	戴震 校本
數術記遺	북경대학도서관 소장	없음	兩江總督採進本	?

· 이황, 『구장산술세초도설九章算術細草圖說』,

　　　『해도산경세초도설海島算經細草圖說』,

　　　『집고산경고주緝古算經考注』

· 고관광, 『주비산경교감기周髀算經校勘記』

이들 저작은 현재에 이르기까지 『산경십서』의 내용을 이해하는 데 필수불가결하며 후학에 비익裨益하는 바가 크다고 할 수 있다.

3) 송원 산서의 정리와 연구

『산경십서』의 정리, 교감校勘, 주석註釋 작업과 더불어 송원시대의 산

---

6) 역주: 현전하는 『數術記遺』는 宋 嘉定 5년(1212) 간본이고 나머지는 嘉定 6년(1213)년 간본.

7) 孔繼涵 刻 『算經十書』 서문에는 『周髀』를 비롯해 7종 산경이 毛氏 影宋抄本에 근거해 새로이 번각한 것이라고 하였지만 실제로는 戴震의 교열 및 수정을 거친 것으로, 원래의 毛氏 影宋抄本과는 내용이 일치하지 않는다. 『海島』, 『五經』 및 『九章』의 後 4卷은 戴震이 교정한 『永樂大典』 輯出本임이 명기되어 있다.

서들도 다수가 새롭게 정리, 간행되었고 그 결과 많은 연구가 이루어졌다. 그중 중요한 것을 거론하면 대략 다음과 같다.

(1) 진구소의 『수서구장』

건륭연간에 사고전서관이 개설되었을 때 대진이 이를 『영락대전』에서 초출抄出하여 『사고전서』에 포함시켰고 제명을 『수학구장數學九章』이라고 하였다. 그 후 심흠배가 다시 명대의 초본抄本(이른바 趙琦美抄本)을 발견하고 이에 교정을 덧붙였다. 심흠배의 학생 송경창宋景昌은 이 두 판본을 참고하여 교정 및 보완을 시도하였고 정보訂補 과정에 관한 차기箚記를 작성하였다. 욱송년郁松年은 이를 『의가당총서』에 포함시켰는데 이때 제명을 『수서구장』이라고 하였다. 이것이 현재 통용되는 판본이다.(『國學基本叢書』나 『叢書集成』 등의 판본은 모두 이 계통을 따른다.)

(2) 양휘의 각종 저작

원래 양휘의 산서는 『영락대전』에 완전하게 수록되어 있었지만 『사고전서』 편찬 시에는 초출抄出되지 못했다. 따라서 포정박鮑廷博이 간행한 『지부족재총서』에는 양휘의 저작으로 불과 『속고적기산법』의 잔본殘本만이 수록되어 있다. 욱송년이 『의가당총서』에 수록한 양휘의 저작도 『상해구장산법』(附 纂類)과 『양휘산법』(6권)뿐이고 그나마 잔본으로 전질이 아니었다. 시간이 흘러 20세기 초에 이르러 조선에서 명의 홍무洪武연간에 간행된 『양휘산법』을 번각하였음이 알려졌다. 이 조선 번각본은 임진왜란 때 약탈본으로 일본에 전해졌으며 현전한다.[8]

---

8) 역주: 현재 日本 筑波大學 附屬圖書館에 소장되어 있다.

(3) 이야의 『측원해경』과 『익고연단』

양자 모두 『사고전서』에 수록되어 있다. 전자는 이황의 가장본家藏本에 근거한 것이고 후자는 『영락대전』에서 초출한 것이다. 양자 모두 이예李銳의 교정 및 주석을 거쳐 『지부족재총서』에 수록되었다. 현재 통용되는 판본은 대다수가 지부족재본을 번인한 것이다.

(4) 주세걸의 『산학계몽』과 『사원옥감』

이 두 저작은 모두 『사고전서』에 편입되지 못했다. 가경嘉慶연간에 완원은 『사원옥감四元玉鑑』을 방획訪獲하여 북경에 보내 '사고전서미수서四庫全書未收書'로서 내정內廷에 진정進呈하였다. 동시에 완원은 부본을 초록해서 이예에게 교정하도록 시켰다. 이예는 교정을 완성하지 못하고 사망하였다. 하지만 『사원옥감』에 대해서는 이예 이외에도 당시 서유임徐有壬, 심흠배 등 많은 사람들이 연구를 남겼다. 얼마 후 도광道光 2년(1822)에 나사림이 『사원옥감』의 또 다른 초본抄本을 얻었다. 그는 이 초본과 다른 판본을 비교, 연구하는 데 10여 년의 세월을 보냈고, 도광 14년(1834)에 마침내 『사원옥감세초四元玉鑑細草』를 양주揚州에서 간행하였다. 이 세초본細草本이야말로 현재 가장 흔히 볼 수 있는 『사원옥감』 판본의 하나이다.

심흠배에게도 『사원옥감세초』라는 같은 이름의 저작이 있지만 시종 간행의 기회를 얻지 못했다. 그러나 심흠배의 세초는 해석의 탁월함에 있어 독보적인 점이 많다.

『산학계몽』의 발견은 그 시기가 더 늦다. 도광 19년(1839)이 되어서야 나사림이 새로 발견된 조선 번각본9)을 근거로 중간重刊할 수 있었다. 이

---

9) 제5장 주86) 참조.

책이 발굴된 덕분에 사람들은 비로소 송원수학에 대해 비교적 전면적인 인식에 도달할 수 있게 되었다.

그 밖에 당시에는 민간의 산서에 대한 수집은 아직 충분치 못하였고 최근에 와서야 겨우 일부 그 부족함을 보완할 수 있게 되었다.[10]

4) 『주인전』의 편찬

18세기 말에는 중국 고산서의 정리와 연구 이외에도 『주인전』이 편찬되었음을 거론하지 않을 수 없다. 『주인전』은 완원이 그 편찬을 주관하였지만 사실상의 작업은 이예와 주치평周治平 두 사람의 공헌이 가장 크다고 할 수 있다. 완원의 「주인전범례疇人傳凡例」의 설명에 따르면 "편찬이 시작된 것은 건륭 을묘년이고 완성된 것은 가경 기미년"[11]으로, 이로써 『주인전』의 편찬 연대를 1795~1799년으로 추정할 수 있다.

『주인전』은 전체가 46권으로 구성되어 있으며 역대 역산가 243인에, 부록으로 서양인 37인을 덧붙여 도합 280인의 전기를 수록하였다. '주인疇人'이라는 용어는 사마천의 『사기史記』에 나오는 말로 대를 이어 천문역법 업무를 전문적으로 장관하는 사람을 가리킨다. 완원은 「범례」에서 이렇게 적었다. "학문의 길은 하나로 집중해야 정교해진다. 보산步算의 학문으로 말하면 심미광대深微廣大하여 더욱이 전문가가 아니면 다룰 수 없다. 태사공이 쓰기를 '주인疇人의 자제子弟가 분산되었다'라고 하였는데, 이 말은 여순如淳의 주석에 이르길 '가업을 대대로 잇는 것을 주疇라고 한다.

---

10) 李儼, 『十三, 十四世紀中國民間數學』(北京: 科學出版社, 1957)을 참조.
11) 是編創始於乾隆乙卯, 畢業於嘉慶己未.

율령에 23세가 되면 주관疇官의 역役에 나아가 각자 제 아비에게 배운다'라고 하였다. 이른바 세습 전문가들이다. 이 책을 '주인전'이라 명명함은 뜻을 여기서 취했다."12)

『주인전』에는 점복占卜 등과 같은 수비주의數秘主義와 연관된 인물이나 사례가 일절 실려 있지 않다. 동시에 역법을 연구하는 것은 응당 실측을 중시해야 한다고 주장하고 역법을 음률이나 『주역』 등에 견강부회하는 것에 반대하였다. 이런 관점은 과학적이고 근대적이라고 할 수 있다. 『주인전』에는 각 인물의 전기 끝에 때로는 짧은 논평을 붙이기도 하였다. 이 논평은 비록 완전히 공정하다고는 못하지만 그 자체로 귀한 바가 있음은 분명하다.

한편 『주인전』에는 부정확한 관점이 없지는 않다. 예를 들면 "후세의 사람이 술術을 만듦에 있어 옛사람보다 정밀한 이유는 대략 옛사람들의 장점을 합했기 때문이지 후세의 사람들이 옛사람들보다 지식과 능력이 더 뛰어나기 때문은 아니다"13)라는 주장이나 혹은 "서양의 과학은 실은 중국의 것을 몰래 훔친 것이다"14)라고 주장하고 서양의 과학을 덮어놓고 그 근원이 중국에서 기원했다고 여기는 인식은 분명히 합리적이라고 할 수는 없다.

완원, 이예 등이 『주인전』을 편찬한 이후로 19세기 말에 이르기까지 100년 가까운 시기에 나사림 등이 『주인전』을 세 차례 증보했다. 먼저 도광 20년(1840)에 나사림이 '보유補遺'(12인, 附見 5인)와 '속보續補'(20인, 附見 7인)

---

12) 學問之道, 惟一故精. 至步算一途, 深微廣大, 尤非專家不能辦. 太史公書, 疇人子弟分散. 如淳注曰, 家業世世相傳爲疇. 律年二十三, 傳[傳]之疇官, 各從其父學. 所謂專門之裔也. 是編以疇人傳爲名, 義取諸此.
13) 後世造術密於前代者, 蓋集合古人之長而爲之, 非後人之知能出古人上也.
14) 西法實竊取於中國.

합 6권을 작성해 완원 등이 편찬한 46권과 합쳐 전체로 52권이 되었다. 다시 광서光緖 12년(1886)에는 제가보諸可寶가 『주인전삼편疇人傳三編』 7권(74인, 附記 3인, 附見 51인)을 편찬하였다. 더욱이 광서 24년(1898)에는 황종준黃鐘駿이 『주인전사편疇人傳四編』 11권(附1권, 350인, 附見 86인)을 펴냈다. 『주인전』은 중국 고대 역산학의 발전 상황을 이해하는 데 중요한 참고 가치를 지닌다.

3. 서양 수학과 중국수학의 심화 연구

　　시기적으로 청대 중기는 적지 않은 학자들이 중국 고대 수학에 대한 정리 작업에 힘쓴 것 외에도, 다수의 수학자들은 한 걸음 더 나아가 앞 시기에 서양에서 전해진 수학 지식 혹은 고서적에서 발굴, 정리된 중국 고대 수학 지식에 근거하여 보다 깊이 있는 수리 연구에 종사하였고 그 결과 수준 높은 성취를 다수 이룩하였다. 이렇게 얻어진 성취는 비록 시간적으로는 서양에 비해 조금 늦었지만 그렇다 하더라도 전적으로 중국인 수학자들이 쇄국 상태에서 독립적으로 사고하고 연구한 끝에 얻은 결과로, 그들이 사용한 방법으로 보자면 서양의 수학자들과 완전히 길을 갈라섰지만 결국 같은 목적지에 도달했다는 특색이 있다.

　　이 성과는 삼각함수 전개식, 방정론, 급수론, 대수표對數表 작성법 및 중국 고대의 '손자 문제'에 대한 이론적 심화 등 다방면에 걸친 내용을 포함한다. 여기서 이 성과들을 분류하여 간단히 설명하자면 아래와 같다.

1) 삼각함수 전개식에 관한 연구

매각성의 『적수유진赤水遺珍』의 설명에 따르면 서양인 선교사 자르투 (Pierre Jartoux, 1668~1721, 중국명 杜德美)는 중국에 도착(1701년)한 이후에 이른바 그레고리 공식 세 가지를 소개하였다.

$$\pi = 3 + \frac{3 \cdot 1^2}{4 \cdot 3!} + \frac{3 \cdot 1^2 \cdot 3^2}{4^2 \cdot 5!} + \frac{3 \cdot 1^2 \cdot 3^2 \cdot 5^2}{4^3 \cdot 7!} + \cdots \qquad [\text{I}]$$

$$r \sin \alpha = a - \frac{a^3}{3! r^2} + \frac{a^5}{5! r^4} - \frac{a^7}{7! r^6} + \cdots \qquad [\text{II}]$$

$$r \, vers \, \alpha = \frac{a^2}{2! r} - \frac{a^4}{4! r^3} + \frac{a^6}{6! r^5} - \cdots \qquad [\text{III}]$$

여기서 $\alpha = \dfrac{a}{r}$ 이다.

그런데 이 세 가지 공식을 어떻게 증명하는지에 대해서 자르투는 아무런 설명도 덧붙이지 않았다. 이에 대해 중국인 수학자들은 독특한 기하 연비례식을 운용하여 이 세 가지 공식을 모두 증명하였다. 제일 먼저 이를 연구한 자는 명안도이고 이후에 다시 동우성董祐誠, 항명달項名達 그리고 대후 등이 이론적으로 더욱 심화된 연구를 달성하였다.

명안도[15]는 몽고인으로 흠천감欽天監에서 장기간에 걸쳐 근무하였다. 그는 30여 년간 각고의 노력 끝에 『할원밀률첩법割圓密率捷法』을 저술하였다. 이 책은 명안도의 사후에 그의 제자인 진제신이 원고를 정리하여 1774

---

15) 역주: 明安圖는 몽고 八旗 출신으로 한자명 明安圖는 몽고어 이름 밍가투의 음역이다. 따라서 원음대로 표기하지면 밍가투로 적는 것이 옳겠지만 본서에서는 중국인명의 예에 따라 명안도로 적었다.

년에 전4권으로 완성하였다.

명안도는 기지旣知의 '호배弧背' 값으로부터 '통현通弦'을 구하는 방법에서 출발하여 축차적으로 해법을 추구하였다. 현행 대수기호로 표기하자면

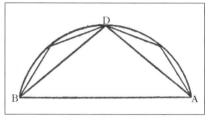

[그림8-1] 弧背求弦

그 방법은 다음과 같다. 먼저 [그림8-1]에서 호弧ADB의 길이를 알고 있을 때 현AB의 길이를 구한다. 다음, 호ADB를 m등분하고, $\dfrac{1}{m}$호에 대한 소현을 C_m, 통현AB의 길이를 C라고 가정한다. 명안도는 각 m값에 대해 C_m을 이용하여 C의 값을 구하는 공식을 산출하였다.

$$C = F(C_m)$$

그는 우선 $m = 3,\ 5,\ 7,\ \cdots\cdots$과 같이 홀수(즉 호의 삼등분, 오등분, 칠등분, ……)의 경우를 산출하고 다시 $m = 2, 4, 6,\ \cdots\cdots$과 같이 짝수의 경우를 산출하였다. 그런 후 다시 $m = 10$, $m = 100$, $m = 1000$, $m = 10000$인 경우를 계산하였다. m값이 충분히 클 경우(예를 들어 $m = 10000$인 경우)는 당연히 $m C_m$이 호ADB의 길이에 근접한다. 명안도는 즉 $m = 10000$인 경우 $F(C_{10000})$의 근사치($m C_m$을 호ADB의 길이로 간주)를 이용하여 최종적으로 산출한 호배 값으로 현을 구하는 공식을 얻었다.

이하에서는 차례대로 m값이 홀수일 경우, 짝수일 경우, 10, 100, 1000, 10000인 경우의 계산 과정을 간단히 서술하고자 한다.

$m = 3$인 경우, 『수리정온』 하편 권16 중中에 서술된 방법에 근거하여 다음 공식을 유도할 수 있다.

$$C = 3C_3 - \frac{C_3^3}{r^2}$$

(r은 원의 반경)

명안도는 더 나아가 $m = 5$인 경우의 공식을 산출하였다. 명안도의 공식은 다음과 같다.

$$C = 5C_5 - \frac{5C_5^3}{r^2} + \frac{C_5^5}{r^4}$$

재차 $m = 7, 9, \cdots$의 경우를 계산하면 이로써 m이 홀수인 경우 C를 C_m의 유한항 급수의 합으로 전개하는 것이 가능함을 알 수 있다.

한편 m이 짝수인 경우는 홀수의 경우와 달리 무한급수로 전개된다. 여기서 명안도는 독특한 기하 선분 연비례의 방법을 활용하였다.

명안도가 채용한 m이 짝수인 경우의 계산 방법은 이렇다. [그림8-2]에서처럼, C를 호ACD의 중점, B를 호ABC의 중점이라고 가정하고, AG=DH=AC=DC가 되고 또 AE=AB가 되도록 각 점을 취한다.

여기서 △AOB, △CAG, △GCH, △BAE는 모두 닮은꼴(相似) 이등변 삼각형이다. 고로 다음의 관계를 얻는다.

OA : AB = AB : BE = AC : GC = GC : GH

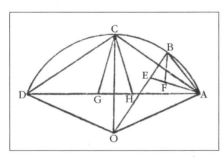

[그림8-2] 連比例法求弦

이로써

$$\frac{\mathrm{GH}}{\mathrm{BE}} = \frac{\mathrm{GC}}{\mathrm{AB}} = \frac{\mathrm{AC}}{\mathrm{OA}}$$

의 관계가 성립함을 알 수 있다. 따라서

$$\mathrm{GH} = \frac{\mathrm{AC}}{\mathrm{OA}} \cdot \mathrm{BE}$$

가 성립한다.

다시 [그림8-2]에서 다음의 관계가 성립함도 알 수 있다.

$$\mathrm{AD} = \mathrm{AG} + \mathrm{DH} - \mathrm{GH} = 2\mathrm{AC} - \mathrm{GH}$$

GH의 값을 대입하면 다음을 얻는다.

$$\mathrm{AD} = 2\mathrm{AC} - \frac{\mathrm{AC}}{\mathrm{OA}} \cdot \mathrm{BE}$$

즉,

$$C = 2C_2 = \frac{C_2}{r} \cdot \mathrm{BE}$$ $(C$는 현의 길이, $r = \mathrm{OA} = $반경$)$

같은 방법으로 BE=BF가 되도록 하면 새로운 이등변삼각형과 위의 삼각형 간에도 닮은꼴 관계가 성립한다. 비례 관계를 이용하면 B, E, r, C_2 및 EF 간의 관계를 구할 수 있다. 이 방법을 계속해 가면 다음과 같은 연비례 관계식이 도출된다.

$$C = 2C_2 - \frac{C_2^3}{4r^2} - \frac{C_2^5}{4 \cdot 16r^4} - \frac{2C_2^7}{4 \cdot 16^2 r^6} - \cdots$$ $(m = 2$인 경우$)$

$m = 5$인 경우의 공식을 이용하여, 호를 이분하는 경우부터 계산하면

손쉽게 다음 식을 얻을 수 있다.

$$C_2 = 5\,C_{10} - \frac{5\,C_{10}^3}{r^2} + \frac{C_{10}^5}{r^4}$$

이 식을 $m = 2$인 경우의 공식에 대입하면 다음 결과를 얻는다.

$$C = 10\,C_{10} - 165\frac{C_{10}^3}{4r^2} + 3003\frac{C_{10}^5}{4 \cdot 16r^4} - \cdots$$

이를 다시 말하면 즉, $m = 2$, $m = 5$일 때의 공식으로부터 $m = 10$인 경우의 공식이 유도될 수 있음을 의미한다.

같은 방식으로 $m = 10$인 경우의 공식에 근거하여 $m = 100$인 경우의 공식, 나아가 $m = 1000$, $m = 10000$인 경우의 공식을 구할 수 있다. 명안도가 산출한 $m = 10000$일 때의 공식은 다음과 같다.

$$
\begin{aligned}
C = {}& 10000\,C_{10000} - 166666665000\frac{C_{10000}^3}{4r^2} \\
& + 3333333000000003000\frac{C_{10000}^5}{4 \cdot 16r^4} \\
& - 31746020634921457142850000\frac{C_{10000}^7}{4 \cdot 16^2 r^6} \\
& + \cdots
\end{aligned}
$$

여기서 $10000\,C_{10000}$는 호ACD에 이미 충분히 근접하였다고 볼 수 있으므로 호ACD$= 2a$라고 가정하고 $10000\,C_{10000} = 2a$를 위의 식에 대입하면,

$$C = 2a - 0.166666665 \frac{(2a)^3}{4r^2}$$
$$+ 0.3333333 \frac{(2a)^5}{4 \cdot 16 r^4}$$
$$- 0.003174602 \frac{(2a)^7}{4 \cdot 16^2 r^6} + \cdots$$

를 얻는다. 그런데 여기서,

제2항의 계수는 $\dfrac{0.16666666 \cdots}{4} \approx \dfrac{1}{4 \cdot 3!}$,

제3항의 계수는 $\dfrac{0.03333333 \cdots}{4.16} \approx \dfrac{1}{4^2 \cdot 5!}$,

제4항의 계수는 $\dfrac{0.003174602 \cdots}{4 \cdot 16^2} \approx \dfrac{1}{4^3 \cdot 7!}$,

......

이를 위의 식에 대입하면 즉 다음 식을 얻는다.

$$C = 2a - \frac{(2a)^3}{4 \cdot 3! r^2} + \frac{(2a)^5}{4^2 \cdot 5! r^4} - \frac{(2a)^7}{4^3 \cdot 7! r^6} + \cdots \qquad \text{[IV]}$$

'급수회구級數回求'의 방법을 운용하면 다시 아래 식을 산출할 수 있다.

$$2a = C + \frac{1^2 \cdot C^3}{4 \cdot 3! r^2} + \frac{1^2 \cdot 3^2 \cdot C^5}{4^2 \cdot 5! r^4} + \frac{1^2 \cdot 3^2 \cdot 5^2 \cdot C^7}{4^3 \cdot 7! r^6} + \frac{1^2 \cdot 3^2 \cdot 5^2 \cdot 7^2 \cdot C^9}{4^4 \cdot 9! r^8} + \cdots \qquad \text{[V]}$$

호ACD(즉 $2a$)의 원심각을 α라고 하면 즉 팔선八線 정현正弦의 정의로

부터 $r \sin \alpha = \dfrac{C}{2}$가 된다. 이를 [IV]식에 대입하면,

$$r \sin \alpha = a - \frac{a^3}{3! r^2} + \frac{a^5}{5! r^4} - \frac{a^7}{7! r^6} + \cdots$$

을 얻는다. 이는 곧 자르투의 제Ⅱ공식((Ⅱ))이다.

또 [V]식에 대입하면,

$$a = r\sin\alpha + \frac{1^2\cdot(r\sin\alpha)^3}{3!r^2} + \frac{1^2\cdot3^2\cdot(r\sin\alpha)^5}{5!r^4} \qquad \text{[VI]}$$
$$+ \frac{1^2\cdot3^2\cdot5^2\cdot(r\sin\alpha)^7}{7!r^6} + \cdots$$

을 얻는다. 여기서 $\alpha = \frac{\pi}{6}$ 라고 가정하면 즉 $\sin\alpha = \frac{1}{2}$, $a = \frac{\pi}{6}$ 가 되므로, 이를 [VI]식에 대입하여 간단히 하면,

$$\pi = 3 + \frac{3\cdot1^2}{4\cdot3!} + \frac{3\cdot1^2\cdot3^2}{4^2\cdot5!} + \frac{3\cdot1^2\cdot3^2\cdot5^2}{4^3\cdot7!} + \cdots$$

가 얻어진다. 즉 자르투의 제Ⅰ공식((Ⅰ))이다.

[그림8-3]에서처럼 호ACD를 미리 알고 정시正矢CI를 구할 경우에서도 명안도는 마찬가지로 연비례법으로 C_{10000}에 이르기까지 계산하는 방법을 응용하여 다음 식을 도출하였다.

$$rvers\,\alpha = \frac{a^2}{2!r} - \frac{a^4}{4!r^3} + \frac{a^6}{6!r^5} - \frac{a^8}{8!r^7} + \cdots$$

즉 자르투의 제Ⅲ공식((Ⅲ))이다.

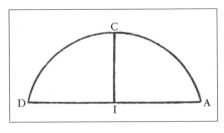

[그림8-3] 弧背求矢

여기서 역변환법을 이용하면 다음 식을 구할 수 있다.

$$a^2 = r\left\{ \frac{2r \cdot vers\,\alpha}{2!} + \frac{1^2 \cdot (2r \cdot vers\,\alpha)^2}{4!r} + \frac{1^2 \cdot 2^2 \cdot (2r \cdot vers\,\alpha)^3}{6!r^2} + \cdots \right\} \quad \text{[VIII]}$$

$b = r \cdot vers\,\alpha$라고 하고 또한 바로 위의 두 식 중에서 a를 $2a$로 바꾸어 간단히 하면 이 두 식은 다음과 같이 된다.

$$b = \frac{(2a)^2}{4 \cdot 2!r} - \frac{(2a)^4}{4^2 \cdot 4!r^3} + \frac{(2a)^6}{4^3 \cdot 6!r^5} - \cdots \quad \text{[VIII]}$$

$$(2a)^2 = r\left\{ 8b + \frac{1^2 \cdot (8b)^2}{4 \cdot 4!r} + \frac{1^2 \cdot 2^2 \cdot (8b)^3}{4^2 \cdot 6!r^2} + \cdots \right\} \quad \text{[IX]}$$

명안도가 연비례법을 이용하여 상술한 몇 가지 공식을 구하는 방법을 창시한 이후, 다시 동우성, 항명달 등이 계속해서 이에 대한 보다 깊은 연구를 진행하였다.

동우성은 자를 방립方立이라고 한다. 1819년 그가 28세가 되었을 때 명안도의 저작을 처음 보았다고 한다. 그러나 그가 본 것은 전체가 아니라 불과 제1권의 초본抄本뿐이었고 결과적으로 9개의 공식만을 볼 수 있었다. 동우성은 "반복해서 그 이치를 추구하였고 그 법을 세우는 근원을 탐구"[16)]하고, 명안도와는 완전히 다른 방식(그 또한 기하 연비례 관례를 응용하기는 하였다)을 이용하여 이 9개의 공식을 마찬가지로 증명하였다.

전체 호弧에 대한 통현通弦을 c, 전체 호에 대한 정시正矢를 b라고 하고 다시 $\frac{1}{n}$호에 대한 소현을 c_n, $\frac{1}{n}$호에 대한 소시小矢를 b_n이라고 할 때

---

16) 反覆尋繹, 究其立法之原.

동우성은 다음 네 개의 공식을 얻었다.

$$c = nc_n - \frac{n(n^2-1)}{4\cdot 3!}\cdot\frac{c_n^3}{r^3} + \frac{n(n^2-1)(n^2-3^2)}{4^2\cdot 5!}\cdot\frac{c_n^5}{r^5} - \cdots \qquad \text{[A]}$$

$$b = n^2 b_n - \frac{n^2(n^2-1)}{4!}\cdot\frac{(2b_n)^2}{r} + \frac{n^2(n^2-1)(n^2-4)}{6!}\cdot\frac{(2b_n)^3}{r^2} - \cdots \qquad \text{[B]}$$

$$c_n = \frac{c}{n} + \frac{(n^2-1)}{4\cdot 3!n^3}\cdot\frac{c^3}{r^2} + \frac{(n^2-1)(9n^2-1)}{4^2\cdot 5!n^5}\cdot\frac{c^5}{r^4} + \cdots \qquad \text{[C]}$$

$$b_n = \frac{b}{n^2} + \frac{(n^2-1)}{4!n^4}\cdot\frac{(2b)^2}{r} + \frac{(n^2-1)(4n^2-1)}{6!n^6}\cdot\frac{(2b)^3}{r^2} + \cdots \qquad \text{[D]}$$

단 [A], [C]의 n은 홀수에 한한다.

$n\to\infty$, $nc_n\to 2a$(전체 호)일 경우, 즉 위의 [A], [B], [C], [D]식은 각각 명안도 공식 중의 [IV], [VIII], [V], [IX]식과 같아진다. 이처럼 다른 공식도 같은 방식으로 도출될 수 있다.

동우성이 얻어낸 이 결과는 그가 저술한 『할원연비례도해割圓連比例圖解』에 기술되어 있다. 그는 책이 완성된 2년 후(1821년)에야 비로소 명안도의 학생이 마지막으로 정리·완성한 『할원밀률첩법』(4권본)을 볼 수 있었는데, 그제서야 비록 두 사람이 모색한 사고방식은 달랐지만 같은 결과를 얻었음을 알았다고 한다.

항명달은 동우성 이후 재차 동일한 연구를 진행하였다. 그는 동우성 해법의 "현의 분할은 짝수만 가능하지만 시矢의 분할은 홀짝을 구비한"[17] 점을 불완전한 것으로 여기고, 더 나아가 동우성의 [A], [B], [C], [D]의 네

---

17) 弦之分有奇無偶, 矢之分奇偶俱全.

식을 두 개의 공식으로 줄일 수 있음을 발견했다.

$$c_m = \frac{n}{m}c_n + \frac{n(m^2-n^2)}{4\cdot 3!m^3}\cdot\frac{c_n^3}{r^2} + \frac{n(m^2-n^2)(9m^2-n^2)}{4^2\cdot 5!m^5}\cdot\frac{c_n^5}{r^4}+\cdots \quad [1]$$

$$b_m = \frac{n^2}{m^2}b_n + \frac{n^2(m^2-n^2)}{4!m^4}\cdot\frac{(2b_n)^2}{r} + \frac{n^2(m^2-n^2)(4m^2-n^2)}{6!m^6}\cdot\frac{(2b_n)^3}{r^2}+\cdots \quad [2]$$

여기서 $m=1$일 때가 바로 동우성의 [A], [B] 두 식이 되고, $n=1$일 때가 즉 [C], [D] 두 식이 된다.

항명달의 연구 성과는 그가 저술한 『상수일원象數一原』에 기술되어 있다. 이 저작은 그의 사후에 대후의 정리를 거쳐 간행되었다.(1846년) 이는 선교사 자르투가 세 개의 공식을 소개한 시기로부터 이미 한 세기 반이 지난 시점이다. 당시의 서양은 이미 해석법解析法을 사용하여 급수 전개식을 연구하고 있었지만 이러한 근대적인 방법은 중국에 전혀 전해지지 않았다. 항명달 등의 연구는 독립적으로 이루어졌고 아무런 외부의 도움 없이 획득한 것이다. 중국인 수학자들이 각고노력한 정신과 그들이 취득한 성취는 상찬賞讚할 가치가 있다.

2) 방정론 방면의 연구

송원 산서의 정리와 연구는 몇백 년간 거의 실전 상태에 있던 고차방정식의 해법이 새롭게 사람들에게 알려지는 결과를 가져왔다. 또 『수리정온』 등을 통해 전해진 서양의 '차근방' 산법은 학자들로 하여금 방정식에 대해 더욱 깊이 있는 연구를 하도록 촉진하는 계기가 되었다. 방정식에서의 근의 성질을 판별하는 것은 이와 같은 연구를 통해 얻어낸 비교적 특출한 성취라고 할 수 있다. 이 방면에서 깊이 있는 연구로 이름난 수학자로는 왕래汪萊(1768~1813)와 이예가 있다.

왕래는 자를 효잉孝嬰, 호를 형재衡齋라고 한다. 저술로는 『형재산학衡齋算學』을 남겼는데 그가 평생을 통해 저술한 수학 논문을 모은 것으로, 전체 7책을 한 번에 한 권씩 단책으로 나누어 간행하였다.(그의 생전에는 6책만 간행) 왕래의 사후, 1834년이 되어 그의 학생인 하섭夏燮이 또 그의 다른 저작을 수집하여 『형재유서衡齋遺書』 9권을 편찬하고, 위의 『형재산학』과 합각合刻하여 세상에 내놓았다. 왕래는 방정론 방면에 있어 적지 않은 연구를 행하였다.

주지하다시피 송원 수학자들은 방정식의 해를 구함에 있어 문제의 요구에 적합한 첫 번째 양수의 근을 구하는 것을 문제의 해법의 완성이라고 여겼다. 방정식이 그 외에 다른 근을 갖는지의 여부, 혹은 이 근이 갖는 성질 등에 관해서는 한 번도 진일보한 탐구를 행하지 않았다. 왕래는 송원 산서를 정리하고 연구하는 과정에서 이러한 문제점을 발견했다. 연구를 통하여 그는 방정식이 하나의 양의 근만을 가질 수도 있고 한 개 이상의 근을 가질 수도 있다는 사실을 확인했다. 방정식이 하나의 양의 근만을 갖고 다른 근을 갖지 않을 경우, 그는 방정식의 근이 완전히 '확정'되었다고 여겼고 이를 가리켜 '가지可知'라고 호칭했다. 방정식이 하나의 양의 근 이상을 가질 경우, 그는 이 방정식의 근이 이것일 수도 저것일 수도 있다는 의미에서 '불확정적'이라고 여겼고 따라서 이런 상황을 '불가지不可知'라고 호칭했다.

왕래는 이런 가지와 불가지의 상황과 방정식의 각 계수 간의 의존 관

계를 탐구하였다. 왕래의 이 연구는 각각 『형재산학』 제5책(1810년)과 제7
책(1810년)에 나뉘어 수록되어 있다.

　『형재산학』 제5책에서 왕래는 각종 유형의 2차 및 3차방정식(각항 계수
는 양수일 수도 있고 음수일 수도 있다. 또 음양의 배열 순서는 서로 전후할 수 있다)을
일일이 열거한 후 마지막으로 이들이 각각 가지인지 불가지인지를 표시
하였다. 이 중 몇 가지를 실례를 들어 그 개관을 살피자면 다음과 같다.

　· 얼마의 근적根積에 얼마의 양(多)의 진수眞數가 있어 얼마의 승방적乘方積
　　과 같다면 가지이다.[18]

　· 얼마의 근적에 얼마의 음(少)의 진수가 있어 얼마의 승방적과 같다면 불
　　가지이다.[19]

　· 얼마의 근적에 얼마의 양의 진수가 있어 얼마의 이승방적二乘方積과 같
　　다면 가지이다.[20]

　· 얼마의 근적에 얼마의 음의 진수가 있어 얼마의 이승방적과 같다면 불
　　가지이다.[21]
　　……

　여기서 얼마의 근적(幾根積)이란 일차항을 가리키며, 얼마의 진수(幾眞數)
란 상수항을, 얼마의 승방적(幾一乘方積)이란 이차항을, 얼마의 이승방적(幾

---

18) 有幾根積, 多幾眞數, 與幾一乘方積相等, 可知.
19) 有幾根積, 少幾眞數, 與幾一乘方積相等, 不可知.
20) 有幾根積, 多幾眞數, 與幾二乘方積相等, 可知.
21) 有幾根積, 少幾眞數, 與幾二乘方積相等, 不可知.

二乘方積)이란 삼차항을 가리킨다.(나머지는 이에 따라 유추) 다多는 더하기 즉 해당 항의 계수가 양수임을 의미하고, 소少는 빼기 즉 해당 항의 계수가 음수임을 의미한다. 고로 위의 예를 현행 수학기호로 표시하면 이렇다. a, b, c, d가 모두 0보다 클 때,

$ax^2 - bx - c = 0$유형의 방정식은 단 하나의 양의 근만을 갖는다.(可知)

$ax^2 - bx + c = 0$유형의 방정식은 하나 이상의 양의 근을 갖는다.(不可知)

$ax^3 - cx - d = 0$유형의 방정식은 단 하나의 양의 근을 갖는다.(可知)

$ax^3 - cx + d = 0$유형의 방정식은 하나 이상의 양의 근을 갖는다.(不可知)

이와 같은 방식으로 왕래는 각종 유형의 2차, 3차방정식을 총 96종 열거하였다.

여기서 분명한 것은 왕래의 방식이 아직 일반적인 법칙으로까지 발전해 있지 않다는 점이다. 동시에 그가 하나 이상의 양의 근을 갖는 경우를 뭉뚱그려 불가지로 귀결시킨 점도 정확하다고는 할 수 없다. 그럼에도 불구하고 왕래가 논의한 내용은 송원 수학자들이 한 번도 맞닥뜨려 본 적이 없는 새로운 문제였고 따라서 그로 인해 청대 방정론 연구의 새로운 지평이 열렸다고 해도 과언이 아니다.

왕래는 『형재산학』 제5책을 초순焦循에게 증정했는데 이 책은 다음 해 초순을 경유하여 이예에게 전해졌다. 이예는 한 발 더 나아가 왕래가 열거한 96종의 유형을 임의의 고차방정식으로 통합, 확장하고 이를 세 가지 범주로 총괄하였다. 이예는 이 세 가지 범주를 「제오책산서발第五冊算書跋」이라는 짧은 문장을 통해 발표하였고, 이 발문은 다시 초순의 손을 거쳐 왕래에게 전해졌다. 왕래는 이 발문을 『형재산학』 제6책에 포함시켰다.

이예는 자를 상지尚之, 호를 사향四香이라고 한다. 원화元和(현 蘇州市) 사

람이다. 그는 일찍이 가경嘉慶 초년에『측원해경』,『익고연단』 등 송원 산서를 교감校勘하였다. 그는 전후하여 장돈인張敦仁(1754~1834)과 완원의 막료[22]를 역임하였는데, 장돈인이 각종 수학 저작을 편찬할 때나 완원이『주인전』 등을 주편할 때 실질적으로 중요 역할을 담당한 것으로 알려져 있다. 이예의 사후에 저서를 모은『이씨(산학)유서李氏(算學)遺書』가 간행되었고 저명한『개방설開方說』 등의 저작이 포함되어 있다.

이예의 세 가지 범주를 현행 수학 부호로 표시하면 다음과 같이 서술할 수 있다.

방정식을 $a_0 x^n + a_1 x^{n-1} + a_2 x^{n-2} + \cdots + a_{n-1} x + a_n = 0$으로 표기할 때,

① a_0와 a_n의 부호가 서로 다르고 중간 각항의 계수의 부호가 변하지 않을 때, 즉 방정식의 각항 계수가 단 한 차례만 부호가 변화할 때, 방정식은 단 하나의 양의 근만을 갖는다.

② a_0와 a_n의 부호가 서로 다르고 a_1, a_2, ……, a_{n-1}의 부호가 뒤섞여 있을 때, 하나의 양의 근 α를 구한 후 원 방정식을 인수분해하면 $(x - \alpha)(a_0 x^{n-1} + a'_1 x^{n-2} + a'_2 x^{n-3} + \cdots + a'_{n-1})$가 된다. 여기서 a'_1, a'_2, ……, a'_{n-1}이 모두 a_0와 같은 부호이면 원 방정식은 단 하나의 양의 근만을 갖고(可知), 그렇지 않으면 하나 이상의 양의 근을 갖는다(不可知).

③ a_0와 a_n의 부호가 같을 때 방정식은 하나 이상의 양의 근을 갖는다(不可知).

왕래는 이예의 세 가지 범주를 보고 이예의 귀납적 연구에 대해 탄복

---

22) 정부 관원에게 초빙되어 사무 처리를 보조하기도 하고 문서를 작성하거나 더불어 학문을 商討하는 자를 말한다. '幕客' 혹은 '幕賓'이라고 불리었다.

해 마지않았지만 그 두 번째 범주가 결점을 내포하고 있으며 또 실용적이지 않다는 사실을 깨달았다. 왕래는 그 후 이 문제에 천착한 결과 『형재산학』 제7책에 별도로 양의 근의 '유무를 찾는' 방법을 제시하였는데, 즉 방정식에 있어 양의 근의 존재 여부를 판별하는 방법이라고 할 수 있다. 왕래의 방법은 현행 대수학의 '판별식'에 유사한 개념과 발상에 근거하였다. 예를 들어 2차방정식이 양의 근이 존재하는지의 여부를 판별함에 있어 왕래는 다음과 같이 서술하였다.

일평방(x^2)과 얼마의 음의 근($-px$)과 얼마의 양의 상수($+q$)에 대해 근의 계수를 취해 반으로 나누어 자승한 후 상수와 비교한다. 상수가 작거나 같으면 있고, 상수가 더 크면 없다.[23]

이는 다시 말하면 $x^2 - px + q = 0$유형의 2차방정식에 대해 $q \leq \left(\dfrac{p}{2}\right)^2$ 일 경우는 양의 근을 갖고, $q < \left(\dfrac{p}{2}\right)^2$ 일 경우는 양의 근이 없다는 의미이다. $q \leq \left(\dfrac{p}{2}\right)^2$ 과 현행 이차방정식의 판별식 $p^2 - 4q \geq 0$는 실질적으로는 차가 없다.

삼차방정식 $x^3 - px + q = 0$을 판별할 경우, 왕래는 $q \leq \sqrt{\dfrac{p}{3} \cdot \dfrac{2p}{3}}$ 일 경우 양의 근을 갖고 아닐 경우 양의 근을 갖지 않는다고 결론지었다. 이는 현행 삼차방정식의 판별식 $4p^3 - 27q^2 \geq 0$에 상당한다.

왕래는 더 나아가 비록 $x^n - px^m + q = 0$의 유형의 3항방정식에 한

---

23) 一平方正, 幾根負, 幾眞數正, 取根數二分之一自乘, 與眞數比. 眞數少或相等者, 有, 眞數多者, 無

하였지만 고차방정식의 판별식 문제에 대해서도 연구하였다.

왕래의 『형재산학』제7책을 이예가 입수하였는지의 여부는 확인되지 않았다. 그러나 상당 기간이 지난 후 이예는 자신의 저서 『개방설開方說』(3권)에서 방정식의 양의 근에 대한 보다 완벽한 판별법을 제시하였다. 원문은 이렇다.

> 무릇 위가 음이고 아래가 양이면 하나의 수를 개방할 수 있다. …… 위가 음이고 중간이 양, 아래가 음이면 두 수를 개방할 수 있다. …… 위가 음이고 다음이 양, 다음이 음, 아래가 양이면 세 수(혹은 하나의 수)를 개방할 수 있다. …… 위가 음이고 다음이 양, 다음이 음, 아래가 음이면 네 수(혹은 두 수)를 개방할 수 있다.[24]

이 문단에 대해서는 주석이 부기되어 있기 때문에 이를 이해하는 데 많은 도움을 준다. 주석의 문장은 다음과 같다.

> 가령 5항(말하자면 사차방정식)이 있어 상위 2항의 계수가 음이고 하위 3항이 양이면 즉 '위가 음이고 아래가 양'이 된다. 단지 위의 한 항이 음이고 아래 한 항이 양이라는 말이 아니다. 나머지도 모두 이에 따른다.[25]

이른바 '위가 음이고 아래가 양'이 가리키는 것은 전체로 볼 때 방정식의 각항 계수가 한 차례 부호가 변화함을 의미하며, 방정식의 차수의 많고 적음에 무관하다. 같은 이치로 '위가 음이고 중간이 양, 아래가 음'이

---

24) 凡上負, 下正, 可開一數. …… 上負, 中正, 下負, 可開二數. …… 上負, 次正, 次負, 下正, 可開三數(或一數). …… 上負, 次正, 次負, 次正, 下負, 可開四數(或二數).

25) 假令有五位, 上二位負, 下三位正, 卽是上負下正. 非止謂上一位負, 下一位正也. 它皆仿此.

라는 말은 전체로 볼 때 방정식의 각항 계수의 부호가 두 차례 변화함을 가리킨다. 나머지는 이로써 유추하면 된다.

이렇듯, 이예의 판별법은 아래에 해당한다.

① 방정식의 계수의 부호가 한 차례 변화할 경우, 하나의 양의 근을 갖는다.

② 두 차례 변화할 경우, 두 개의 양의 근을 갖는다.

③ 세 차례 변화할 경우, 세 개 혹은 하나의 양의 근을 갖는다.

④ 네 차례 변화할 경우, 네 개 혹은 두 개의 양의 근을 갖는다.[26]

주지하다시피 이는 현대에 통용되는 이른바 '데카르트의 부호 법칙'(1637년)과 동일하다.

이예는 『개방설』에서 허근이 존재하는 경우에 대해서도 논의하였다. 그는 "개방할 수 없음은 곧 '무수無數'이다. 무릇 무수는 반드시 쌍으로 존재하며 무일수無一數인 경우는 없다"[27]라고 하였는데 '개방할 수 없음'이란 즉 허근이 발생하는 경우를 일컫는다. 그는 허근을 '무수'라고 칭했다. "무릇 무수는 반드시 쌍으로 존재하며 무일수인 경우는 없다"라는 것은 즉 허근이 반드시 쌍으로 존재하며 절대로 하나만 출현하지 않음을 표현한 말이다. 이 논의는 물론 정확하다.

이예가 『개방설』에서 논의한 내용은 왕래와 그 자신 두 사람이 연속적으로 연구한 결과를 총결한 것이라고 할 수 있다. 왕래와 이예의 이

---

26) 여기서 주의해야 할 점은 위의 ②와 ④의 경우에는 이 외에도 하나의 양의 근도 갖지 않는 경우가 포함된다는 사실이다. 그러나 양의 근을 갖지 않는 방정식은 애초부터 그 자체가 이예의 토론 범위 내에 있지 않았다.(역주: 동아시아 전통에서 보자면 양의 근을 갖지 않는 방정식은 애초부터 무의미했다. 일본의 和算家들은 이렇듯 양의 근을 갖지 않는 방정식을 문제가 병들었다고 하여 '病題'라고 불렀다.)

27) 不可開, 是爲無數. 凡無數必兩, 無無一數者.

연구는 그 결과를 획득한 시기로 보자면 서양 수학이 이룬 성과에 비해 약간 늦었다고 할 수 있다. 그러나 그들의 성과는 완전히 독립적으로 연구하였을 뿐만 아니라 어떤 선행 연구에도 기대지 않은 채 얻은 결과이다. 그들이 송원수학이 갖는 한계를 능히 돌파하여 앞으로 한 발 더 나아가고, 또 서로가 서로에게 연구의 자극이 된 이러한 정신은 높이 평가해야만 할 것이다.

3) 유한항 급수의 합을 구하는 문제에 관한 연구

청 중엽의 수학자들은 유한항 급수의 합을 구하는 문제에 대해서도 연구를 진행하였다. 이 방면의 연구에 관해서는 진세인陳世仁(1676~1722), 왕래, 동우성, 나사림, 이선란 등이 업적을 남겼는데, 그중 진세인과 이선란의 연구가 가장 뛰어나다. 나사림의 경우는 주세걸의 『사원옥감四元玉鑑』에 대해 주석 작업을 행한 정도이고, 왕래와 동우성의 경우도 그 연구 범위가 송원 수학자들이 이미 획득한 성과를 거의 넘어서지 못했다. 그러나 진세인과 이선란의 업적은 전혀 달랐다. 여기서는 진세인과 이선란의 이 방면에서의 연구 성과를 간략하게 설명하고자 한다.

진세인은 강희연간의 인물이다. 저작으로는 『소광보유少廣補遺』 1권이 있는데 이 저작은 『사고전서』에도 수록되어 있다. 『소광보유』에서 진세인은 7가지 체계(제1 체계는 둘로 나눌 수 있으므로 실제로는 8가지 체계이다)로 분류한 유한항 급수의 합을 구하는 공식 총 37개를 서술하였다. 여기서는 편의상 현행 수학기호로 이 공식들을 표기한다. 진세인의 공식은 아래의 두 체계의 공식을 기초로 이루어져 있다. 즉,

$$\sum_{r=1}^{n} r \quad \cdots\cdots\cdots\cdots\cdots\cdots\cdots \quad 평첨平尖$$

$$\sum_{r=1}^{n} \frac{r(r+1)}{2} \quad \cdots\cdots\cdots\cdots\cdots \quad 입첨立尖$$

$$\sum_{r=1}^{n} 2^{r-1} \quad \cdots\cdots\cdots\cdots\cdots \quad 배첨倍尖 \qquad \text{[I]}$$

$$\sum_{r=1}^{n} r^2 \quad \cdots\cdots\cdots\cdots\cdots\cdots \quad 방첨方尖$$

$$\sum_{r=1}^{n} r^3 \quad \cdots\cdots\cdots\cdots\cdots\cdots \quad 재승첨再乘尖$$

$$\sum_{r=m}^{n} r \quad \cdots\cdots\cdots\cdots\cdots\cdots\cdots \quad 평첨반적平尖半積$$

$$\sum_{r=m}^{n} \frac{r(r+1)}{2} \quad \cdots\cdots\cdots\cdots\cdots \quad 입첨반적立尖半積 \qquad \text{[II]}$$

$$\sum_{r=m}^{n} r^2 \quad \cdots\cdots\cdots\cdots\cdots\cdots \quad 방첨반적方尖半積$$

[I] 체계는 $r = 1$에서 계산을 시작하는 것으로 기하학적으로 보자면 꼭대기의 뾰족한 정첨頂尖에서부터 계산을 행하는 것을 의미한다. [II] 체계는 이와 달리 $r = m$에서부터 계산을 시작하므로 이는 중간 허리 부분(半腰)에서부터 계산을 행하는 것을 의미하고 따라서 '반적半積'이라는 호칭이 붙어 있다.

이 두 체계의 공식은 대부분이 모두 송원수학에서 이미 장악하고 있던 것들이다. 진세인의 연구가 갖는 독특한 점은 그가 [I], [II]의 두 체계의 공식을 해결하는 과정에서 홀수항과 짝수항을 분리하여 계산한 후 합을 구하였다는 사실이다. 그중 짝수항을 뽑아내 그 합을 구하는 공식의 경우는 대단히 창조적인데, 예를 들어 평첨平尖의 경우, 1+2+3+4+……

$+n$에서 짝수항을 뽑아내 그 합을 구한다. 이와 같이 하여 얻어진 공식은 다음과 같다.

·추우평첨抽偶平尖: $1 + 3 + 5 + \cdots + (2n-1) = n^2$,

·추우입첨抽偶立尖: $1 + (1+3) + (1+3+5) + \cdots$
$$+ (1+3+5+\cdots+\overline{2n-1})^{28)} = \frac{n}{3}(n^2 + \frac{3}{2}n + \frac{1}{2}),$$

·추우방첨抽偶方尖: $1^2 + 3^2 + 5^2 + \cdots + (2n-1)^2 = \frac{n}{3}(4n^2 - 1)$,

·추우재승첨抽偶再乘尖: $1^3 + 3^3 + 5^3 + \cdots + (2n-1)^3 = n^2(2n^2 - 1)$

같은 방식으로 입첨立尖과 반적半積의 각 공식에서 짝수항을 뽑아내거나 홀수항을 뽑아낸 후 다시 평첨平尖, 입첨, 재승첨再乘尖 등의 형식에 의거하여 합을 구하여 각각의 새로운 공식을 얻는다.

이처럼 짝수항을 뽑아내거나 홀수항을 뽑아내는 방식은 송원 수학자들이 전혀 다루지 않았던 영역이고 또 강희 이전에 서양에서 전래한 수학에서도 전혀 볼 수 없었던 내용이다. 아쉬운 것은 진세인의 저술이 공간되지 못한 탓에 그 내용을 아는 사람이 드물었다는 점이다.

진세인 이후에도 비록 적지 않은 수학자들이 유한항 급수의 합을 구하는 문제에 대해 연구를 행하였다. 그러나 앞에서도 언급했듯이 이 방면에서 새로운 성취를 이룬 자로 150여 년이 지난 이후의 이선란을 거론하지 않을 수 없다.

이선란은 자를 임숙壬叔이라고 하고 호를 추인秋紉이라고 한다. 절강

---

28) 역주: 이하 $\overline{2n-1}$과 같은 표기는 $(2n-1)$과 동치.

해녕海寧 사람이다. 그의 급수에 관한 연구는 주로 그의 저작 『타적비류垜

積比類』에서 집중적으로 다루고 있다. 『타적비류』는 전 4권으로 구성되어

있으며 각 권마다 하나의 완벽한 체계를 이루고 있다. 개괄하자면 4권

각 권은 다음 네 가지 체계로 구성되어 있다.

[Ⅰ] 삼각타제일三角垜第一: 아래처럼 다시 약간의 소체계로 나눌 수 있

다. 현행 수학기호로 표기하면 이 체계는 아래의 몇 가지 공식으로 개괄

할 수 있다.

① 삼각타

$$\sum \frac{1}{p!} r(r+1)(r+2) \cdots (r+\overline{p-2})(r+\overline{p-1})$$
$$= \frac{1}{(p+1)!} n(n+1)(n+2) \cdots (n+\overline{p-1})(n+p)$$

② (삼각타)일승지타一乘支垜

$$\sum \frac{1}{p!} r(r+1)(r+2) \cdots (r+\overline{p-2})(2r+\overline{p-2})$$
$$= \frac{1}{(p+1)!} n(n+1)(n+2) \cdots (n+\overline{p-1})(2n+\overline{p-1})$$

③ (삼각타)이승지타二乘支垜

$$\sum \frac{1}{p!} r(r+1)(r+2) \cdots (r+\overline{p-2})(3r+\overline{p-3})$$
$$= \frac{1}{(p+1)!} n(n+1)(n+2) \cdots (n+\overline{p-1})(3n+\overline{p-2})$$

④ (삼각타)삼승지타三乘支垜

$$\sum \frac{1}{p!} r(r+1)(r+2) \cdots (r+\overline{p-2})(4r+\overline{p-4})$$
$$= \frac{1}{(p+1)!} n(n+1)(n+2) \cdots (n+\overline{p-1})(4n+\overline{p-3})$$

p가 각각 1, 2, 3, 4, ……일 경우 곧바로 각 소체계 중의 매 공식이 얻어진다. 여기서 특기할 사항은 네 소체계의 매 공식 간에 하나의 공통점이 존재한다는 사실이다. 그것은 바로 각자의 체계 속에서 앞 식의 결과가 뒤 식의 일반항이 된다는 점이다. 예를 들어 $p=1$일 때의 결과는 곧바로 $p=2$일 때의 일반항이 되고, $p=2$일 때의 결과는 $p=3$일 때의 일반항이 된다. 이하 같은 방식으로 유추할 수 있다.

사실상 이 네 가지 소체계의 공식은 다시 하나의 총 공식으로 귀납될 수 있다.

$$\sum \frac{1}{p!} r(r+1)(r+2) \cdots (r+\overline{p-2})(mr+\overline{p-m})$$
$$= \frac{1}{(p+1)!} n(n+1)(n+2) \cdots (n+\overline{p-1})(mn+\overline{p-m+1})$$

여기서 $m=1, 2, 3, 4$일 경우 곧 위에서 언급한 ①, ②, ③, ④ 각 식이 된다.

[II] 승방타제이乘方垛第二: 이 또한 약간의 소체계로 나눌 수 있다.

① 승방타乘方垛: $\sum r^p$ 유형의 급수의 합을 구하는 문제이다. 이선란의 해법은 아래 공식에 해당한다.

$$\sum r^p = \sum \left[A_p^{\,i} \sum_{}^{n-i+1} f_p^r \right]$$

여기서 $f_p^r = \sum \frac{1}{p!} r(r+1)(r+2) \cdots (r+p-1)$ 이고, $A_p^{\,i}$ 는 $\sum r^p$의 제i항 계수를 나타낸다. 이선란은 이 계수를 다음의 표를 이용하여 정하였다.

1	$p=1$일 때의 계수
1, 1	$p=2$일 때의 계수
1, 4, 1	$p=3$일 때의 계수
1, 11, 11, 1	$p=4$일 때의 계수
1, 26, 66, 26, 1	$p=5$일 때의 계수
......	......

위의 표를 작성하는 법에 관해서는, 이선란은 다음과 같이 설명하였다. "매 격(계수의 자리)은 상층의 좌우 두 격으로 정해진다. 좌격은 좌측 경사 밑으로 몇 번째 행인지를 확인하고, 우격은 우측 경사 밑으로 몇 번째 행인지를 확인한다. 각각을 행수에 의거한 배수를 곱하고 서로 더하면 곧 본 격의 값이 된다."[29] 이를 현행의 수학기호로 표시하면 계수 A_p^i는 아래 식으로 성할 수 있다.

$i=1$ 혹은 $i=p$인 경우, $A_p^i=1$

i가 $1<i<p$인 자연수인 경우, $A_p^i i=(p-i+1)A_{p-1}^{i-1}+iA_{p-1}^i$

구체적으로 이선란의 승방타에 관한 각 공식은 다음과 같다.

· 원타元垛($p=1$인 경우): $\sum r = \sum_{}^{n} f_1^r$

· 일승방타一乘方垛($p=2$): $\sum r^2 = \sum_{}^{n} f_2^r + \sum_{}^{n-1} f_2^r$

· 이승방타二乘方垛($p=3$): $\sum r^3 = \sum_{}^{n} f_3^r + 4\sum_{}^{n-1} f_3^r + \sum_{}^{n-2} f_3^r$

· 삼승방타三乘方垛($p=4$): $\sum r^4 = \sum_{}^{n} f_4^r + 11\sum_{}^{n-1} f_4^r + 11\sum_{}^{n-2} f_4^r + \sum_{}^{n-3} f_4^r$

......

---

29) 每格視上層左右二格. 左格系左斜下第幾行, 右格系右斜下第幾行. 各依行數倍之, 相幷卽本格數.

다시 말하면 $\sum r^p$형식의 급수의 합을 구하는 문제는 p개의 p승삼각타의 합을 구함으로써 해결 가능하다. 이는 즉 먼저 제1층을 구하고 다시 제2층을 구하고 또 제3층을 구하는 등 이를 반복해 나아가는 것을 의미하고, 더불어 각각에 대해 사전에 구한 수표에 의거해 정해진 일련의 수치를 각항의 계수로 삼아 곱하여 최종적으로 총합을 구하면 된다.

② 일승방지타一乘方支垛: 제Ⅰ계통의 일승지타와 같다. 실제로는 $\sum r^2$, $\sum\left[\sum r^2\right]$, $\sum\left\{\sum\left[\sum r^2\right]\right\}$, …… 유형의 구합 문제(이하 p차의 합을 구하는 것을 Σ^p로 표기)이다.

③ 이승방지타二乘方支垛: 이는 아래 식으로 개괄할 수 있다.

$$\sum{}^p r^3 = \sum_{}^{n} f_{p+2}^r + 4\sum_{}^{n-1} f_{p+2}^r + \sum_{}^{n-2} f_{p+2}^r$$

$p = 1,\ 2,\ 3,\ 4,\ \cdots\cdots$의 경우가 바로 각각의 공식이 된다.

④ 삼승방지타三乘方支垛: 실제로는 $\sum{}^p r^4$ 유형의 문제로 그 해법은 ③과 유사하다.

[Ⅲ] 삼각자승타제삼三角自乘垛第三

① 삼각자승타: 이는 삼각타 각항(f_p^r)을 제곱한 후에 재차 합을 구하는 문제이다. 아래 공식으로 총괄할 수 있다.

$$\sum (f_p^r)^2 = \sum_{i=1}^{p+1}\left[(A_p^i)^2 \sum_{r=1}^{n-i+1} f_{2p}^r\right]$$

여기서 A_p^i는 $(a+b)^p$의 이항전개식 중의 제i항 계수를 의미한다. 이 식이 바로 세계적으로 유명한 '이선란 항등식'이다. $p = 1, 2, 3, 4, \cdots\cdots$일 때 차례로 이선란의 저서에서 언급한 '자타子垛', '축타丑垛', '인타寅垛',

'묘타卯垛' 등을 얻을 수 있다. 예를 들어

· 자타(p = 1): $\sum (f_1^r)^2 = 1^2 \sum_{r=1}^{n} f_2^r + 1^2 \sum_{r=1}^{n-1} f_2^r$

· 축타(p = 2): $\sum (f_2^r)^2 = 1^2 \sum_{r=1}^{n} f_4^r + 2^2 \sum_{r=1}^{n-1} f_4^r + 1^2 \sum_{r=1}^{n-2} f_4^r$

· 인타(p = 3): $\sum (f_3^r)^2 = 1^2 \sum_{r=1}^{n} f_6^r + 3^2 \sum_{r=1}^{n-1} f_6^r + 3^2 \sum_{r=1}^{n-2} f_6^r + 1^2 \sum_{r=1}^{n-3} f_6^r$

......

이로써 알 수 있듯이 이선란은 $\sum (f_p^r)^2$ 유형의 문제를 처리할 때 이를 여전히 2p승의 삼각타로 바꾸어 첫 번째는 제1층에서부터 계산하고 두 번째는 제2층에서부터 계산하는 등 축차적으로 이를 진행한 후 각항에 대해 미리 계산해 둔 계수를 곱하여 총합을 구하였음을 알 수 있다.

② 제3권에는 앞의 두 권과 유사한 '지타' 문제가 여전히 포함되어 있는데 이선란은 이를 여전히 일련의 삼승타로 바꾸어 계산하고 다시 총합을 구하는 방식을 취하였다. 여기서는 지면의 제약상 일일이 소개하지는 않겠다.

[IV] 삼각변타三角變垛: 이는 $\sum r \cdot f_p^r$, $\sum r^2 \cdot f_p^r$, $\sum r^3 \cdot f_p^r$과 같은 유형의 문제를 가리킨다. 이 문제는 원의 주세걸의 타적 문제 중 '남봉형타嵐峯形垛'와 유사하다.($\sum r \cdot f_p^r$은 즉 주세걸의 '남봉형' 각 식에 해당한다.) 이선란의 해법은 마찬가지로 이를 다시 삼각타로 변형하여 일정의 계수를 곱한 후 재차 총합을 구하는 방식에 해당한다. 예를 들어,

① 삼각변타는 아래의 공식으로 귀납할 수 있다.

$$\sum r \cdot f_p^r = \sum_{r=1}^{n} f_{p+1}^r + \sum_{r=1}^{n-1} f_{p+1}^r \qquad\qquad (p=1, 2, 3, \cdots\cdots)$$

② 삼각재변타三角再變垜:

$$\sum r^2 \cdot f_p^r = \sum_{r=1}^{n} f_{p+2}^r + (1+3p)\sum_{r=1}^{n-1} f_{p+2}^r + p^2 \sum_{r=1}^{n-2} f_{p+2}^r \quad (p=1, 2, 3, \cdots\cdots)$$

③ 삼각삼변타三角三變垜:

$$\sum r^3 \cdot f_p^r = \sum_{r=1}^{n} f_{p+3}^r + (4+7p)\sum_{r=1}^{n-1} f_{p+3}^r + \left[(2p+1)^2 + 2p^2\right]\sum_{r=1}^{n-2} f_{p+3}^r + p^3 \sum_{r=1}^{n-3} f_{p+3}^r$$
$$(p=1, 2, 3, \cdots\cdots)$$

　이상이 바로 이선란이 연구한 급수의 합을 구하는 문제에 대한 개괄이다. 이선란은 위에서 언급한 각 공식에 대한 연구와 '개방작법본원'(즉 이른바 파스칼의 삼각형)을 연관시켜 자신의 연구가 "표가 있고 그림이 있고 법이 있도록"[30] 만들었다. 말 그대로 별개생면別開生面이라고 하지 않을 수 없다.

　다만 이선란은 위에서 언급한 제 공식에 대해 단지 수식만을 나열하였을 따름으로 온전한 증명을 전혀 제시하지 않았다. 따라서 원서의 서술이 너무 소략한 탓에 수리를 추적하기가 쉽지 않다. 이들 제 공식에 대한 이선란의 전반적인 사고에 대해서는 앞으로도 더 많은 연구가 필요하다.

4) 기타 방면의 연구

　상술한 것처럼 청대 중기의 수학자들은 삼각함수의 전개식, 방정론과

---

30) 有表, 有圖, 有法.

유한급수의 합을 구하는 문제 등에서 대단히 훌륭한 성적을 남겼지만, 이 외에도 예를 들어 정수론整數論이나 타원 연구, 이항식 정리 및 대수對數함 수의 무한급수 전개와 같은 영역에서도 많은 성취를 이루었다. 여기서는 이 분야의 연구에 대해 간단히 소개하고자 한다. 이들 연구를 함께 묶어 서 소개하는 것은 연구 자체가 서로 연관되어 있기 때문도 아니고 또 이 들 성취가 앞에서 언급한 제 영역에 비해 중요성이 덜하기 때문도 아니 다. 정확하게 말하면 오히려 이들 연구가 너무 깊고 세밀한 분야일 뿐만 아니라 상당히 난해하기 때문에 이를 종합하여 그중 한두 가지만을 약술 하여 그 성격 전반을 가늠하고자 할 따름이다.

정수론 방면의 연구로는 주요하게 '대연구일술'에 대한 심도 있는 연 구를 들 수 있다. 이 방면에 관한 저작은 대단히 많지만 대표적인 것으로 장돈인의 『구일산술求一算術』(1831년), 초순焦循의 『대연구일술』, 낙등봉駱騰鳳 의 『예유록藝游錄』(1815년) 중의 『대연구일법』, 시왈순時曰醇의 『구일술지求一 術指』(1873년) 및 황종헌黃宗憲의 『구일술통해求一術通解』(1874년) 등을 거론할 수 있다. 특히 황종헌은 '수근數根'(즉 소수)과 수의 소인수분해 개념을 도입 하여 진구소의 '대연구일술'에 대해 분명한 해석을 제시하였다.

정수론에 있어서 이선란의 『고수근사법考數根四法』(소수의 판별 법칙)에 관 한 연구31)도 반드시 언급해야 한다. 이선란이 도달한 결론을 현행 부호로 표기한다면 이렇다. $a^d - 1$이 N으로 나누어떨어지고(整除) 동시에 N이 소수라면 $N-1$은 반드시 d로 나누어떨어진다. 단 d로 $N-1$이 나누어 떨어짐은 N이 소수이기 위한 필요조건이지 충분조건은 아니다. 이처럼 이선란은 그 유명한 페르마(Pierre de Fermat, 1607~1665) 정리를 논술하고 그

---

31) 『考數根四法』은 『中西聞見錄』 제2기(1872년)에 처음으로 발표되었다.

역정리가 참이 아님을 지적했다. 이 결과의 획득은 비록 시간상으로는 유럽에 비해 많이 늦지만 서양의 영향을 받지 않고 이선란이 독자적으로 얻어낸 점에서 귀중하다. 『고수근사법』에는 이 외에도 다른 연구 성과를 포함하지만 여기서는 일일이 거론하지 않겠다.

무한급수의 전개에 관해서는 전술한 명안도, 동우성, 항명달 세 사람의 삼각함수 전개식 방면의 연구 외에도 항명달, 대후, 이선란의 기타 함수 전개식에 관한 연구가 중요하다.

항명달은 자신만의 독자적인 방법으로 타원의 둘레 길이를 구하는 방법을 발견했다.

대후는 1846년에 이항식 정리를 논증했다. 현행 기호로 이를 표기하자면 다음과 같다. 이항전개식

$$(1+\alpha)^m = 1 + m\alpha + \frac{m(m-1)}{2!}\alpha^2 + \frac{m(m-1)(m-2)}{3!}\alpha^3 + \cdots$$

은 m이 임의의 유리수일 때 반드시 성립한다. 이 결론은 서양에서는 1676년에 뉴턴에 의해 발견되었지만 1859년에 이선란이 번역한 『대수학代數學』에서 처음으로 중국에 소개된 내용이다. 대후의 연구는 서양의 수학 지식이 중국에 전해지기 전에 독립적으로 얻은 결과이다.

이 외에도 이선란의 『방원천유方圓闡幽』, 『호시계비弧矢啓秘』, 『대수탐원對數探源』(세 권 모두 1846년 이전에 성립되었다)에서 자신의 독창적인 '첨추술尖錐術'이라는 방법을 이용하여 많은 유의미한 결과를 도출하였다.

『방원천유』는 먼저 열 가지 예비 정리를 전제한다. 현행 수학기호로 표시하면 그 핵심은 다음과 같이 요약될 수 있다. $n \geq 2$인 경우, x^n은 언제나 일정한 평면의 면적이나 혹은 선분의 길이로 표시할 수 있다. 어떤

첨추체가 높이가 h 일 때 그 단면적이 항상 ah^n 이 된다고 하면, 이때 이 첨추체(높이가 h 일 때 바닥 면적이 ah^n)의 체적은 $\dfrac{ah^{n+1}}{n+1}$ 이 된다. 이 공식은 현행의 적분 공식과 동등하다.

$$\int_0^h ax^n dx = \frac{ah^{n+1}}{n+1}$$

그는 이로써 다음과 같은 결론에 도달하였다. 높이가 같은 이런 첨추체는 여럿을 더하여서 하나의 첨추체를 만들 수 있다. 이 공식은 다음과 같다.

$$\int_0^h a_1 x dx + \int_0^h a_2 x^2 dx + \int_0^h a_3 x^3 dx + \cdots + \int_0^h a_n x^n dx$$
$$= \int_0^h (a_1 x + a_2 x^2 + \cdots + a_n x^n) dx$$

이선란은 이와 같은 첨추술을 이용하여 원의 면적을 계산하였다. [그림8-4]에서처럼 첨추BAC를 나누어 높이가 같은 수많은 첨추체 BAD, DAE, EAF, FAG, ……를 구성할 수 있다. 반경을 1이라고 가정하면 위에서 언급한 정리를 이용하여 최종적으로 첨추체 BAC의 총면적(A)을 계산할 수 있다.

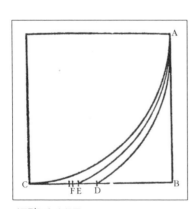

[그림8-4] 尖錐圖

$$A = \frac{1}{2} \cdot \frac{1}{3} + \frac{1}{8} \cdot \frac{1}{5} + \frac{1}{16} \cdot \frac{1}{7} + \frac{1}{128} \cdot \frac{1}{9} + \cdots$$

이로써 알 수 있듯이 원의 면적($r=1$)은

$$\pi r^2 = \pi = 4 - 4A = 4 - 4\left(\frac{1}{2} \cdot \frac{1}{3} + \frac{1}{8} \cdot \frac{1}{5} + \frac{1}{16} \cdot \frac{1}{7} + \frac{1}{128} \cdot \frac{1}{9} + \cdots\right)$$

이 된다.

이선란은 『대수탐원』에서 마찬가지로 이 첨추술을 이용하여 임의의 수 n의 자연로그 $\log_e n$을 구하는 공식을 얻었다.

$$\log_e n = \left(\frac{n-1}{n}\right) + \frac{1}{2}\left(\frac{n-1}{n}\right)^2 + \frac{1}{3}\left(\frac{n-1}{n}\right)^3 + \frac{1}{4}\left(\frac{n-1}{n}\right)^4 + \cdots$$

대후는 그의 저서 『대수간법對數簡法』(1846년)에서 이선란과는 다른 방식으로 $\log_e n$의 값을 구하는 공식을 얻었다. 이들 공식을 이용하여 로그 계산을 행하면 『수리정온』에 소개된 방식으로 계산하는 것과 비교할 때 훨씬 간편하게 그 결과를 얻을 수 있다.

이 외에도 이선란은 『호시계비』에서도 역시 첨추술을 이용하여, 호배弧背의 값을 알고 있을 때 정절正切을 구하는 공식을 얻었다. 이 공식은 다음과 같다.

$$\tan a = a + \frac{a^3}{3} + \frac{2a^5}{15} + \frac{17a^7}{315} + \cdots$$

또한 대후는 명안도의 '할원연비례법'을 운용하여 이선란과 완전히 같은 결과를 얻었다.

중국인 수학자들이 이 시기에 획득한 상술한 제 성과는, 비록 시간상으로 서양에 비해 뒤처진 점을 인정하더라도 서양의 수학 지식이 중국에 전래하기 이전에 자신의 독자적인 연구에 의거하여 얻은 결과이다. 분명하게 알 수 있듯이 명안도에서 시작하여 대후를 거쳐 이선란에 이르기까지 중국인 수학자들이 이룩한 연구 성과는 모두 미적분학의 기장 기본적인 사상에 근접한 것이었다. 양의 동서를 막론하고 이 점에 관한 한 학계의 견해는 일치한다. 예를 들어 이선란과 번역 작업을 함께한 영국인 선교사 와일리(Alexander Wylie, 1815~1887, 중국명 偉烈亞力)는 일찍이 자신들의 공역서인 『대미적습급代微積拾級』의 서문에서 이렇게 말하였다. "미분과 적분은 중국의 산서에는 없는 내용이다. 그러나 당대의 천문수학자들, 예를 들어 동우성이나 항명달, 서유임徐有壬, 대후, 고관광顧觀光, 이선란이 저술한 각 저작을 보면 그 이치가 미분에 대단히 근접해 있다."[32] 또 이선란과 같이 『중학重學』을 번역한 영국인 선교사 에드킨스(Joseph Edkins, 1823~1905, 중국명 艾約瑟)도 대후의 저작을 본 후에 "크게 탄복하여 이를 번역한 후 유럽의 수학협회에 보냈다"[33]고 한다.

이상에서 분명히 알 수 있듯이 설령 유럽의 미적분학이 중국에 전래되지 않았다고 해도 중국의 수학은 분명히 자신의 특징적인 경로를 거쳐 초등수학에서 고등수학으로의 발전을 해 나갔을 것이다.

---

32) 微分積分爲中土算書所未有. 然觀當代天算家如董方立氏, 項梅侶氏, 徐君壽氏, 戴鄂士氏, 顧尙之氏及李君秋紉所著各書, 其理有甚近微分者.

33) 『疇人傳』三編, 卷七, '艾約瑟'條, "大歎服, 轉譯之, 寄入彼國算學公會中."

제9장 서양 수학의 제2차 전래

·
·

1. 서양 수학 제2차 전래의 개괄

1840년에 발발한 아편전쟁은 패전한 중국으로 하여금 청 정부가 옹정제 이래로 엄수한 쇄국의 국면을 전환시키지 않을 수 없도록 만들었다. 서양 열강의 중국에 대한 침략은 날로 심해졌고 많은 불평등 조약이 연이어 체결되었다. 쇄국으로 굳게 닫았던 관문은 서양인의 총과 대포의 위력 앞에 힘없이 열렸다. 이로써 중국은 제국주의에 의한 반식민지화의 길에 접어들었다. 백 년에 걸친 중국 인민의 반제국주의 투쟁의 새로운 역사도 이로써 시작되었다.

1858~1860년에 체결된 천진조약과 북경조약 이후로 양무파洋務派가 정치상의 실권을 장악하였다. 당시의 많은 사람들은 중국이 침략을 당한 근본적인 원인이 단순히 서양인의 강한 무력 즉 선견포리船堅砲利 때문이라고 여겼다. 자신에게 증기선과 신식 대포가 없었기 때문에 서양인에 저항하지 못했고 따라서 중국이 자강自强하려면 반드시 서양에 배워야 한다는 사고가 유행하였다. 이리하여 양무洋務와 서학西學이 일시를 풍미했다. 동문관同文館과 강남제조국江南製造局과 같은 기관이 앞을 다투어 세워졌다. 서양의 산학이 일정 기간 전혀 수입되지 못했던 국면이 일변하여 서양의 수학서에 대한 번역 작업이 신속하게 전개되었다.

19세기 50년대에서 60년대에 이르는 시기에는 저명한 수학자 이선란이 서양 수학서 번역을 주도하였고 70년대에는 화형방華蘅芳(1833~1902)이 이를 계승하였다.

일반적으로 아편전쟁 이후의 이 시기를 서양 수학 제2차 전래기 혹은 제2차 전래 단계라고 부른다.(강희제 이전의 제1차 전래와 대비하여) 이 시기의 서양 수학 지식 전래는 그 내용에서 볼 때 앞 단계와 크게 성질을 달리한다. 제2차 전래는 내용적으로 해석기하학, 미분적분학, 확률론 등이 중심으로 이미 초등수학의 범위를 크게 뛰어 넘어 고등수학의 범주에 해당한다. 또한 영향을 미친 범위로 보더라도 전후 두 차례의 전래는 크게 다르다. 제2차 전래로 전해진 서양 수학은 교육제도의 개혁과 교과서의 변화를 동반하였고 그 영향의 범위가 비교할 수 없을 만큼 광범위하다. 서양 수학의 재차 전래, 학제의 개혁, 교과서의 편역은 삼자가 서로 맞물려 상호 보완적으로 기능하였고 이 시기의 수학사의 주요한 내용을 구성하였다. 20세기 초기에 이르면 구제도인 과거가 폐지되고(1905년) 각종 학당이 앞다투어 세워졌다. 이들 학당이 사용한 교과서도 물론 일신되었고 나중에는 세계 각국에서 통용되는 수학교과서와 하등의 차이가 없어졌다. 중국 고대의 수학은 주산珠算이 여전히 일반인들의 생활 속에 광범위하게 유지된 점을 제외하면 다른 각종 산법은 기수법과 부호법을 포함하여 세계 각국에서 통용되는 방식으로 통합되었다.

서양 수학 지식의 중국 전래는 '전래'와 '소화'를 거쳐 '재차 전래'되는 세 단계를 거쳤고 전후로 대략 250여 년의 세월을 필요로 하였다.

20세기 20년대에 이르면 중국의 수학자들은 이미 현대 수학의 일부 영역에서 걸출한 성과를 남기기 시작하였다. 이로써 중국수학사는 완전히 새로운 역사시대를 걷게 된다.

2. 서양 산서의 번역

1) 이선란의 역서

이선란은 19세기를 대표하는 중국인 수학자이다. 그는 서양 수학의 세례를 받기 이전부터 수학의 여러 분야에서 적지 않은 창조적 성취를 이루었지만 그가 활동하던 시기가 때마침 서양 수학의 제2차 전래기에 해당하였고 따라서 동시에 당시 전해진 서양 수학의 신지식에 관한 중요한 소개자이기도 했다. 이선란의 일생에 걸친 수학 활동을 총평가할 때, 서양 수학의 번역자로서의 역할과 창조적인 수학 연구자로서의 역할 중 어느 쪽이 더 중요했는지를 결정하는 것은 쉽지 않다. 실제로 그는 이 두 방면에서 모두 중대한 공헌을 이루었다.

이선란의 수학 연구에 관해서는 이미 앞에서 약술하였다. 고로 여기서는 그의 번역 활동에 한정하여 그 대강을 소개하고자 한다.

이선란은 10살에 처음으로 『구장산술』을 배우기 시작했으며 15살이 되었을 때 서광계와 리치가 번

[그림9-1] 이선란 초상(『格致匯編』 所收)

역한 『기하원본』을 읽었다. 항주에서 과거에 참가했을 때 우연한 기회에 이야의 『측원해경』을 비롯한 송원의 산서를 볼 기회를 얻었는데 이후 수학에 대한 흥미가 더욱 깊어졌다고 한다. 또 동시에 당시의 몇몇 수학자들과 교류가 시작되었는데 이때부터 수학의 특정 영역에서 뛰어난 성적을 남기기 시작했다. 1852년에 이선란은 상해로 진출하였고 그곳에서 영국인 선교사 와일리와 교류하였다. 이후로 와일리와 더불어 서양 수학저작을 번역하는 활동에 종사하였는데, 그가 남긴 역서譯書로 주요한 것을 소개하면 다음과 같다.

(1) 『기하원본』(후9권)

1852년에서 1856까지 4년에 걸쳐 완역하였다. 서광세와 리치가 번역한 전前6권(1607년) 이후 두 세기 반이 지나서야 비로소 유클리드 『원론』의 번역이 완결된 것이다. 단, 이때 이선란 등이 번역에 사용한 저본은 라틴어본이 아니라 당시의 영역본이었다. 이선란이 서광계본을 이어 완역한 이 『기하원본』은 현전하는데, 1990년 히스(T. L. Heath)의 영역본에 기초한 새로운 중역본이 등장하기 전까지 중국어 번역본으로서 유일한 완역본이었다.

(2) 드모르간의 『대수학』[1] 13권(1859년 번역)

이 책은 서양 근대의 대수학에 관한 최초의 중국어 번역본이다. 이선란은 이 대수학의 학문적 특징에 대해 "문자로 숫자를 대신하는데 혹은 정해지지 않은 수(변수)여도 혹은 정해진 미지수(상수)여도 좋다. …… 늘 쓰는 상수라도 혹은 이를 그대로 쓰기가 번잡할 경우 문자로 이를 대신할

---

1) De Morgan, *Elements of Algebra*(1835).

수 있다"[2]라고 설명하였다. 이로써 이선란은 원래의 용어인 'Algebra'를 교묘하게 '대수학代數學'이라고 번역하였다. 중국에서 '대수학'이란 명사의 최초 등장이다. 이 역어는 현재에 이르기까지 그대로 쓰이는데 후에 일본 도 이 역어를 채택하였다.

(3) 루미스의 『대미적습급』[3] 18권(1859년 번역)

이 책은 해석기하학과 미적분학이 최초로 중국에 전해진 번역서이다. 이후 몇십 년간에 걸쳐 이 책은 줄곧 해석기하학과 미적분학의 교과서로 쓰였다. 이 책의 서문에 따르면 '래씨來氏'의 기호를 채택하였다고 하였는 데 래씨란 즉 라이프니츠를 가리킨다. 물론 실제로는 서양식 부호가 그대 로 쓰인 것은 아니고 다수가 중국화한 형태로 변형되었다. 미분기호는 '彳'로 표시되었는데 이는 미분의 미微 자의 편방을 취한 것이고, 적분기 호 '禾'도 마찬가지로 적분의 적積 자 편방을 취한 것이다. 예를 들어 $\int 3x^2 dx$의 경우라면 즉 '禾三天二彳天'이라고 표기하였다.

이상의 세 권 이외에도 이선란은 와일리와 함께 영국인 천문학자 허 셜(John F. W. Herschel, 1792~1871)의 천문학 개설서인 *Outlines of Astronomy*를 『담천談天』이란 이름으로 번역하였고 뉴턴의 『자연철학의 수학적 원리』 중 일부를 번역하였다.

이선란은 영국인 선교사 에드킨스와도 『원추곡선설圓錐曲線說』 3권(1866 년 번역)을 공역하였다. 이는 원추곡선의 각종 성질을 다루는 저작이다. 이

---

2) 以字代數, 或不定數, 或未知已定數. …… 恒用之已知數或因太繁, 亦以字代.
3) E. Loomis, *Analytical Geometry and Calculus*(1850).

선란은 에드킨스와 더불어 물리학 저작인 『중학重學』도 번역하였다. 중학이란 현재의 역학에 해당하는 당시 역어이다.

결론적으로 보자면 이선란의 번역 작업의 중요한 공헌은 주로 서양 수학의 새로운 지식을 소개한 점에 있다. 또 이 새로운 지식이야말로 바로 제2차 서양 수학 전래의 핵심적인 내용이기도 하다. 이선란이 번역한 저작은 중국에 처음으로 전해진 몇 안 되는 고등수학서라고 할 수 있다.

이선란이 번역에 즈음하여 취한 태도는 늘 진지하였다. 와일리는 『기하원본』 후9권의 서문에서 "나(와일리)는 말로 설명하고 그(이선란)는 이를 문자로 기록하였다. 번쇄한 것은 없애고 틀린 것은 바로잡고, 반복해서 세심하게 보고 또 보아 결함이 없도록 만드는 데는 그의 공이 제일 많다"[4]라고 하여 이선란을 치켜세웠다. 『기하원본』을 번역함에 있어 이선란이 다대한 노력을 기울였음을 상상하는 것은 그다지 어렵지 않다.

한 가지 반드시 거론해야 할 점이 있다. 이선란이 번역한 저작이 비록 당시에 매우 참신하였음은 의심할 여지가 없지만 필경 이해자가 극소수였음을 부정할 수는 없다. 아쉽게도 이 번역서의 유통과 영향력의 범위는 극히 소수의 애호가 이상을 넘지 못했다. 이를 근거로 어떤 이는 이선란의 번역의 취지가 '홀로 얻은 바를 자랑하는 바'에 있다고 비판하기도 하였다. 공평한 판단이라고 할 수는 없지만 근거가 전혀 없다고도 할 수 없는 이유이다.

---

4) 余口之, 君筆之. 刪蕪正僞, 反覆詳審, 使其無有疵病, 則君之力居多.

2) 화형방의 역서

[그림9-2] 화형방 초상
(『錫金四哲事實匯存』 所收)

이선란이 서양의 과학서를 번역
한 것은 대략 19세기 50년대에서 60
년대에 걸친 시기이다. 그 후 약 20년
이 지나자 화형방이란 인물이 다시
등장하여 몇몇 서양 수학 서적을 번
역하였다. 화형방은 이선란 이후 서
양 수학을 소개한 인물 중 그 공헌이
비교적 큰 수학자 중의 한 명이다.

화형방은 자를 약정若汀이라고 하며 강소의 금궤金匱(현 無錫縣) 사람이
다. 14살에 정대위의 『산법통종』에 능통하였다고 하며, 그 후 『구장산술』
을 비롯해 송원의 각 산서 및 『수리정온』 등 수학서를 공부하였다. 성장
한 이후에는 이선란과도 면식이 있었다.

1868년 상해의 강남제조국에 번역관이 설치되자 화형방은 그곳에 초
빙되어 수학 및 기타 과학서의 번역 작업에 종사하였다. 그는 영국인 선
교사 프라이어(John Fryer, 1839~1928, 중국명 傅蘭雅)와 주로 협력하여 다수의
서양 과학서를 번역하였다. 그중 주요한 것을 거론하면 다음과 같다.

· 월러스(W. Wallace)의 『대수술代數術』 25권, 1873년 번역.
· 월러스의 『미적소원微積溯源』 8권, 1879년 번역.
· 하이머스(J. Hymers)의 『삼각수리三角數理』 12권, 1877년 번역.
· 룬드(T. Lund)의 『대수난제代數難題』 16권, 1883년 번역.

· 드모르간의 『결의수학決疑數學』 10권, 1880년 번역.

· 번(O. Byrne)의 『합수술合數術』 11권, 1888년 번역.

이 저작들은 당시의 대수학, 삼각법, 미적분학 및 확률론 등 수학의 각 분야에 대해 체계적으로 소개하였다. 각 저작의 내용은 이선란이 번역한 수학서에 비하면 비교적 평이하고 상대적으로 광범위하였고 번역된 문장도 또한 명료하여 알기 쉬웠다. 일부 저작은 당시 여러 학당에서 교과서로 채택되기도 하였다.

이들 번역서 중에서 좀 더 언급할 가치가 있는 저작이라면 『결의수학』일 것이다. 이 저작은 당시 비교적 새로운 수학 분야인 확률론을 소개한 것으로 서문에는 1812년 라플라스(Pierre-Simon Laplace, 1748~1827)가 창안한 확률론과 그에 관한 간단한 역사가 서술되어 있다. 이 책은 확률론의 일반적 지식 이외에도 최소제곱법을 소개하고 확률론이 천문 관측 및 이론물리학 방면에서 어떻게 응용되는지에 대해서도 설명하였다. 당시에 전래된 서양의 수학 지식 중에서 보자면 비교적 난해한 분야였을 뿐만 아니라 세계 수학사에서 보더라도 대단히 참신한 내용이었다.

화형방은 서양 과학서를 번역한 것 외에 스스로도 약간의 수학 저작을 저술하고 이를 모아 『행소헌산고行素軒算稿』라고 이름 붙였다. 이 책은 내용적으로 대부분 수준이 그다지 높지 않고, 게다가 창조적인 연구라고 할 수 없는 것들이었다. 화형방과 이선란은 둘 다 서양 과학의 제2차 전래기를 대표하는 중요한 인물이지만, 개인적 연구 성취도로 말하자면 화형방은 이선란에 크게 미치지 못했다고 해야 할 것이다.

3. 신식 학교의 설립

신식 학당의 설립은 선교사들이 건립한 각종 교회 학교가 가장 빠르다. 기록에 따르면 1839년에 브라운(R. Brown)은 마카오에서 첫 번째 교회 학교인 마례손학당馬禮遜學堂(Morrison School)을 세웠다. 아편전쟁 이후로 교회는 점차 내지로 진출하여 다수의 교회 학교를 설립하고 스스로 교과서를 편찬하였다. 당시 서구 열강은 청조와 불평등조약을 앞다투어 체결하고 침략활동을 점차 노골화하였다. 침략 행위는 군사, 정치, 경제 방면에 그치지 않았고 문화적 침략도 강화되었다. 선교사들은 1845년에 상해에 약한서원約翰書院을 세웠고, 1864년에는 산동에 문해관文會館을, 1874년에는 상해에 격치서원格致書院을, 1888년에는 북경에 문회서원文匯書院을 설립하였다. 물론 이들 서원은 초기에 교회가 설립한 학교 중에서 가장 유명한 몇몇을 언급했음에 지나지 않는다.

이들 교회 학교는 신해혁명(1911년) 이후에도 지속적으로 발전하여, 혹은 새로운 학교를 신설하거나 혹은 몇몇 학교를 합병하여 비교적 규모가 큰 하나의 학교로 발전시켰고 나중에는 대학도 창립하였다. 이후 이들 교회 학교는 국민당 통치기의 반식민지 문화교육의 중요한 구성 요소의 하나로 변질되었다.

한편 중국인 스스로가 설립한 신식 학교로는 북경의 동문관同文館이 가장 빠르다.

아편전쟁 이후 양무파가 정치적 실권을 장악한 이후에 1862년 북경에 동문관이 개설되었다. 이는 서양식 교육 제도를 모방하여 설립된 신식 학교라고 할 수 있다. 처음에는 불과 영어, 불어, 러시아어 등 외국어에 능통한 인재를 배양하는 것만을 유일한 목표로 했었지만 1866년 이후로는 당시 양무파의 거두 공친왕恭親王 혁흔奕訢의 주청을 받아들여 산학관이 첨설되었다. 혁흔은 산학관을 추가로 설치해야 할 이유로 다음을 거론하였다.

> 서양인이 기계, 화기 등을 제조함을 생각건대 어느 것 하나가 천문산학에 근거하지 않은 바가 없다. 지금 상해, 절강 등지에서 증기선에 대한 요구가 크다. 만약 근본을 착실하게 행하지 않는다면 기껏해야 표피적인 것만을 배우고 실용에 실제로는 도움이 되지 않을 것이다. …… 이에 산학관을 첨설하고자 하니, …… 수학과 과학의 이치와 기계제조의 법, 과학적 방법을 높이 들고 능히 전문분야에 집중하고 실로 노력하여 그 묘함을 얻는다면 즉 중국이 자강하는 길이 바로 여기에 있다.[5]

물론 양무파의 이런 논의는 말뿐으로 '양두구육'에 지나지 않고, 통치자가 스스로 실제 '양무'를 실행했는지의 여부 자체도 논쟁거리지만, 여하간 산학관은 결국 설치되었고 이선란이 총교습總敎習의 자격으로 초빙되었다. '동문관규'의 규정에 따르면 학과 전 과정은 8년으로 4년째부터 수학 과목을 배우기 시작한다. 4년차에는 '수리계몽'과 대수학을 배우고, 5년차에는 『기하원본』, 평삼각법, 구면삼각법을, 6년차에는 미적분과 항해 측량법을 배운다. 이런 학제는 1866년에 시행된 후로 1895년까지 유지되어 30년간 크게 변동이 없었다.

그 후 북양대신 이홍장李鴻章의 건의에 의거하여 상해에 북경 동문관

---

5) 因思洋人製造機器火器等件, 無一不自天文算學中來. 現在上海浙江等處講求輪船各項. 若不從根本上用著實工夫, 卽學習皮毛, 仍無俾於實用. …… 現擬添設一館, …… 舉凡推算格致之理, 製器尙象之法, 鉤河摘洛之方, 倘能專精務實, 盡得其妙, 則中國自强之道在此矣.

과 유사한 학교가 설립되었다. 이름하여 '광방언관廣方言館'이다. 이홍장의
상주上奏[6])에 보면 광방언관의 수학 과정은 "과정의 오후에는 산술을 학습
한다. 필산이건 주산珠算이건 가감승제의 계산을 먼저 배운다. 중간 단계
에 들어가면 『산경십서』를 숙달시킨다"[7])라고 한다.

동문관과 광방언관이 개설됨과 시기를 같이하여 일부 지역에는 각종
기술 전수 학교와 군사 학교가 건립되었다. 이 중에는 1866년 좌종당左宗業
이 복건성 마미선창馬尾船廠 안에 부설한 선정학당船政學堂이 가장 이르다.
또 1880년에는 천진에 북양수사학당北洋水師學堂이 세워지고, 1885년 이후로
는 천진무비학당天津武備學堂, 광동육군학당 등이 계속해서 설립되었다. 이
들 학교에서는 대체로 수학 과정을 운영하고 있었는데 예를 들어 천진의
북양수사학당에는 대수, 기하, 평면삼각법, 구면삼각법, 팔선, 급수, 중학
重學(역학), 천문추보天文推步, 지여측량地輿測量 등의 과정이 있었다.

이 외에도 19세기 말과 20세기 초에 이르면 각지에 각종 서원과 학원
이 출현한다. 예를 들어 호북성의 자강학당自强學堂, 양호서원兩湖書院, 동산
정사東山精舍, 섬서성의 미경학사味經學舍, 광주의 실학관實學館 등이 그것이
다. 이들 학교는 기본적으로 모두 북경의 동문관을 모범으로 삼아 대부분
수학 과정을 갖추고 있었다. 이들 학교는 일부는 양무파나 관료 군벌 등
이 청년 추종자를 배양하는 장소로 이용되기도 하였고, 또 일부는 변법파
가 개혁을 선전하고 변법을 고무하는 강단으로 쓰였다.

1898년의 무술변법은 1차 개량주의 운동을 일으켰다. 변법 이후 광서
제는 각성에 고등학교를 비롯해 중등학교, 소학교, 의학義學, 사학社學 등

---

6) 『李文忠公奏議』.
7) 其課程午後卽學算術. 無論筆算珠算, 先從加減乘除入手. 中學熟習算經十書.

교육기관을 설립할 것을 촉구하였고 동시에 북경에 경사대학당京師大學堂 (현 북경대학의 전신)을 설치하였다. 일반적으로 볼 때 이는 중국에 설립된 최초의 신식 대학이다.

무술변법은 비록 불과 백일유신百日維新으로 끝났지만 신제 학교를 설립하고 과거시험을 폐지하는 것은 시대의 필연적 흐름이 되었다. 각 성은 예를 들어 진성대학당晉省大學堂, 양호대학당兩湖大學堂, 호남대학당湖南大學堂 등 육속陸續해서 대학을 설립하였다. 학제에 관해서는 1902년에 이른바 '흠정학당장정欽定學堂章程'이 제정되었고 1903년에는 다시 이른바 '주정장 정奏定章程'이 정해졌다. 마침내 1905년에는 과거 제도의 완전한 폐지가 결정되었고 중앙정부 안에 학부學部가 설치되었다.

주정장정에 보면 수학에 관한 규정은 다음과 같다. 먼저 초등 소학당 (7세 입학, 5년 졸업)과 고등 소학당(4년)에서 학습하는 산술의 내용은 수의 명칭, 기수법에서 시작하여 필산과 주산珠算의 사칙연산과 비례 계산을 비롯해 도량형과 시간, 전폐錢幣 등의 계산이 포함되어 있다. 다음 중학당(5년)에서는 산술과 대수, 기하, 삼각법 등을 배운다. 고등학당(3년)은 문법과, 공과, 의과의 삼과로 나뉘는데, 대수, 기하, 해석기하, 미적분 등을 강의하였다. 대학당(3년)은 여섯 문門으로 나뉘는데 산학은 그중의 하나로, 학과 과정을 보면 미적분학, 기하학, 대수학, 산학을 연습演習하고 역학, 정수론, 편미분, 방정론, 대수 및 정수론의 심화 과정, 이론물리학의 초보 등의 과목과 동 과목의 실습 및 물리 실험 등이 포함되어 있었다.

신해혁명 이후 1912년 9월에는 과거 청조의 이른바 주정장정의 기반 위에서 '학제수정방안'이 반포되었다. 이 방안은 옛 장정에 대해 단지 학습 연한 및 학제 구획에서 약간의 수정이 행해졌을 뿐이지만, 주정장정이 당시 전국 범위에서 보자면 그다지 널리 행해지지 않았던 점과는 달리 수정방안은 신해혁명 이후 각지의 중학교, 소학교에서 대체로 실시되었다. 영향이 미친 범위로 보자면 수정방안은 주정장정을 월등히 초월한다. 신식 학제도 이 시기에 이르러야 비로소 초보적으로나마 정립되었고 이 새로운 학제에서 수학은 전 학생이 필수로 배워야 할 중요 과목의 하나로 변모하였다.

4. 수학교과서의 개혁

학제 개혁과 동시에 교과서에도 상응한 개혁이 요구되었다.

처음에 서양 선교사들은 중국 각지에 각종 교회 학교를 설립한 이후 일부 교과서를 편역하는 작업에 착수하였고, 수학교과서도 여기에 포함되었다. 물론 보다 이른 시기인 19세기 50년대 서양 수학의 제2차 전래기의 초두에 이선란 등이 일부 수학 서적을 번역하였고, 19세기 70년대에는 화형방 등이 또 일부 수학 서적을 번역한 것은 앞에서 언급한 대로이다. 다만 이선란의 역서는 그 취지가 '홀로 얻은 바를 자랑하는 바'에 있었다는 지적이 있듯 극소수의 수학 전문가만이 참고할 만한 내용이었고 교과서로 광범위하게 사용될 수 있는 성질이 아니었다. 화형방의 역서는 강남제조국이 간행한 이후에 각지의 학교에서 교과서로 채택되었다. 얼마 후에는 북경의 동문관과 상해의 익지회益智會, 광학회廣學會 등에서도 일부 서양 과학 기술 서적을 번역하여 부분적이나마 교과서로 유통시켰다.

19세기의 마지막 10년과 20세기 초의 몇 년간 청조의 각급 관립 학당,

사립 학당 및 교회 학교에서 광범위하게 채택된 교과서는 다음과 같다.

- 『필산수학筆算數學』: 미국인 선교사 마티어(Calvin W. Mateer, 중국명 狄考文)와 추립문鄒立文의 공저이다. 1892년에 쓴 마티어의 서문이 붙어 있고 전체 24장으로 구성되어 있다. 문언문과 백화문의 두 판본이 존재한다.
- 『대수비지代數備旨』: 루미스의 *Outline of Algebra*를 저본으로 하여 마티어가 저술하였고, 추립문, 생복유生福維가 공역하였다. 1891년 미화서관美華書館에서 간행하였으며 전 13권이다.
- 『형학비지形學備旨』: 루미스의 *Elements of Geometry*가 저본으로 마티어와 추립문, 유영석劉永錫이 공역하였다.
- 『팔선비지八線備旨』: 평면삼각법을 다룬 것으로 루미스의 *Elements of Plane Trigonometry*를 참조하여 미국인 파커(A. P. Parker, 중국명 潘愼文)가 역술하고 사홍뢰謝洪賚가 교록校錄하였다. 1894년 미화서관에서 간행하였다. 전 4권이다.
- 『대형합삼代形合參』: 해석기하학을 다룬 것으로 루미스의 *The Elements of Analytic Geometry*를 참고로 파커가 역술하고 사홍뢰가 교록하였다. 1893년 미화서관에서 간행하였다. 전 3권(부록 1권)이다.

이들 서적은 단기간 안에 일시를 풍미했다. 불완전한 통계이기는 하지만 『필산수학』은 1892년에서 1902년까지 10년간 32차례 중간重刊되었고, 『대수비지』는 1891년에서 1907년까지 10쇄를 찍었고, 『형학비지』는 1885년에서 1910년까지 11차례 판을 거듭했다. 이 외의 서적들도 상황은 마찬

가지였다. 그러나 이렇게 판을 거
듭했다고 해서 반드시 이 책들이
잘 만들어졌다고 할 수는 없다.
당시 학제가 개혁되고 과거가 폐
지된 탓에 각지에 신식 학당이 대
량으로 신설되어 새로운 교과서
가 급박하게 필요했기 때문이다.

이들 서적은 대체로 납인쇄(鉛
印)나 석인石印의 방식으로 인쇄되
었고 도판도 부록으로 삽입되어
있었다. 책 속의 계산식의 표기법
은 이미 보편적으로 아라비아 숫

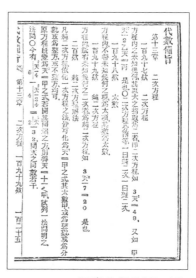

[그림9-3] 『代數備旨』 書影

자를 사용하여 중국식 한자 一, 二, 三, ……을 대체하였고(단 이선란만은 여
전히 중국식 숫자를 습용하여 아라비아 숫자를 채택하지 않았다), 또한 수학 부호도
예를 들어 +, −, ×, ÷, >, <, √ 등 현행의 부호를 채용하였다. 그러나
수를 대신하는 기호만은 a, b, c, d, ……나 x, y 등 라틴 문자를 쓰지
않고 전통적인 중국식 甲, 乙, 丙, 丁, ……이나 天, 地 등을 그대로 썼다.
인쇄 판형은 여전히 세로쓰기를 유지했다. 형식적인 측면에서는 옛 전통
을 묵수했지만 내용적으로는 이미 당시 세계 각국에서 통용되던 일반 수
학 교과서와 기본적으로 다르지 않았다. 이들 서적은 각종 학교에 일정
시기 교과서로 제공되었고 이로써 당시의 한 세대의 청소년들이 교육을
받았다.

특히 주목해야 할 것은 『필산수학』이 인습적인 문언문文言文본 이외에

도 구어인 백화체로 편찬된 이른바 관화본官話本도 간행되었다는 사실이다. 구어로 수학 교과서를 편찬한 것으로는 가장 이르다.

교습 상의 방편을 도모하여, 위에서 언급한 교과서 이외에도 각종의 연습 문제 해답집, 풀이집과 같은 것들도 편찬되었고, 그 종류도 적지 않았다.

이선란의 번역을 시작으로 하여 『필산수학』과 같은 서적의 편찬에 이르기까지 몇십 년간에 걸쳐 수학 서적의 번역과 편찬은 대체로 외국인에 의해서 주도되었다. 무술변법 이후 특히 1905년 정식으로 과거가 폐지된 이후에는 각종 학당의 급증으로 인한 수요의 폭발로 당시의 상업출판사들이 앞을 다투어 각종 교과서를 간행하였다. 이들 출판사는 상무인서관商務印書館, 과학회편집소科學會編輯所, 문명서국文明書局, 익지서국益智書局 등을 비롯해 적게 잡아도 20여 곳 이상으로, 각 출판사가 발행한 교과서 중에는 당연히 수학 교과서도 포함되어 있었다.

상무인서관이 최신 교과서 한 세트를 편집·출간한 이후, 다른 출판사들이 간행한 교과서들은 점차적으로 상무인서관본으로 대체되었다. 신해혁명 직전에는 상무인서관본이 절대적인 우세를 점하였는데, 수학 교과서도 상무인서관본이 가장 유행하였다.

이들 중에 어떤 것들은 요즘 교과서처럼 계산식을 가로쓰기 방식으로 고쳤지만 기타 설명문의 경우는 여전히 세로쓰기를 유지하였다. 또한 내용은 주로 구미 각국 혹은 일본의 각종 교과서를 편역한 것이 대부분이었다.

학제 개혁, 과거의 폐지, 그리고 신식 학교의 신설을 거쳐 교과서가 개혁됨으로써 구식 교육은 완전히 새로운 내용으로 대체되었다. 이 시기에 이르면 중국의 전통 수학은 단지 주산珠算만이 남아 민용 생활에 광범위하게 유지될 뿐 나머지는 모두 세계 수학의 흐름에 흡수되어 사라져 버렸다. 신해혁명 전후로 출국한 유학생 중에 수학을 전공한 자가 날로 늘었고, 20세기 20년대에 이르면 중국인 수학자가 현대 수학의 일부 분야에서 비교적 의미 있는 성과를 남기기 시작하였다. 중국의 수학은 오랜 발전 과정을 거쳐 이로써 새로운 갱신의 시대, 즉 현대 수학의 시대에 돌입한 것이다.

역자 후기

.

。

　본서는 이엄李儼 · 두석연杜石然 저 『중국고대수학간사中國古代數學簡史』(홍
콩: 상무인서관, 1976)의 전역이다. 단 저자의 1963년도 후기는 제외하였다. 집
필의 경위는, 원래 북경의 중화서국에서 이엄에게 중국수학사에 관한 통
사 집필을 청탁하였는데, 당시 이미 오랫동안 병마에 시달리던 이엄이 제
자인 두석연에게 맡긴 결과가 본서이다. 따라서 이엄 · 두석연 공저의 형
식으로 출간되었지만, 사실은 두석연의 단독 저서이다.

　본서는 원래 북경의 중화서국 '지식총서'의 일환으로 1963 · 1964년에
상하책으로 분권되어 출판되었다. 초판본은 그 직후 불어닥친 중국 본토
의 '십년호겁十年浩劫'의 여파로 얼마 뒤 절판되었고, 원서의 지형紙型도 그
기간에 전훼되었다. 그러나 다행히도 본토 이외의 지역에서는 1976년에
홍콩에서 번자체로 번각되었고, 또한 1978년에 대만의 구장출판사九章出版
社가 홍콩판을 입수하여 번각(일부 자구의 수정은 있지만 거의 그대로 영인)하였
다. 그리고 1980년에는 대만대학 수학과 황무웅黃武雄 교수가 편한 『중서
수학간사中西數學簡史』에 본서의 전문이 수록되었다고 한다. 역자는 이 책
은 보지 못했다. 참고로 역자가 처음으로 본서를 알게 된 것은 1990년대
초 위의 구장출판사의 해적판을 통해서였는데, 다만 이엄의 이름은 정치
적인 이유에서인지 이인엄李人嚴으로 고쳐져 있었다. 그 후 본서는 John
N. Crossley와 Anthony W.-C. Lun 씨의 노력으로 영역되어 옥스퍼드대학
출판부에서 1987년 *Chinese Mathematics: A Concise History*라는 이름으로 출

간되었다. 영역본의 출간에 즈음하여 저자는 ① 출토자료인 장가산張家山 죽간『산수서算數書』에 관한 부분을 추가하고, ② 주산籌算의 기원에 관한 내용의 수정, ③ 지도의 추가 등 일부 내용을 수정하였고, 이후 자신의 저작집인『수학數學 · 역사歷史 · 사회社會』(遼寧敎育出版社, 2003)에『중국고대수학간사』를 전문 재수록하면서 영역본의 수정 사항을 반영시킨 중문 개정판을 만들었다. 본 역서도 영역본과 2003년판에서 수정한 부분을 전부 반영한 개정판이다. 또한 저자는 자신의 저작집에 수록할 때 공저가 아니라 단독 저술임을 분명히 밝혔고, 또 서명을『중국수학간사』로 바꾸었다. 신해혁명 전후에 이르는 시기까지 아우른 통사이면서 '고대'라는 수식어가 붙었던 이유는 과거의 중국 학계가 사회주의 역사발전 단계설에 입각하여 중세를 인정하지 않고 아편전쟁 이전 혹은 신해혁명 이전의 긴 역사를 단순히 고대라는 이름으로 개괄했기 때문이다.

중국수학사에 대한 근대적인 연구는 일찍이 일본인 미카미 요시오(三上義夫, 1875~1950)의 연구에 자극받은 두 명의 중국인 연구자 이엄과 전보종錢寶琮에 의해서 시작되었다고 해도 과언이 아니다. 이 두 사람은 우연히도 같은 해에 태어났는데, 이엄(1892~1963)이 1912년 당산노광학원唐山路鑛學院에서 토목공학을 공부한 후 농해철로국隴海鐵路局에서 측량 기사로 장기간 근무하면서 1915년부터 중국수학사를 독학으로 연구하기 시작하였다면, 전보종(1892~1974)은 영국에 유학하여 버밍엄대학에서 토목공학을 전공 후 귀국하여 여러 대학의 수학과에 재직하며 미적분학 등을 가르치면서 중국수학사 연구에 종사하였다. 사회주의 중국이 성립한 이후에 중국과학원 역사연구소 제2소에 부설로 중국자연과학사연구실이 생기자, 이엄은 1955년에, 전보종은 그다음 해에 자연과학사연구실로 이동되었고, 1956년부터 처음으로 중국수학사 연구생(석사과정)을 모집하게 된다.

저자인 두석연은 길림성 길림시 출신으로 이른바 만주국 출신이다. 따라서 일본어에 능통하였고 우연히 접한 미카미 요시오의 저서 『동서수학사東西數學史』(共立社, 1929~1931)를 통해 중국수학사에 흥미를 갖게 되었다고 한다. 대학 졸업 후 도서관에 근무하면서 틈틈이 독학으로 조충지祖冲之에 관한 논문을 발표하는 등 수학사 연구를 시작했고, 1956년에 자연과학사연구실 시험에 응시하여 1957년부터 연구소를 다니며 이엄과 전보종 밑에서 중국수학사를 배웠다. 그런데 중국수학사를 전공한 다른 학생이 아무도 없었기에 상당 기간 두 명의 대가의 유일한 학생으로 지냈다고 한다. 따라서 두석연은 중국에서 중국수학사를 정식 학문으로 전공한 최초의 인물이다.

1958년 자연과학사연구소로 독립하여 본격적인 기동에 들어가지만, 그해에 대약진운동이 시작되고 이른바 '반우파투쟁'이 본격화하면서 대혼돈기를 견딘다. 저자는 1961년 석사 과정을 마치고 동 연구소에서 연구원으로 근무하기 시작하였는데, 석사 과정에 입학한 1957년부터 1964년까지 본서 이외에도『중국고대수학사화中國古代數學史話』(中華書局, 1964)를 이엄 대신 집필하고, 전보종 주편의『중국수학사中國數學史』(科學出版社, 1964) 중 송원시대(약 전체의 1/4 분량)를 집필하고, 같은 이가 주편한『송원수학사논문집宋元數學史論文集』(科學出版社, 1966)에 세 편의 논문을 싣는 등 정력적인 활동을 전개하였다. 참고로 본서와 함께 전보종 주편의『중국수학사』또한 명저로 거론되며, 1990년에 일본어판(川原秀城 譯)이 나왔다.

그러나 1964년에 하방下放되어 '사청운동四淸運動'에 동원되고 그 이후 1977년까지 일체의 연구를 중단하지 않을 수 없었다. 이엄은 이미 사망하였기에 험한 꼴을 면했지만 전보종에게는 그런 행운은 없었다. '사인방'이 척결되고 나서 1978년에 연구소에 복귀하지만 이때부터는 수학사가 아니라 중국 과학사 연구로 자리를 옮기게 된다. 저자가 수학사에서 과학사로 옮기게 된 배경에는 영국인 과학사가 조셉 니덤(Joseph Needham)의『중국의 과학과 문명』(Science and Civilisation in China, 1954~)의 간행이 있었음은 물론이다. 아무튼 저자는 중국과학사 연구에서도 두각을 드러내,『중국과학기술사고中國科學技術史稿』(上下, 科學出版社, 1982)의 주 집필자로 참여하였고, 이후 대형 총서인『중국과학기술사』통사권의 주편자로 활약하는 등 명실상부한 중국과학사 학계를 대표하는 중국인 학자이다.

역자에게는 일생일대의 책과 만나는 행복한 경험이 몇 차례 있었는데, 본서도 그 중의 한 권이다. 구장산술을 비롯해 한당漢唐의 수학은 사실 독학이 불가능하지 않다. 그런데 송원宋元수학 이후는 별도의 세계다. 명청明清 이후의 수학은 더 말할 나위가 없다. 좌절한 나머지 이런 저런 참고서를 수집하기 시작했고, 이때 대북臺北의 구장출판사를 찾아가서 구입한 책이 본서이다. 아무튼 중국과학사를 전공하고자 했던 역자는 이후 수학사와 천문학사에 빠졌고, 니덤류의 'Why-not' 문제를 비롯해 일반적인 의미에서의 과학기술사로부터는 멀어졌다. 그만큼 이 책의 충격은 컸다. 혹자는 1964년에 초판이 간행된 책을 지금 번역하는 것이 적절한지 의문을 가질지도 모른다. 그러나 본서는 이엄과 전보종이라는 두 대가의 학문적 성취 위에서 도달한 당대 일류의 저작이다. 무엇보다도 학문적 태도가 엄격하다. 흔히 말하는 애국주의의 흔적이 전혀 없다고는 못하지만, 최소한 중국수학의 본질적 내함을 수학적 측면에서 그 내적 논리를 추적하였다. 이엄은 중국수학사를 전공하기 위해서는 현대 수학에 대해 더 많이 공부할 것을 요구하였는데, 근래의 과학사 연구가 대체로 그러하듯, 비평적 안목으로 치장하고 '인류학적 코기토'로 무장한 나머지 과학 자체를 등한시하고 수리를 경시하는 문화상대주의 혹은 포스트모더니즘적 풍조에 물든 저작들에 비해 훨씬 많은 것을 얻을 수 있다. 물론 원 저작을 옆에 두고 일일이 꼼꼼히 읽는 것이 전제이다. 부디 이 책을 통해 한 사람이라도 더 중국수학사 연구의 제호미醍醐味를 맛볼 수 있다면 역자로서 더 이상의 바람은 없을 것이다.

사적인 이야기이지만 역자가 공과대학에 다니던 1980년대에 우연히 서울대 김영식 교수의 과학사 강연을 들을 기회가 있었다. 어렴풋한 기억이지만 그때 자극받은 지적 호기심 덕에 중국과학사를 전공할 용기를 냈는지도 모른다. 그리고 또다시 본서의 번역과 출간에 있어 김영식 교수를 비롯해 서울대학교 과학사 및 과학철학 협동과정의 임종태 교수의 지원을 받았다. 이 지원이 없었다면 오래전에 저자에게 한국어판을 번역하겠다고 한 약속은 지켜질 수 없었을 것이다. 이 자리를 빌려 두 분에게 다시 한 번 심심한 감사를 드린다.

『조선수학사』에 이어 난삽하고 생경한 문장을 견디며 수식을 포함해 많은 오류를 고쳐 준 예문서원 편집부에게도 또다시 큰 신세를 졌다. 이 자리를 빌려 깊은 감사의 뜻을 전한다. 모든 오류는 오롯이 역자의 몫이지만 본서가 그나마 조금은 읽기 쉽게 되었다면 그것은 전적으로 그들의 공이다.

2019년 5월

譯者 識

찾아보기

저자 **이엄**李儼

1892년 福建省 閩侯縣에서 태어나, 1912년 唐山路鑛學院에 입학하였다. 1913년 隴海鐵路局에 입사하였고 이후 42년간 근무하였다. 1955년 중국과학원 자연과학사연구실 연구원을 거쳐, 1957년 중국과학원 자연과학사연구실 주임으로 근무하였다. 1963년 심장병으로 사거하였다.

주요 저서로는 『中國數學大綱』(上冊, 商務印書館, 1919), 『中國算學史』(商務印書館, 1937), 『中算史論叢』(1~4集, 商務印書館, 1931·1933·1935·1947), 『李儼·錢寶琮科學史全集』(全10冊, 遼寧敎育出版社, 1998) 등이 있다.

저자 **두석연**杜石然

1929년 吉林省 吉林市에서 태어나, 1951년 東北師範大學 수학과를 졸업하였다. 1957년 중국과학원 중국자연과학사연구실(현 자연과학사연구소) 석사과정에 입학하였고, 1961년부터 동 연구실 연구원으로 근무하였다. 1990년 일본 東北大學 객좌교수, 1991~2001년 일본 불교대학 교수로 재직하였다.

주요 저서로는 『中國古代數學簡史』上下(中華書局, 1963~1964), 『中國數學史』(錢寶琮 編, 共著, 科學出版社, 1964), 『宋元數學史論文集』(錢寶琮 編, 共著, 科學出版社, 1966), 『中國科學技術史稿』上下(共著, 科學出版社, 1982), *Chinese Mathematics: A Concise History*(Oxford Univ. Press, 1987), 『洋務運動與中國近代科技』(共著, 遼寧敎育出版社, 1991), 『數學·歷史·社會』(遼寧敎育出版社, 2003) 등이 있다.

역자 **안대옥**安大玉

서울대학교 공과대학 화학공학과를 졸업하고, 일본 東京大學 인문사회계연구과 동아시아사상문화학연구실(문학박사)을 거쳐, 일본 東京大學 인문사회계연구과 연구원 등을 역임하였다.

주요 저역서로는 『에도시대의 실학과 문화』(공저, 경기문화재단, 2005), 『明末西洋科學東傳史』(知泉書館, 2007), 『한국유학사상대계—과학기술사상편』(공저, 한국학진흥원, 2009), 『문명의 충격과 근대 동아시아의 전환』(공저, 도서출판 경진, 2012), 『曆の大事典』(共著, 朝倉書店, 2014), 『西學東漸と東アジア』(共著, 巖波書店, 2015), 『조선수학사—주자학적 전개와 그 종언』(川原秀城 저, 전역, 예문서원, 2017) 등이 있다.